高等职业教育计算机类课程 新形态一体化教材

Photoshop CC 2019 中文版标准教程

（第7版）

主　编　雷　波

高等教育出版社·北京

内容提要

本书讲解 Photoshop CC 2019 的主要基础知识，包括基本的界面操作、图形图像基础理论、选区的创建与调整、图像修饰与润色、文字输入与编辑和滤镜的使用技巧，尤其对 Photoshop 的重点知识（如图层、通道等）进行了较为深入的讲解。

为了学习者能够快速且有效地掌握核心知识和技能，也方便教师采用更有效的传统方式教学，或者更新颖的线上线下的翻转课堂教学模式，本书配有30个微课，学习者可以通过扫描书中的二维码进行观看学习。与本书配套的数字课程已在“智慧职教”（www.icve.com.cn）网站上线，读者可登录网站学习，详见“智慧职教”服务指南。此外，本书还提供了其他丰富的数字化课程教学资源，包括电子课件（PPT）、课程标准、教学设计、案例素材、拓展知识等，教师可发邮件至编辑邮箱1548103297@qq.com索取。

本书适合高等职业学校、高等专科学校、成人高等院校和本科院校举办的职业技术学院电子信息类专业作为教材使用，也可供示范性软件职业技术学院、继续教育学院以及技能型紧缺人才培养使用。

图书在版编目（CIP）数据

Photoshop CC 2019中文版标准教程／雷波主编．－－7版．－－北京：高等教育出版社，2020.8（2022.11重印）

ISBN 978-7-04-054117-5

Ⅰ．①P…　Ⅱ．①雷…　Ⅲ．①图象处理软件－高等职业教育－教材　Ⅳ．①TP391.413

中国版本图书馆CIP数据核字（2020）第088043号

策划编辑　刘子峰　　责任编辑　刘子峰　　封面设计　赵　阳　　版式设计　杜微言
插图绘制　邓　超　　责任校对　李大鹏　　责任印制　高　峰

出版发行　高等教育出版社
社　　址　北京市西城区德外大街4号
邮政编码　100120
印　　刷　人卫印务（北京）有限公司
开　　本　889 mm × 1194 mm　1/16
印　　张　20.5
字　　数　440 千字
购书热线　010-58581118
咨询电话　400-810-0598

网　　址　http://www.hep.edu.cn
　　　　　http://www.hep.com.cn
网上订购　http://www.hepmall.com.cn
　　　　　http://www.hepmall.com
　　　　　http://www.hepmall.cn
版　　次　2007年 4 月第1版
　　　　　2020年 8 月第7版
印　　次　2022年 11 月第3次印刷
定　　价　55.00 元

物 料 号　54117-00

“智慧职教”服务指南

“智慧职教”是由高等教育出版社建设和运营的职业教育数字教学资源共建共享平台和在线课程教学服务平台，包括职业教育数字化学习中心平台（www.icve.com.cn）、职教云平台（zjy2.icve.com.cn）和云课堂智慧职教 App。用户在以下任一平台注册账号，均可登录并使用各个平台。

● 职业教育数字化学习中心平台（www.icve.com.cn）：为学习者提供本教材配套课程及资源的浏览服务。

登录中心平台，在首页搜索框中搜索“Photoshop CC 2019 标准教程”，找到对应作者主持的课程，加入课程参加学习，即可浏览课程资源。

● 职教云（zjy2.icve.com.cn）：帮助任课教师对本教材配套课程进行引用、修改，再发布为个性化课程（SPOC）。

1. 登录职教云，在首页单击“申请教材配套课程服务”按钮，在弹出的申请页面填写相关真实信息，申请开通教材配套课程的调用权限。

2. 开通权限后，单击“新增课程”按钮，根据提示设置要构建的个性化课程的基本信息。

3. 进入个性化课程编辑页面，在“课程设计”中“导入”教材配套课程，并根据教学需要进行修改，再发布为个性化课程。

● 云课堂智慧职教 App：帮助任课教师和学生基于新构建的个性化课程开展线上线下混合式、智能化教与学。

1. 在安卓或苹果应用市场，搜索“云课堂智慧职教”App，下载安装。

2. 登录 App，任课教师指导学生加入个性化课程，并利用 App 提供的各类功能，开展课前、课中、课后的教学互动，构建智慧课堂。

“智慧职教”使用帮助及常见问题解答请访问 help.icve.com.cn。

前言

Photoshop是图形图像领域最优秀的一款处理软件，广泛应用在平面设计、网页设计、三维设计、数码照片处理等诸多领域。Photoshop同时是一个实践操作性很强的软件，无论是谁在学习此软件时都必须在练中学、学中练，才能够掌握具体的软件操作知识。

目前，许多学校都开设了名为“图形图像初步”或“图形图像处理基础”之类的课程。这些课程开设的原因有些是因为所开设的专业涉及图形图像处理的软件，有些纯属于学生的选修课程。无论原因是什么，内容上如何取舍，但重点都是讲解Photoshop的基础知识。本书就是这样一本以讲解Photoshop基础知识为主的标准入门教程，因而具有较为广泛的适用性。

特别需要指出的是，本书讲解的许多基础知识，如图像文件的格式、颜色模式、分辨率、位图与矢量图的区别等，不仅对于学习Photoshop有比较重要的意义，对于学习其他同类型的软件也具有相当重要的理论铺垫作用。

为了配合广大学生和工程技术人员尽快掌握Photoshop的使用方法，本书以通俗的语言，大量的插图和实例，由浅入深详细地讲解了Photoshop的强大功能。本书的主要特点如下：

① 考虑了Photoshop软件在使用时的操作性问题，针对图书内容进行了优化安排，根据读者的特点，讲解的顺序循序渐进，知识点逐渐展开，基础较薄弱的读者也可以轻易入门。

② 所举实例不仅注重技术性，更注重实用性与艺术性，使读者通过学习，不仅能够举一反三，从而达到事半功倍的学习效果，还可以欣赏到优秀的设计作品。

③ 突出教学性，在以实例讲解功能、知识要点时，配有大量的案例的详细步骤，并在每章后安排了相应的上机练习，使其内容更易操作和掌握。

④ 提供了多媒体视频学习资料，对于书中部分疑难知识，可以通过学习观看这些视频文件进行学习。

⑤ 为了方便广大教师在教学中使用本书，本书特别邀请了参与平面设计师认证考试题库建设的相关人员，为本书编写了200道考试题目。

本书共分为11章，以循序渐进的方式与通俗易懂的语言讲解了Photoshop的绝大部分基础知识，包括基本的界面操作、图形图像基础理论、选区的创建与调整、图像的修饰与润色、文字的输入与编辑和滤镜的使用技巧。考虑软件使用时的“二八”原则，本书特意对Photoshop的重点知识（如图层、通道等）进行了较为深入的讲解。

本书由雷波主编，黄心渊老师对本书进行了审阅，在此表示感谢。

限于水平与时间，本书在操作步骤、效果及表述方面定然存在不少不尽如人意之处，恳请广大读者批评指正。本书配套资源中的所有文件只可用于自学，不可用于其他任何商业用途，不得在网络中传播。

编　者

2020年6月

目录

第1章

Photoshop基础知识

知识要点：

- 图像文件的基本操作
- 改变图像画布
- 了解位图与矢量图
- 了解常用颜色模式及相关概念
- 掌握颜色的基本用法
- 熟悉图像浏览操作
- 掌握纠错操作

课程导读：

本章对 Photoshop 中的文件基础操作（如新建、打开以及保存等基础知识）进行详细的讲解。

另外，本章还对 Photoshop 中的部分关键性概念进行讲解，如设置颜色、图像分辨率、位图图像、矢量图形以及纠正错误等。

PPT：
第 1 章 Photoshop
基础知识

1.1 掌握Photoshop工作环境

启动 Photoshop CC 2019 后，将显示如图 1.1 所示的界面。

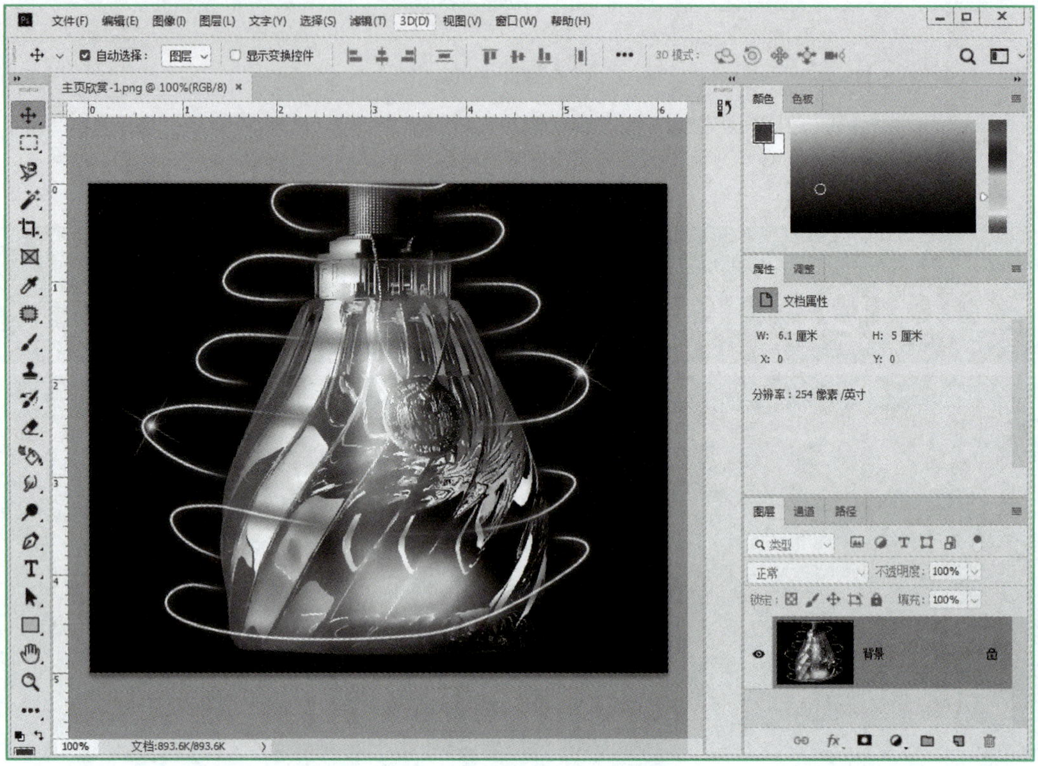

微课 1–1
Photoshop 界面
操作讲解

图 1.1
Photoshop CC 2019 界面

根据功能的划分，其界面大致可以分为以下几部分：

❶ 菜单栏。
❷ 工具箱。
❸ 工具选项栏。
❹ 搜索工具、教程和 Stock 内容。
❺ 工作区控制器。
❻ 当前操作的文档。
❼ 面板。
❽ 状态栏。

下面分别介绍 Photoshop 界面中各部分的功能及使用方法。

1.1.1 菜单

Photoshop 包括上百个命令，听起来虽然有些复杂，但只要了解每个菜单命令的特点，就能够很容易地掌握这些菜单命令了。

许多菜单命令能够通过快捷键调用，部分菜单命令与面板菜单中的命令重合，因此在操作过程中真正使用菜单命令的情况并不太多，读者无须因为这上百个命令而产生心理负担。

1.1.2 工具箱

选择“窗口”|“工具”命令，可以显示或者隐藏工具箱。

Photoshop 工具箱中的工具极为丰富，其中许多工具都非常有特点，使用这些工具可以完成绘制图像、编辑图像、修饰图像、制作选区等操作。

1. 增强的工具提示

在 Photoshop CC 2019 中，为了让用户更容易地了解常用工具的功能，专门提供了增强的动态工具提示，简单来说就是当鼠标置于某个工具上时，会显示一个简单的显示动画，及相应的功能说明，帮助用户快速了解该工具的作用。图 1.2 所示是将鼠标置于“渐变工具”上时显示的提示。

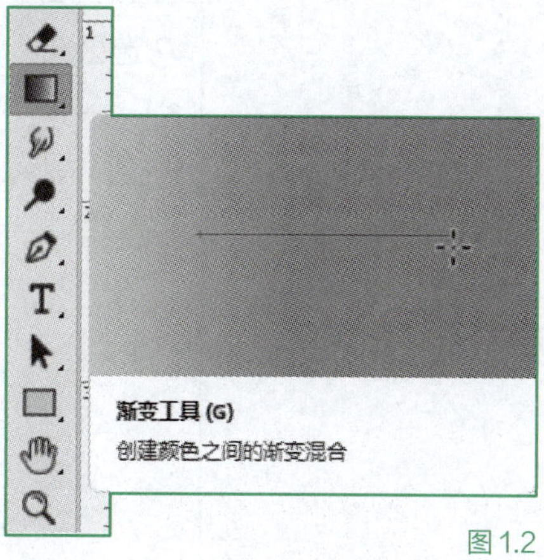

图 1.2
工具提示

2. 选择隐藏的工具

在工具箱中可以看到，部分工具的右下角有一个小三角图标，这表示该工具组中尚有隐藏工具未显示。下面以“多边形套索工具”为例，讲解如何选择及隐藏工具。

01 将鼠标放置在“套索工具”的图标上，该工具图标呈高亮显示。

02 在此工具上右击，此时 Photoshop 会显示出该工具组中所有工具的图标，如图 1.3 所示。

03 拖动鼠标至“多边形套索工具”的图标上，如图 1.4 所示，即可将其激活为当前使用的工具。

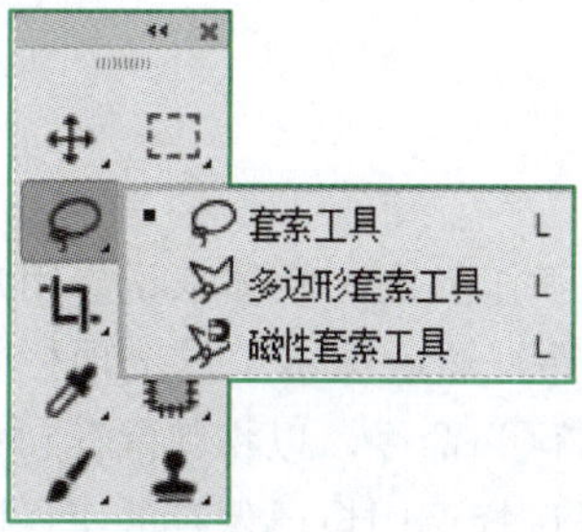

图 1.3
工具组中的所有工具

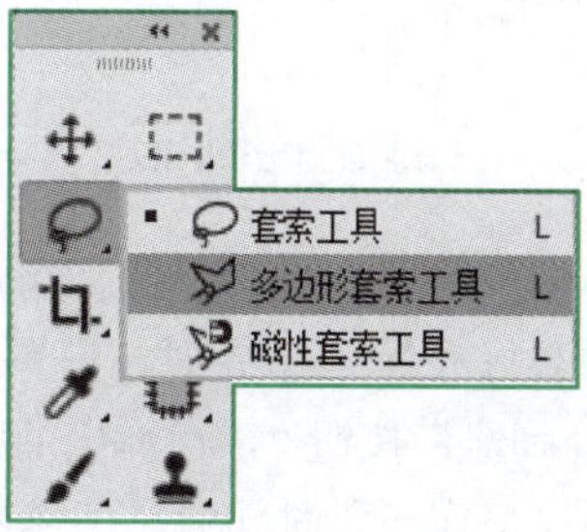

图 1.4
选择了“多边形套索工具”的状态

以上讲述的操作适用于选择工具箱中的任何隐藏工具。

1.1.3 工具选项栏

选择工具后，在大多数情况下还需要设置其工具选项栏中的参数，这样才能够更好地使用工具。在工具选项栏中列出的通常是单选按钮、下拉菜单、参数数值框等。

1.1.4 搜索工具、教程和Stock内容

从 2017 版开始，Photoshop 增加了搜索功能，用户可以按 Ctrl+F 键或单击工具选项栏右侧的“搜索”按钮，以显示“搜索”面板，在文本框中输入要查找的内容，即可在下方显

笔 记

示搜索结果，如图1.5所示。

图1.5
搜索界面

默认情况下，显示的是“全部”搜索结果，用户也可以指定分类结果。当选择“Photoshop”选项卡时，可显示Photoshop内部的工具、命令、面板、预设、打开文档、图层等搜索结果；选择“学习”选项卡时，将显示帮助及学习内容等搜索结果；选择“Stock”选项卡时，可以显示Adobe Stock图像（包括位图及矢量图），另外，在Photoshop CC 2019中，若使用了Lightroom CC 2019同步照片至云端，还可以选择“Lr照片”选项卡，以查找符合查找条件的照片。

笔 记

1.1.5 工作区控制器

工作区控制器，顾名思义，可用于控制Photoshop的工作界面。具体来说，用户可以按照自己的喜好布置工作界面、设置好快捷键以及工具栏等，然后单击工具选项栏最右侧的“工作区控制器”按钮，在弹出的菜单中选择“新建工作区”命令，以将其保存起来。

如果在工作一段时间后，工作界面变得很零乱，可以选择调用自己保存的工作区，将工作界面恢复至自定义的状态。

用户也可以根据自己的工作需要，调用软件自带的工作区布局，例如，如果经常从事数码后期修饰类工作，可以直接调用“摄影”工作区，以隐藏平时用不到的工具。

1.1.6 当前操作的文档

当前操作的文档是指将要或正在用Photoshop进行处理的文档。本节将讲解如何显示和管理当前操作的文档。

只打开一个文档时，它总是被默认为当前操作的文档；打开多幅图像时，如果要激活其他文档为当前操作的文档，可以执行下面的操作之一。

- 在图像文件的标题栏或图像上单击即可切换至该文档，并将其设置为当前操作的文档。
- 按Ctrl+Tab键可以在各个图像文件之间进行切换，并将其激活为当前操作的文档，但该操作的缺点就是在图像文件较多时，操作起来较为烦琐。

- 选择“窗口”命令，在菜单的底部将出现当前打开的所有图像的名称，此时选择需要激活的图像文件名称，即可将其设置为当前操作的文档。

1.1.7 面板

Photoshop 具有多个面板，每个面板都有其各自不同的功能。例如，与图层相关的操作大部分都被集成在“图层”面板中，而如果要对路径进行操作，则需要显示“路径”面板。

虽然面板的数量不少，但在实际工作中使用最频繁的只有其中的几个，即“图层”面板、“通道”面板、“路径”面板、“历史记录”面板、“画笔”面板和“动作”面板等。掌握这些面板的使用，基本上就能够完成工作中大多数复杂的操作。

要显示这些面板，可以在“窗口”菜单中寻找相对应的命令。

提示

除了选择相应的命令显示面板，也可以使用各面板的快捷键显示或者隐藏面板。例如，按 F7 键可以显示“图层”面板。记住用于显示各个面板的快捷键，有助于加快操作的速度。

1. 拆分面板

当要单独拆分出一个面板时，可以选中对应的图标或标签，并按住鼠标左键，然后将其拖动至工作区中的空白位置，如图 1.6 所示。

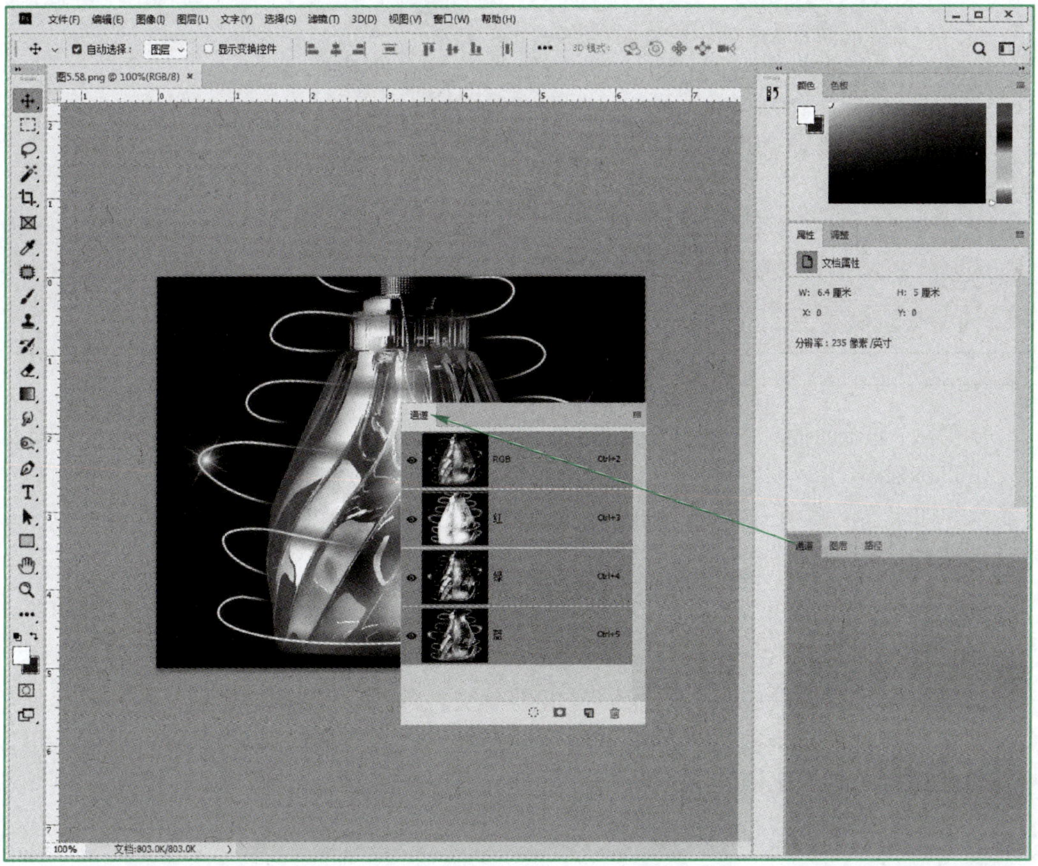

图 1.6
拆分面板示例

笔 记

2. 组合面板

组合面板可以将两个或多个面板合并到一个面板中，当需要调用其中的某个面板时，只须单击其标签名称即可，否则，如果每个面板都单独占用一个窗口，用于进行图像操作的空间就会大大减少，甚至会影响正常工作。

要组合面板，可以拖动位于外部的面板标签至想要的位置，直至该位置出现蓝色反光时，如图1.7所示，释放鼠标左键后，即可完成面板的拼合操作。通过组合面板的操作，可以将软件的操作界面布置成自己习惯或喜爱的状态，从而提高工作效率。

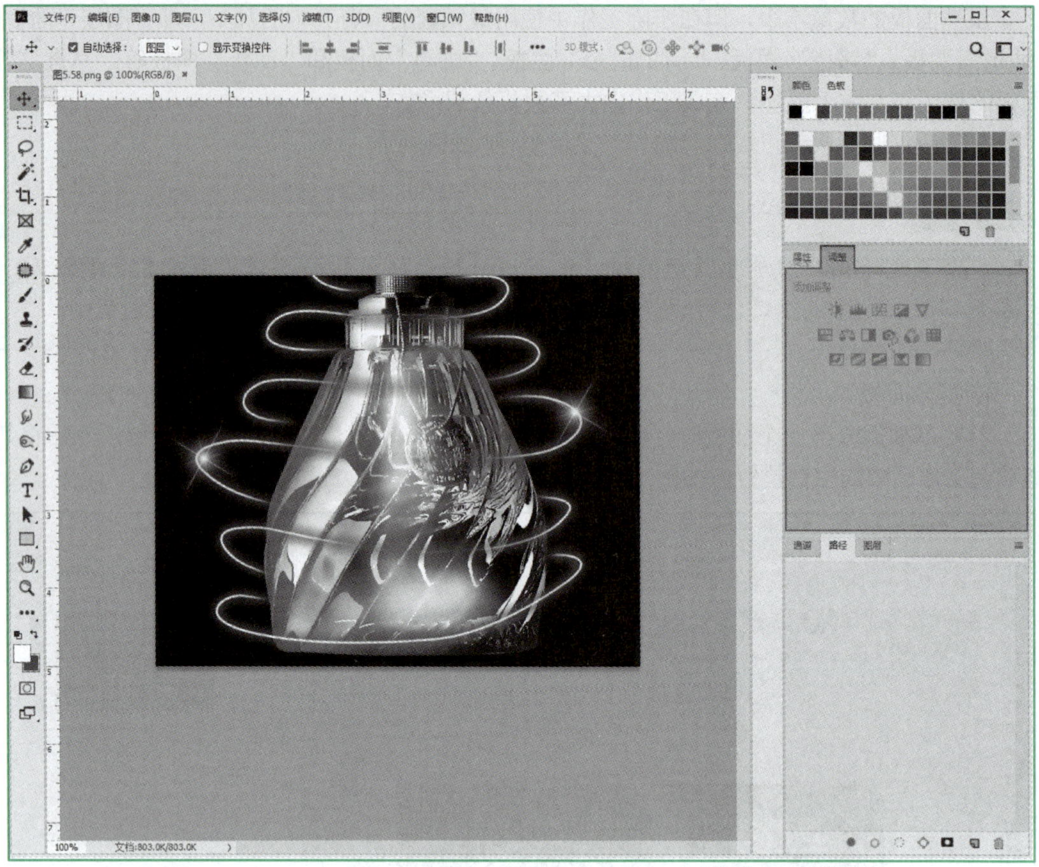

图1.7
组合面板示例

3. 隐藏/显示面板

在Photoshop中，按Tab键可以隐藏工具箱及所有已显示的面板，再次按Tab键可以全部显示。如果仅隐藏所有面板，则可按Shift+Tab键；同样，再次按Shift+Tab键可以全部显示。

1.1.8 状态栏

状态栏位于窗口最底部。它能够提供当前文件的显示比例、文件大小、内存使用率、操作运行时间、当前工具等提示信息。在显示比例区的文本框中输入数值，可以改变图像窗口的显示比例。

1.2 图像文件基本操作

笔 记

1.2.1 新建文档

要在 Photoshop 中打开文档，可以按照下面的方法操作。

- 选择“文件”|“新建”命令。
- 按 Ctrl+N 键。
- 在“开始”工作区中单击“新建”按钮。

最常用的获得图像文件的方法是建立新文件。选择“文件”|“新建”命令后，打开图 1.8 所示的“新建文档”对话框。

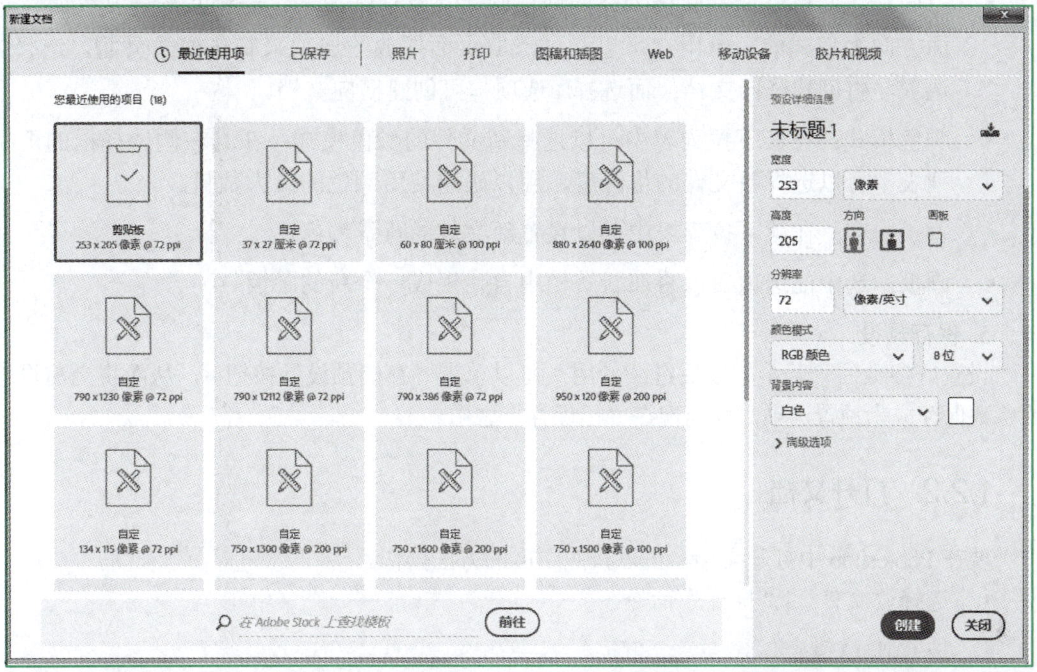

图 1.8
“新建文档”对话框

从 Photoshop CC 2017 开始，“新建文档”对话框集成了更多的功能，且更为便捷，以满足不同用户的设计需求。下面分别讲解其各部分的功能。

提 示

若是不喜欢或不习惯新的“新建文档”对话框，也可以恢复至旧版本界面。具体方法为：按 Ctrl+K 键，在打开的“首选项”对话框的左侧列表中选择“常规”选项卡，然后在右侧选中“使用旧版”|“新建文档”|“界面”选项即可。

1. 根据最近使用项新建文档

在“新建文档”对话框中选择“最近使用项”，此时会在下方显示最近新建的文档及其尺寸、分辨率等信息，选择一个项目，并单击“创建”按钮即可创建新文档。

另外，用户也可以在底部的搜索栏中输入关键字，并单击“前往”按钮，从而在 Adobe Stock 网站上查找符合要求的文档模板。

2. 根据已保存的预设新建文档

在“新建文档”对话框中选择“已保存”选项，此时会在下方显示最近保存过的文档预设，选择一个项目，并单击“创建”按钮即可。

3. 根据预设新建文档

在“新建文档”对话框中分别选择“照片”“打印”“Web”等选项卡，可以在下方分别显示相应的预设尺寸与设置，选择一个项目，并单击“创建”按钮即可。

4. 自定义新建文档

除了使用上述方法快速新建文档外，用户也可以在右侧通过自定义参数创建新文档，下面分别讲解其中常用的参数功能。

- 宽度、高度、分辨率：在对应的数值框中输入数值，即可分别设置新文件的宽度、高度和分辨率；在这些数值框右侧的下拉菜单中可以选择相应的单位。
- 方向：在此可以设置文档为竖向或横向。在默认情况下，当用户新建文件时，页面方向为直式的，但用户可以通过选取页面摆放的选项来制作横式页面。选择▣选项，将创建竖向文档；而选择▣选项，可创建横向文档。
- 颜色模式：在其下拉列表中可以选择新文件的颜色模式；在其右侧选择框的下拉列表中可以选择新文件的位深度，用以确定使用颜色的最大数量。
- 背景内容：在此下拉列表中可以设置新文件的背景颜色。
- 画板：选中此选项后，将在新文档中自动生成一个新的画板。

5. 保存预设

设置好参数后，若希望以后继续使用，可以单击“存储预设”按钮，从而将当前设置的参数保存成为预置选项，并出现在“已保存”之中。

笔 记

1.2.2 打开文档

要在 Photoshop 中打开文档，可以按照下面的方法操作。

- 选择“文件”|“打开”命令。
- 按 Ctrl+O 键。
- 在“开始”工作区中单击“打开”按钮。

使用以上 3 种方法，都可以在打开的对话框中选择要打开的图像文件，然后单击“打开”按钮即可。

另外，直接将要打开的图像拖至 Photoshop 工作界面中也可以。但需要注意的是，从 Photoshop CS5 开始，必须置于当前图像窗口以外，如菜单区域、面板区域或软件的空白位置等；如果置于当前图像的窗口内，会将其创建为嵌入式智能对象。

1.2.3 直接保存文档

若想保存当前操作的文件，选择“文件”|“储存”命令，打开“另存为”对话框，设置好文件名、文件类型及文件位置后，单击“保存”按钮即可。

需要注意的是，只有当前操作的文件具有通道、图层、路径、专色、注解，在“格式”下拉列表中选择支持保存这些信息的文件格式时，对话框中的“Alpha 通道”“图层”“注解”“专色”选项才会被激活，可以根据需要选择是否需要保存这些信息。

1.2.4 另存文档

若要将当前操作文件以不同的格式、或不同名称、或不同存储路径再保存一份，可以选择“文件”|“存储为”命令，在打开的“另存为”对话框中根据需要更改选项并保存。

例如，要将 Photoshop 中制作的产品宣传册通过电子邮件给客户看小样，因其结构复杂、有多个图层和通道，文件所占空间很大，通过 E-mail 很可能传送不过去，此时，就可以将 PSD 格式的原稿另存为 JPEG 格式的副本，让客户能及时又准确地看到宣传册效果。

1.2.5 关闭文档

关闭文件是最简单的操作，直接单击图像窗口右上角的“关闭”图标，或选择“文件”|“关闭”命令，或直接按 Ctrl+W 键即可。

对于操作完成后没有保存的图像，执行关闭文件操作后，会弹出提示框，询问用户是否需要保存，可以根据需要选择其中一个选项。

除了关闭文件外，还有“文件”|“退出”这样一个命令。此命令不仅会关闭图像文件，同时将退出 Photoshop。也可以直接按 Ctrl+Q 键退出。

拓展知识 1-1
图像尺寸与分辨率

1.3 改变图像画布尺寸

微课 1-2
画布大小功能讲解

简单来说，画布是用于界定当前图像的范围。用户可以改变画布的尺寸，若增大画布，将在原文档的四周增加空白部分；若缩小画布，导致画布比图像内容小，就会裁去超出画布的部分。

1.3.1 裁剪工具详解

使用“裁剪工具”，用户除了可以根据需要裁掉不需要的像素外，还可以使用多种网络线进行辅助裁剪、在裁剪过程中进行拉直处理以及决定是否删除被裁剪掉的像素等，其工具选项栏如图 1.9 所示。

图 1.9
“裁剪工具”选项栏

- 裁剪比例：在此下拉菜单中，可以选择“裁剪工具”在裁剪时的比例，还可以新建和管理裁剪预设。
- 设置自定长宽比：在此处的数值输入框中，可以输入裁剪后的宽度及高度像素数值，以精确控制图像的裁剪。
- “高度和宽度互换”按钮：单击此按钮，可以互换当前所设置的高度与宽度的数值。
- “拉直”按钮：单击此按钮后，可以在裁剪框内进行拉直校正处理，特别适合裁剪并校正倾斜的画面。在使用时，可以将鼠标置于裁剪框内，然后沿着要校正的图像拉出一条直线，如图 1.10 所示，释放鼠标后，即可自动进行图像旋转，以校正画面中的倾斜。图 1.11 所示是按 Enter 键确认裁剪校正后的效果。
- 设置“叠加”选项按钮：单击此按钮，在弹出的菜单中，可以选择裁剪图像时的辅助网格及其显示设置。

图 1.10
拖动校正直线

图 1.11
裁剪校正后的效果

资源文件：
1.3.1.psd
1.3.1– 素材 1. jpg
1.3.1– 素材 2. jpg

- “裁剪”选项按钮：单击此按钮，在弹出的菜单中可以设置裁剪的相关参数。
- 删除裁剪的像素：选择此选项时，在确认裁剪后，会将裁剪框以外的像素删除；反之，若是未选中此选项，则可以保留所有被裁剪掉的像素。当再次选择“裁剪工具”时，只需要单击裁剪控制框上任意一个控制句柄，或执行任意的编辑裁剪框操作，即可显示被裁剪掉的像素，以便于重新编辑。
- 内容识别：从 Photoshop CC 2017 开始，“裁剪工具”增加了此选项。当裁剪的范围超出当前文档时，就会在超出的范围填充单色或保持透明，如图 1.12 所示，此时若选中“内容识别”复选项，即可自动对超出范围的区域进行分析并填充内容，如图 1.13 所示，四角的白色被自动填补。

图 1.12
裁剪示例

图 1.13
自动填充内容的效果

拓展知识 1–2
用裁剪工具突出图像重点

1.3.2 使用透视裁剪工具改变画布尺寸

从 Photoshop CS6 开始的版本中，“裁剪工具”中的“透视”选项被独立出来，形成一个新的“透视裁剪工具”，并提供了更为便捷的操控方式及相关选项设置，其工具选项栏如图 1.14 所示。

图 1.14
“透视裁剪工具”选项栏

下面通过一个简单的实例讲解此工具的使用方法。

01 打开本书配套资源中的文件“第1章\1.3.2-素材.jpg”，如图1.15所示。在本例中，将针对其中变形的图像进行校正处理。

02 选择“透视裁剪工具”，将鼠标置于建筑的左上角位置，如图1.16所示。

资源文件：
1.3.2.psd
1.3.2-素材.jpg

图 1.15
1.3.2-素材

图 1.16
在左上角创建第 1 个锚点

笔 记

03 单击左键添加一个透视控制柄，然后向上移动鼠标至下一个点，并配合两点之间的辅助线，使之与左侧的建筑透视相符，如图1.17所示。

04 按照上一步的方法，在水平方向上添加第3个变形控制柄，如图1.18所示。由于此处没有辅助线可供参考，因此只能目测其倾斜的位置添加变形控制柄，在后面的操作中再对其进行更正。

图 1.17
在左下角创建第 2 个锚点

图 1.18
在右下角创建第 3 个锚点

05 将鼠标置于图像右下角的位置，以完成一个透视裁剪框，如图1.19所示。

06 对右侧的透视裁剪框进行编辑，使之更符合右侧的透视校正需要，如图1.20所示。

07 确认裁剪完毕后，按Enter键确认变换，得到如图1.21所示的最终效果。

图 1.19
创建完成以后的透视裁剪框

图 1.20
透视裁剪调整后的效果

图 1.21
1.3.2- 素材加工后的最终效果

1.3.3 使用“画布大小”命令改变画布尺寸

画布尺寸与图像的视觉质量没有太大的关系，但会影响图像的打印效果，例如，画布越大，则整个文档尺寸也就越大，可打印的尺寸也就相应的越大。

选择“图像” | “画布大小”命令，打开如图 1.22 所示的对话框。

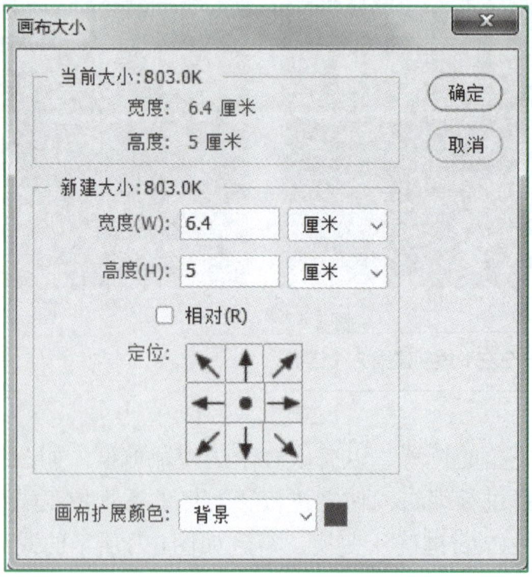

图 1.22
“画布大小”对话框

"画布大小"对话框中各参数释义如下。

- 当前大小：显示图像当前的大小、宽度及高度。
- 新建大小：在此数值框中可以键入图像文件的新尺寸数值。刚打开"画布大小"对话框时，此选项区数值与"当前大小"选项区数值一样。
- 相对：选择此选项，在"宽度"及"高度"数值框中显示图像新尺寸与原尺寸的差值，此时在"宽度"和"高度"数值框中如果输入正值，则放大图像画布；输入负值，则裁剪图像画布。
- 定位：单击"定位"框中的箭头，用以设置新画布尺寸相对于原尺寸的位置，其中空白框格中的黑色圆点为缩放的中心点。
- 画布扩展颜色：在此下拉列表中可以选择扩展画布后新画布的颜色，也可以单击其右侧的色块，在打开的"拾色器（画布扩展颜色）"对话框中选择一种颜色，为扩展后的画布设置扩展区域的颜色。图 1.23 所示为原图像；图 1.24 所示为在画布扩展颜色为灰色的情况下，扩展图像画布的效果。

笔 记

图 1.23
1.3.3- 素材照片

图 1.24
扩展图像画布的效果

资源文件：
1.3.3- 素材 .jpg

提 示

如果在"宽度"及"高度"数值框中输入小于原画布大小的数值，将弹出信息提示对话框，单击"继续"按钮，Photoshop 将对图像进行剪切。

1.3.4 翻转图像

要改变图像的方向可执行"图像" | "图像旋转"命令进行角度调整，其子菜单命令如图 1.25 所示。

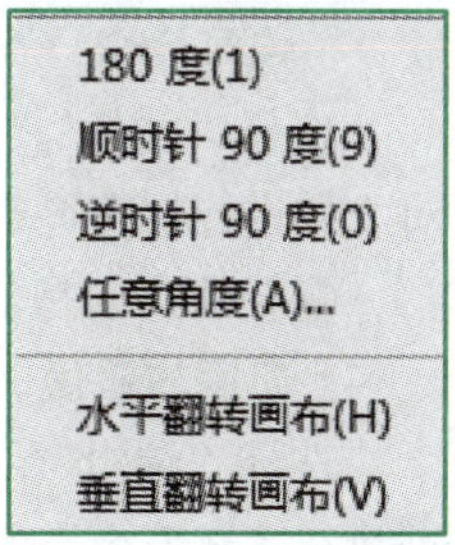

图 1.25
"图像旋转"子菜单

各命令的功能释义如下。

- 180 度：画布旋转 180°。
- 顺时针 90 度：画布顺时针旋转 90°。
- 逆时针 90 度：画布逆时针旋转 90°。

资源文件：
1.3.4- 素材 .jpg

- 任意角度：可以选择画布的任意方向和角度进行旋转。
- 水平翻转画布：将画布进行水平方向上的镜像处理。
- 垂直翻转画布：将画布进行垂直方向上的镜像处理。

图 1.26 所示就是水平及垂直翻转画布的示例。

拓展知识 1-3
位图图像与矢量图形

拓展知识 1-4
常用颜色模式

拓展知识 1-5
掌握颜色的设置方法

(a) 原图像 (b) 水平翻转 (c) 垂直翻转

图 1.26
翻转图像示例

提示

上述命令可以对整幅图像进行操作，包括图层、通道、路径等。

拓展知识 1-6
浏览图像

微课 1-3
纠错操作功能讲解

1.4 纠正错误操作

1.4.1 使用命令纠错

使用 Photoshop 绘图的一大好处就是很容易纠正操作中的错误。它提供了许多用于纠错的命令，其中包括“文件”|“恢复”命令,“编辑”|“还原”命令、“重做”命令、“前进一步”和“后退一步”命令等，下面将分别讲解这些命令的作用。

1. 恢复命令

选择“文件”|“恢复”命令，可以返回到最近一次保存文件时图像的状态，但如果刚刚对文件进行保存，则无法执行“恢复”操作。

需要注意的是，如果当前文件没有保存到磁盘，则“恢复”命令也是不可用的。

2. 还原与重做命令

选择“编辑”|“还原”命令可以向后回退一步，选择“编辑”|“重做”命令，可以重做被执行了还原命令的操作。

两个命令交互显示在编辑菜单中，执行“还原”命令后，此处将显示为“重做”命令，反之亦然。

提 示

由于两个命令被集成在一个命令显示区域中，故掌握两个命令的快捷键 Ctrl+Z 对于快速操作非常有好处。

3. 前进一步和后退一步命令

选择“编辑”|“后退一步”命令，可以将对图像所做的操作向后返回一次，多次选择此命令可以一步一步取消已做的操作。

在已经执行了“编辑”|“后退一步”命令后，“编辑”|“前进一步”命令才会被激活，选择此命令，可以向前重做已执行过的操作。

微课 1–4
纠错操作快捷键讲解

1.4.2 使用“历史记录”面板进行纠错

“历史记录”面板具有依据历史记录进行纠错的强大功能。如果使用上一节所讲解的简单命令无法得到需要的纠错效果，则需要使用此面板进行操作。

此面板几乎记录了进行的每一步操作。通过观察此面板，可以清楚地了解到以前所进行的操作步骤，并决定具体回退到哪一个位置，如图 1.27 所示。

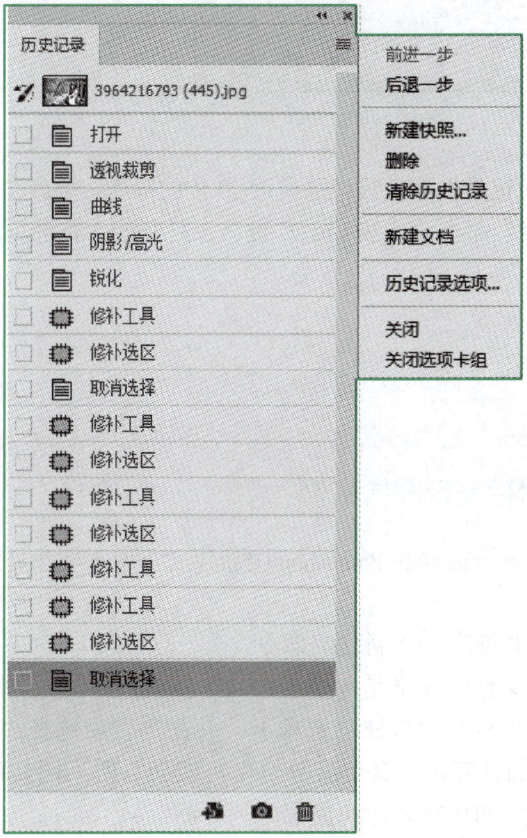

图 1.27
“历史记录”面板

在进行一系列操作后，如果需要后退至某一个历史状态，可直接在历史记录列表区中单击该历史记录的名称，即可使图像的操作状态返回至此，此时在所选历史记录后面的操作都将灰度显示。例如，要回退至“新建锚点”的状态，可以直接在此面板中单击“新建锚点”历史记录，如图 1.28 所示。

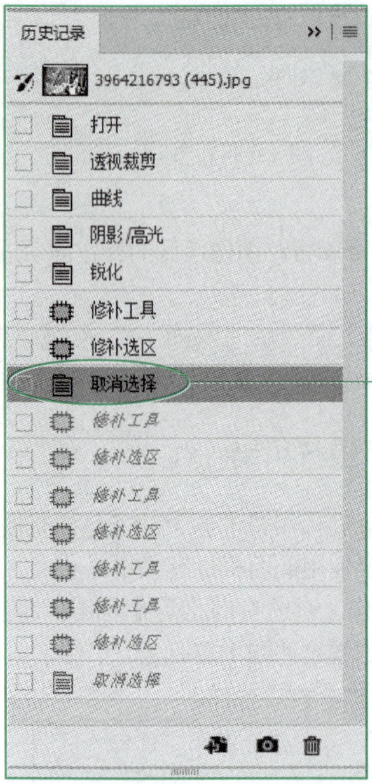

图 1.28
后退后的状态

默认状态下，“历史记录”面板只记录最近 20 步的操作，要改变记录步骤，可选择“编辑”|“首选项”|“性能”命令，或按 Ctrl+K 键，在打开的“首选项”对话框中改变“历史记录状态”数值。

笔 记

1.5 实战演练

1.5.1 新建并保存壁纸图像文件

下面通过小示例，展示如何在 Photoshop 中新建一个用于制作计算机桌面壁纸的图像文件，并将其保存起来。

01 按Ctrl+N键或选择“文件”|“新建”命令。

02 由于小型壁纸图像文件的规格是大小为1024×768像素，分辨率是72像素/英寸，因此在打开的对话框上方选择“Web”选项卡，并在列表中选择“1024×768”选项，如图1.29所示。不同的计算机，其屏幕分辨率可能会有所不同，可根据实际需要在列表中选择合适的尺寸，如1920×1080像素。

03 确认设置完毕后，单击“创建”按钮退出对话框。

04 对于新建且没有做任何修改的文件，“文件”|“存储”命令是不可用的，但可以使用“文件”|“存储为”命令将当前的空白文件保存起来。

05 按Ctrl+Shift+S键或选择“文件”|“存储为”命令，在打开的对话框中选择文件保存的路径，并设置文件保存的名称及类型等参数。

06 确认设置完毕后，单击“保存”按钮即可保存文件。

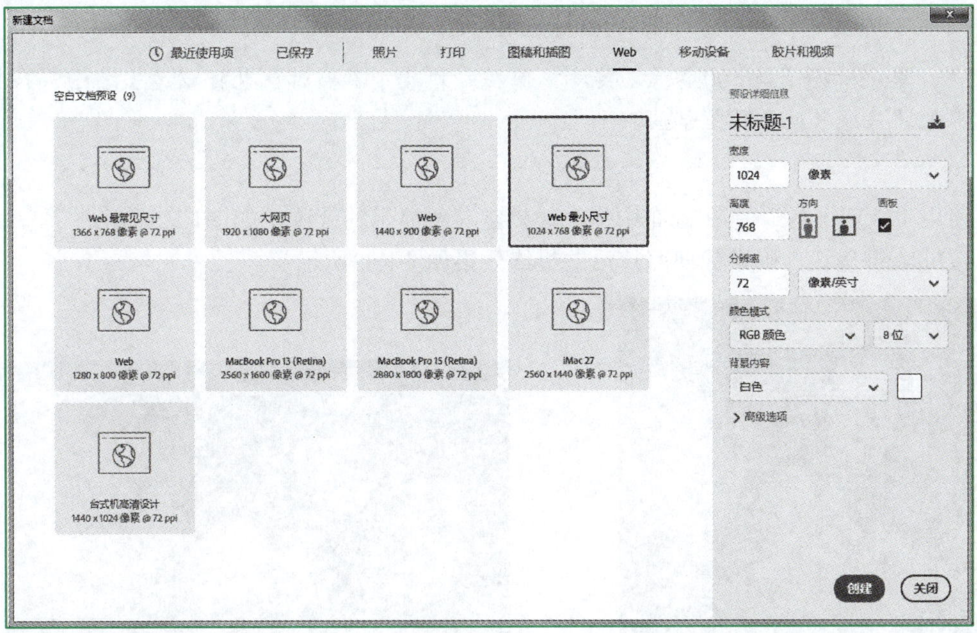

图 1.29
“新建文档”对话框
“Web”选项卡

提 示

通过以后的学习掌握绘画工具及图像编辑功能后，在这个图像文件中进行绘制或图像编辑操作后，即可通过 ACDSee 的墙纸功能将其保存为自己的计算机桌面壁纸。

1.5.2 按照洗印尺寸裁剪照片

当需要进行打印输出时，需要根据照片的输出尺寸进行裁剪，同时还应该对分辨率进行适当的设置。在使用“裁剪工具”时，可以将这一系列工作都完成。下面以洗印照片为例，讲解其具体操作方法。

01 打开本书配套资源中的文件“第1章\1.5.2-素材.jpg”，将看到整个图片如图1.30所示。

02 在工具箱中选择“裁剪工具”，在其工具选项栏中单击右侧的三角按钮，在弹出的预设选择框中选择一个合适的尺寸，如图1.31所示，或在右侧的宽度及高度输入框中手动输入照片的尺寸。

资源文件：
1.5.2.psd
1.5.2- 素材 .jpg

图 1.30
1.5.2- 素材图像

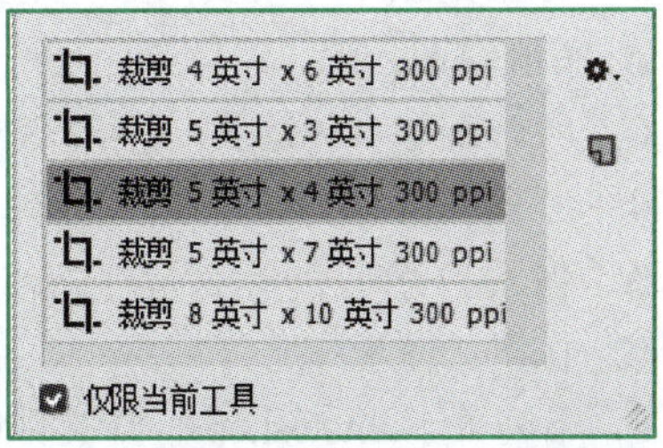

图 1.31
选择预设尺寸

提示

对于“分辨率”数值，默认情况下是300像素/英寸，但在照片尺寸不够时，也可以适当缩小，只不过分辨率越低，洗印出来的照片效果就会越差一些。

03 使用“裁剪工具”在画布中拖动，以定义要显示的范围，如图1.32所示。

04 按Enter键确认，确定裁剪照片后的最终效果如图1.33所示。

图 1.32
裁剪照片 1.5.2- 素材

图 1.33
裁剪照片 1.5.2- 素材后的效果

习题

一、选择题

1. 以下方法中能以100%的比例显示图像的是（　　）。

A. 在图像上按住Alt键的同时单击鼠标

B. 选择“视图”|“满画布显示”命令

C. 双击“抓手工具”

D. 双击“缩放工具”

2. 若要校正照片中的透视问题，可以使用（　　）。

A. 裁剪工具　　B. 拉直工具

C. 透视裁剪工具　　D. 缩放工具

3. 要连续撤销多步操作，可以按（　　）键。

A. Ctrl+Alt+Z　　B. Ctrl+Shift+Z

C. Ctrl+Z　　D. Shift+Z

4. 在Photoshop中，下列（　　）不是表示分辨率的单位。

A. 像素/英寸　　B. 像素/派卡

C. 像素/厘米　　D. 像素/毫米

5. 下列关于Photoshop打开文件的操作，正确的是（　　）。

A. 选择“文件”|“打开”命令，在打开的对话框中选择要打开的文件

B. 选择“文件”|“最近打开文件”命令，在子菜单中选择相应的文件名

C. 如果图像是用 Photoshop 创建的，直接双击图像文档
D. 将图像图标拖放到 Photoshop 图标上
6. 选择“文件”|“新建”命令，在打开的“新建文件”对话框中可设定下列（　　）选项。
A. 文档的高度和宽度　　B. 文档的分辨率
C. 文档的色彩模式　　D. 文档的标尺单位
7. 下列关闭图像文件的方法中，正确的是（　　）。
A. 选择“文件”|“关闭”命令　　B. 单击文档窗口右上方的“关闭”按钮
C. 按 Ctrl+W 键　　D. 双击图像的标题栏

二、操作题

1. 新建一个尺寸为 800×600 像素、分辨率为 96 像素 / 英寸、其他属性随意的文件，并将其保存在“我的文档”中。

资源文件：
1.7–2.jpg
1.7–2– 素材 .jpg

2. 打开本书配套资源中的文件“第 1 章\1.7–2– 素材 .jpg”，如图 1.34（a）所示，结合本章讲解的“裁剪工具”将其裁剪为如图 1.34（b）所示的状态。

（a）

（b）

图 1.34
1.7–2– 素材原图像及其裁剪后的图像

3. 打开本书配套资源中的文件“第 1 章\1.7–3– 素材 .jpg”，如图 1.35(a) 所示，利用“画布大小”命令制作如图 1.35（b）所示的边框效果。

（a）

（b）

资源文件：
1.7–3.psd
1.7–3– 素材 .jpg

图 1.35
1.7–3– 素材原图像及其增加边框后的图像

提示

本章所用到的素材及效果文件位于本书配套资源中的“第 1 章”文件夹内，其文件名与章节号对应。

第2章 操作选区

知识要点：

- 创建规则选区
- 创建不规则选区
- 移动选区
- 取消选区
- 反选选区
- 羽化选区
- 选择并遮住

课程导读：

选区是 Photoshop 中一个非常重要的图像选择功能，其主要作用就是限制操作过程中的图像范围。利用各种不同的选区创建工具及命令，可以将很多图像轻易地选择出来，从而使要进行的操作限定在该区域中进行。

本章讲解关于选区的若干项操作，掌握这些操作知识有助于得到正确的操作效果。

2.1 制作规则型选区

2.1.1 矩形选框工具

PPT：
第 2 章 操作选区

利用“矩形选框工具”可以制作规则的矩形选区。要制作矩形选区，在工具箱中单击“矩形选框工具”，然后在图像文件中需要制作选区的位置，按住鼠标左键向另一个方向进行拖动，如图 2.1 所示。

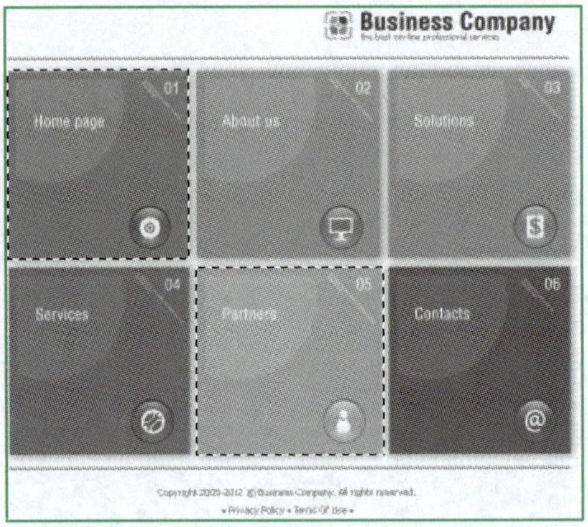

图 2.1
选区示例

以图 2.1 为例，要选择图像中的矩形区域，可以利用“矩形选框工具”沿着要被选择的区域进行拖动，即可得到需要的选区。

- 选区模式：“矩形选框工具”有 4 种工作模式，表现在如图 2.2 所示的工具选项栏中为 4 个按钮。要设置选区模式，可以在工具选项栏中通过单击相应的按钮进行选择。

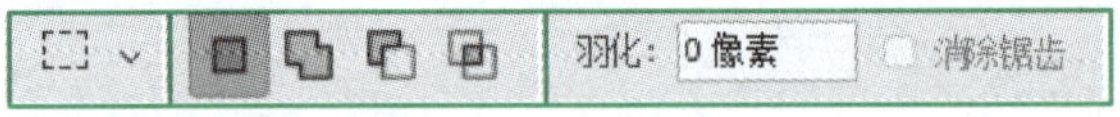

图 2.2
“矩形选框工具”选项栏中的选区模式

选区模式为更灵活地制作选区提供了可能性，可以在已存在的选区基础上执行添加、减去、交叉选区等操作，从而得到不同的选区。

图 2.3
矩形选区

资源文件：
2.1.1-素材.jpg

选择任意一种选择类工具，在工具选项栏中都会显示 4 个选区模式按钮，因此在此所讲解的 4 个不同按钮的功能具有普遍适用性。

- 羽化：在此数值框中输入数值可以柔化选区。这样在对选区中的图像进行操作时，可以使操作后的图像更好地与选区外的图像相融合。图 2.3 所示为矩形选区，在未经过羽化的情况下，对其中的图像进行调整后其调整区域与非调整区域显示出非常明显的边缘，效果如图 2.4 所示。如果将选区羽化一定的数值，其他参数设

笔 记

置相同，再进行调整后的图像将不会显示出明显的边缘，效果如图 2.5 所示。

图 2.4
未羽化的效果

图 2.5
羽化后的效果

在选区存在的情况下调整人像照片，尤其需要为选区设置一定的羽化数值。

- 样式：在该下拉菜单中选择不同的选项，可以设置“矩形选框工具”的工作属性。下拉菜单中的“正常”“固定比例”“固定大小”3 个选项，为 3 种创建矩形选区的方式。
- 正常：选择此选项，可以自由创建任何宽高比例、任何大小的矩形选区。
- 固定比例：选择此选项，其后的“宽度”和“高度”数值框将被激活，在其中输入数值以设置选区高度与宽度的比例，可以得到精确的不同宽高比的选区。例如，在“宽度”数值框中输入 1，在“高度”数值框中输入 3，可以创建宽高比例为 1 ∶ 3 的矩形选区。
- 固定大小：选择此选项，“宽度”和“高度”数值框将被激活，在此数值框中输入数值，可以确定新选区高度与宽度的精确数值，然后只须在图像中单击，即可创建大小确定、尺寸精确的选区。例如，如果需要为网页创建一个固定大小的按钮，可以在“矩形选框工具”被选中的情况下，设置其工具选项栏参数，如图 2.6 所示。

图 2.6
“矩形选框工具”选项栏

- 选择并遮住：在当前已经存在选区的情况下，此按钮将被激活，单击即可打开“选择并遮住”对话框，以调整选区的状态。

提 示

如果需要制作正方形选区，可以在使用“矩形选框工具”拖动的同时按住 Shift 键；如果希望从某一点出发制作以此点为中心的矩形选区，可以在拖动“矩形选框工具”的同时按住 Alt 键；同时按住 Alt+Shift 键制作选区，可以得到从某一点出发制作的矩形选区。

2.1.2 椭圆选框工具

利用“椭圆选框工具”可以制作正圆形或者椭圆形的选区，其用法与“矩形选框工具”基本相同，在此不再赘述。选择“椭圆选框工具”，其工具选项栏如图 2.7 所示。

图 2.7
“椭圆选框工具”选项栏

“椭圆选框工具”选项栏中的参数基本和“矩形选框工具”相似，只是“消除锯齿”选项被激活。选择该选项，可以使椭圆形选区的边缘变得比较平滑。

图 2.8 所示为在未选择此选项的情况下制作圆形选区并填充颜色后的效果。图 2.9 所示为在选择此选项的情况下制作圆形选区并填充颜色后的效果。

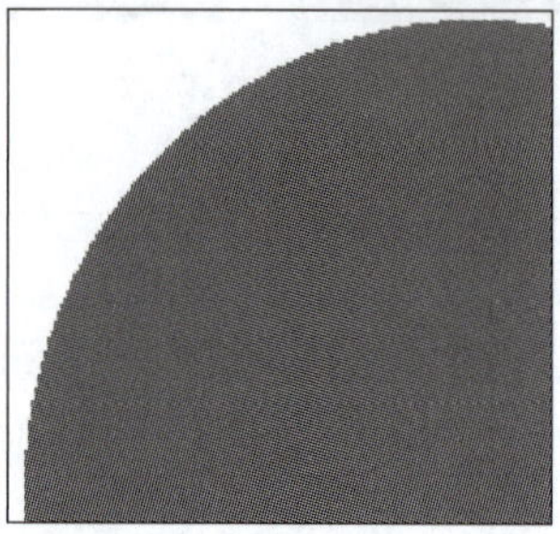

图 2.8
未启用“消除锯齿”的效果

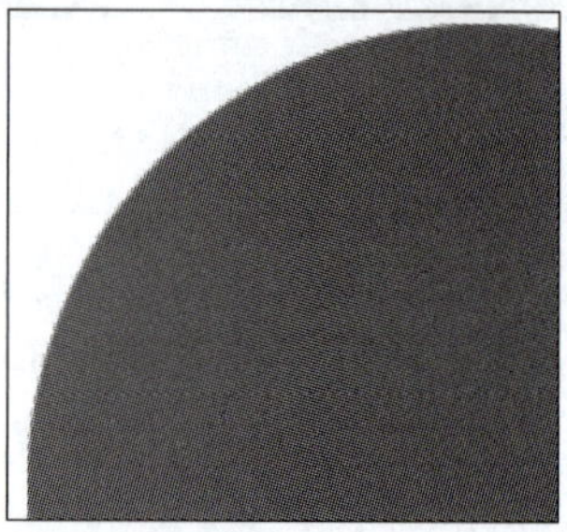

图 2.9
启用“消除锯齿”的效果

提示

在使用“椭圆选框工具”制作选区时，尝试分别按住 Shift 键、Alt+Shift 键、Alt 键，观察效果有什么不同。

2.2 制作不规则型选区

2.2.1 套索工具

微课 2-1
创建选区与取消选区

利用“套索工具”，可以制作自由手画线式的选区。此工具的特点是灵活、随意，缺点是不够精确，但其应用范围还是比较广泛的。

使用“套索工具”的步骤如下：

01 选择“套索工具”，在其工具选项栏中设置适当的参数。

02 按住鼠标左键拖动，环绕需要选择的图像。

03 要闭合选区，释放鼠标左键即可。

如果鼠标指针未到达起始点便释放鼠标左键，则释放点与起始点自动连接，形成一条具有直边的选区，如图 2.10 所示，图像上方的黑色点为开始制作选区的点，图像下方的白色点为释放鼠标左键时的点，可以看出两点间自动连接成为一条直线。

图 2.10
使用“套索工具”绘制的选区

与前面所述的选择类工具相似，“套索工具”

也具有可以设置的选项及参数，由于参数较为简单，在此不再赘述。

资源文件：
2.2.2–素材.psd

2.2.2 多边形套索工具

“多边形套索工具”用于制作具有直边的选区，如图 2.11 所示。如果需要选择图中的扇子，可以使用“多边形套索工具”，在各个边角的位置单击；要闭合选区，将鼠标指针放置在起始点上，指针一侧会出现闭合的圆圈，此时单击鼠标左键即可。如果鼠标指针在非起始点的其他位置，双击鼠标左键也可以闭合选区。

图 2.11
使用“多边形套索工具”绘制的选区

提示

通常在使用此工具制作选区时，当终点与起始点重合即可得到封闭的选区；但如果需要在制作过程中封闭选区，则可以在任意位置双击鼠标左键，以形成封闭的选区。在使用“套索工具”与“多边形套索工具”进行操作时，按住 Alt 键，看看操作模式会发生怎样的变化。

2.2.3 磁性套索工具

“磁性套索工具”是一种比较智能的选择类工具，用于选择边缘清晰、对比度明显的图像。此工具可以根据图像的对比度自动跟踪图像的边缘，并沿图像的边缘生成选区。

选择“磁性套索工具”后，其工具选项栏如图 2.12 所示。

图 2.12
“磁性套索工具”选项栏

- 宽度：在该数值框中输入数值，可以设置“磁性套索工具”搜索图像边缘的范围。此工具以当前鼠标指针所处的点为中心，以在此输入的数值为宽度范围，在此范围内寻找对比度强烈的图像边缘以生成定位锚点。

提示

如果需要选择的图像其边缘不十分清晰，应该将此数值设置得小一些，这样得到的选区较精确，但拖动鼠标指针时，需要沿被选图像的边缘进行，否则极易出现失误。当需要选择的图像具有较好的边缘对比度时，此数值的大小不十分重要。

- 对比度：该数值框中的百分比数值控制“磁性套索工具”选择图像时确定定位点所依据的图像边缘反差度。数值越大，图像边缘的反差也越大，得到的选区则越精确。
- 频率：该数值框中的数值对“磁性套索工具”在定义选区边界时插入定位点的数量起着决定性的作用。输入的数值越大，则插入的定位点越多；反之，则越少。

图 2.13 所示为分别设置“频率”数值为 10 和 80 时，Photoshop 插入的定位点。

资源文件：
2.2.3- 素材 .jpg

图 2.13
不同“频率”的绘制效果

（a）设置“频率”数值为 10　　（b）设置“频率”数值为 80

使用此工具的步骤如下：

01 在图像中单击，定义开始选择的位置，然后围绕需要选择的图像的边缘移动鼠标指针。

02 将鼠标指针沿需要跟踪的图像边缘进行移动，与此同时选择线会自动贴紧图像中对比度最强烈的边缘。

03 操作时如果感觉图像某处边缘不太清晰会导致得到的选区不精确，可以在该处人为地单击一次以添加一个定位点，如果得到的定位点位置不准确，可以按Delete键删除前一个定位点，再重新移动鼠标指针以选择该区域。

04 双击鼠标左键，可以闭合选区。

2.2.4 魔棒工具

“魔棒工具”可以依据图像颜色制作选区。使用此工具单击图像中的某一种颜色，即可将在此颜色容差值范围内的颜色选中。选择该工具后，其工具选项栏如图 2.14 所示。

图 2.14
“魔棒工具”选项栏

- 容差：该数值框中的数值将定义“魔棒工具”进行选择时的颜色区域，其数值范围为 0 ～ 255，默认值为 32。此数值越低，所选择的像素颜色和单击点的像素颜色越相近，得到的选区越小；反之，被选中的颜色区域越大，得到的选区也越大。图 2.15 所示是分别设置“容差”值为 32 和 10 时选择湖面区域的图像效果。很明显，数值越小，得到的选区也越小。

资源文件：
2.2.4- 素材 1.psd
2.2.4- 素材 2.jpg

图 2.15
应用不同容差值的选择效果

（a）容差值为 32　　（b）容差值为 10

提 示

读者可以尝试设置“容差”值为 50、100、250，然后分别选择图像，看看当此值发生变化时得到的选区有何异同。

- 连续：选择该选项，只能选择颜色相近的连续区域；反之，可以选择整幅图像中所有处于“容差”值范围内的颜色。例如，在设置“容差”值为 60 时，图 2.16 所示是在人物手臂内部的蓝色图像上单击的结果，由于被手臂的深色包围，与其他相近颜色的图像并不连续，因此仅选中了小部分图像。图 2.17 所示是取消选中“连续”选项时创建得到的选区，可以看出图像中所有与之相似的颜色都被选中了。

笔 记

图 2.16
只选择连续的区域

图 2.17
选择相似颜色的区域

- 对所有图层取样：选择该选项，无论当前是在哪一个图层中进行操作，所使用的“魔棒工具”将对所有可见颜色都有效。

2.2.5 快速选择工具

使用“快速选择工具”可以通过调整圆形画笔笔尖来快速制作选区，拖动鼠标时，选区会向外扩展并自动查找和跟踪图像中定义的边缘，非常适合主体突出但背景混乱的情况。

图 2.18 所示是使用“快速选择工具”在图像中拖动时的状态；图 2.19 所示是将人物以外全部选中后的效果。

图 2.18
拖动选择时的状态

图 2.19
将人物以外的区域全部选中的状态

资源文件：
2.2.5-素材.jpg

2.2.6 “全部”命令

选择“选择”|“全部”命令或者按 Ctrl+A 键执行全选操作，可以将图像中的所有像素（包

括透明像素）选中，在此情况下图像四周显示浮动的黑白线。

2.2.7 “色彩范围”命令

相对于“魔棒工具”而言，“选择”|“色彩范围”命令虽然与其操作原理相同，但功能更为强大，可操作性也更强。使用此命令可以从图像中一次得到一种颜色或几种颜色的选区。

“色彩范围”命令的使用方法较为简单，选择“选择”|“色彩范围”命令打开其对话框，如图 2.20 所示，在要抠选的颜色上单击一下（此时鼠标指针变为吸管状态），再设置适当的参数即可。

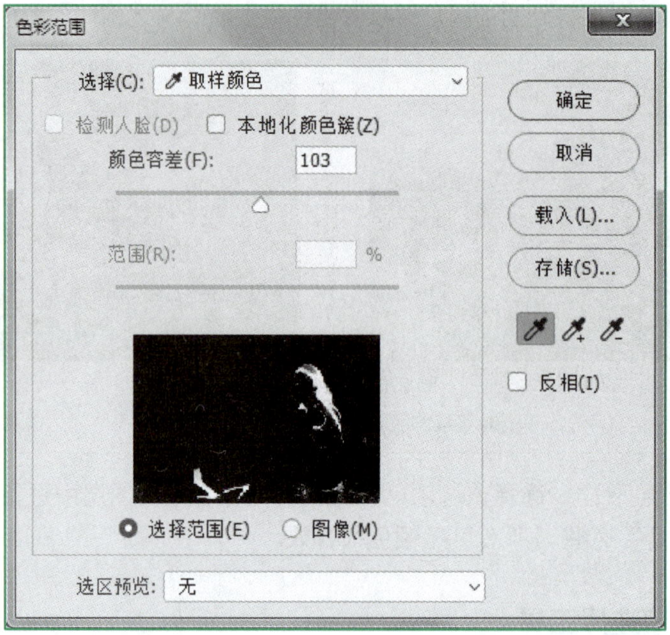

图 2.20
“色彩范围”对话框

值得一提的是，为了尽可能准确地选择目标区域，用户可以在抠选前，先将目标范围大致选择出来，如图 2.21 所示，然后再使用“色彩范围”命令进行进一步的选择，如图 2.22 所示。

资源文件：
2.2.7- 素材 1.jpg
2.2.7- 素材 2.jpg
2.2.7- 素材 3.jpg

图 2.21
选择大致目标范围

图 2.22
进一步选择的效果

“色彩范围”对话框中的重要参数解释如下。

- 选择：可以在此下拉列表中选择一个选项，以定义要选择的图像范围。例如，通过选择“红色”选项，可以选择整个图像中的红色区域；如果选择“高光”选项，则可以选中整个图像中的高光亮调区域。

- 颜色容差：拖动此滑块可以改变选取颜色的范围，数值越大，则选取的范围也越大。
- 本地化颜色簇：选中此选项后，其下方的“范围”滑块将被激活，通过改变此参数，将以吸取颜色的位置为中心，用一个带有羽化的圆形限制选择的范围，当为最大值时，则完全不限制。图 2.23 所示是选中此选项并设置不同“范围”数值时的前后效果对比。

（a） （b）

图 2.23
设置不同“范围”数值时的前后效果对比

- 检测人脸：从 Photoshop CS6 开始，“色彩范围”命令中新增了检测人脸功能，在使用此命令创建选区时，可以自动根据检测到的人脸进行选择，对人像摄影师或日常修饰人物的皮肤非常有用。要启用“人脸检测”功能，首先要选中“本地化颜色簇”选项，然后再选中“检测人脸”选项，此时会自动选中人物的面部，以及与其色彩相近的区域，如图 2.24 所示。利用此功能，可以快速选中人物的皮肤，并进行适当的美白或磨皮处理等，如图 2.25 所示。

图 2.24
启用“人脸检测”功能后的选择效果

笔 记

图 2.25
选择大致目标范围

- 选择范围、图像：利用“选择范围”和“图像”单选按钮可指定预览窗口中的图像显示方式。
- 颜色吸管：在“色彩范围”对话框中，提供了 3 个工具，可用于吸取、增加或减少选择的色彩。默认情况下，选择的是“吸管工具”，用户可使用它单击照片中要选择的颜色区域，则该区域内所有相同的颜色将被选中。如果需要选择不同的几个颜色区域，可以在选择一种颜色后，选择“添加到取样工具”单击其他需要选择的颜色区域。如果需要在已有的选区中去除某部分选区，可以选择“从取样中减去工具”单击其他需要去除的颜色区域。
- 反相：选择“反相”选项可以将当前选区反选。

2.2.8 “焦点区域”命令

图 2.26
2.2.8- 素材图像

“焦点区域”命令可以分析图像中的焦点，从而自动将其选中。用户也可以根据需要，调整和编辑其选择范围。

以图 2.26 所示的图像为例，选择“选择” | “焦点区域”命令，将打开如图 2.27 所示的对话框，默认情况下，其选择结果如图 2.28 所示。

拖动其中的“焦点对准范围”滑块，或在后面的文本框中输入数值，可调整焦点范围，此数值越大，则选择范围越大；反之，则选择范围越小。图 2.29 所示是将此数值设置为 5.12 时的选择结果。

另外，用户也可以使用其中的“焦点区域添加工具”和“焦点区域减去工具”，增加或减少选择的范围，其使用方法与“快速选择工具”基本相同。图 2.30 所示是使用“焦点区域减去工具”，减选下方人物以外图像后的效果。

资源文件：
2.2.8.psd
2.2.8- 素材 .jpg

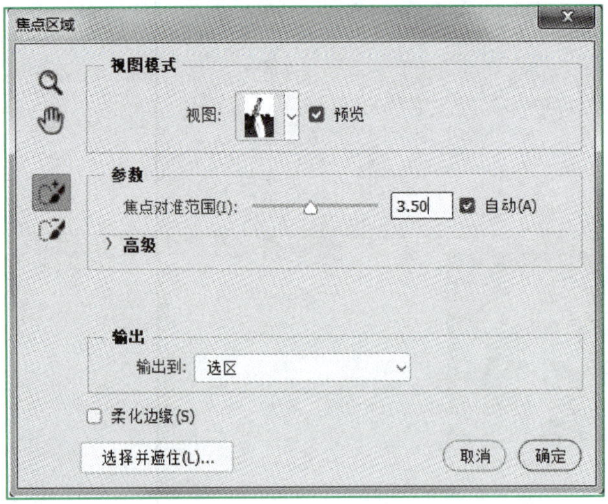

图 2.27
“焦点区域”对话框

图 2.28
“焦点区域”命令 应用效果

图 2.29
调整数值的选择结果

图 2.30
2.2.8- 素材最终的选择效果

在得到满意的结果后，可在“输出到”下拉列表中选择结果的输出方式，其选项及功能与“选择并遮住”命令相同，故不再详细讲解。

通过上面的演示就可以看出，此命令的优点在于能够快速选择主体图像，大大提高选择工作的效率。其缺点就是，对毛发等细节较多的图像，很难进行精确的抠选，此时可以在调整结果的基础上，单击对话框中的“选择并遮住”按钮，以使用“选择并遮住”命令继续对其进行深入的抠选处理。

2.3 编辑与调整选区

2.3.1 移动选区

微课 2-2
移动、羽化与反向选区操作

移动选区的操作十分简单。使用任何一种选择类工具，将鼠标指针放置在选区内，此时指针会变为▸形，表示可以移动，直接拖动选区，即可将其移动至图像的另一处。图 2.31 所示为移动前后的效果对比。

资源文件：
2.3.1- 素材 .psd

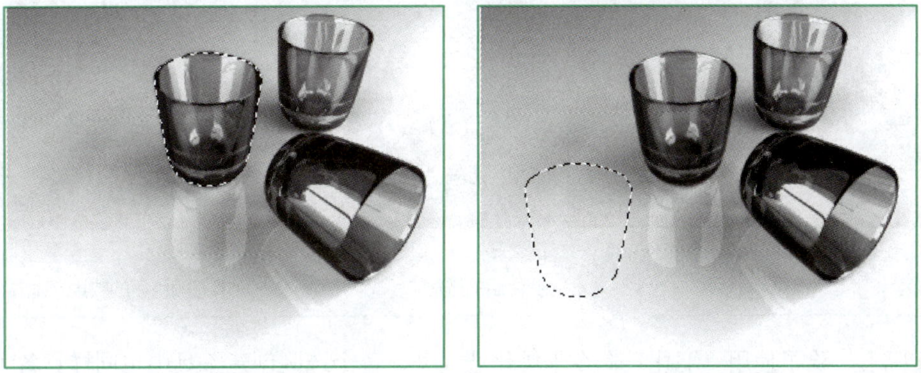

（a）原选区　（b）移动后的选区

图 2.31
原选区及移动后的选区

提 示

如果要限制选区移动的方向为 45° 的增量，可以先开始拖动，然后按住 Shift 键继续拖动；如果需要按 1 像素的增量移动选区，可以使用键盘上的箭头键；如果需要按 10 像素的较大增量移动选区，可以按住 Shift 键，再按箭头键。

2.3.2 反向选择

选择“选择” | “反向”命令或按 Ctrl+Shift+I 键，可以在图像中切换选区与非选区，使选区成为非选区，而非选区则成为选区。

2.3.3 取消当前选区

选择“选择” | “取消选择”命令，可以取消当前存在的选区。

在选区存在的情况下，按 Ctrl+D 键也可以取消选区。

2.3.4 羽化

选择“选择” | “修改” | “羽化”命令，可以将生硬边缘的选区处理得更加柔和。选择该命令后打开的对话框如图 2.32 所示，设置的参数越大，选区的效果越柔和。另外，在选中“应用画布边界的效果”选项后，靠近画布边界的选区也会被羽化；反之，则不会对靠近画布边界的选区进行羽化。

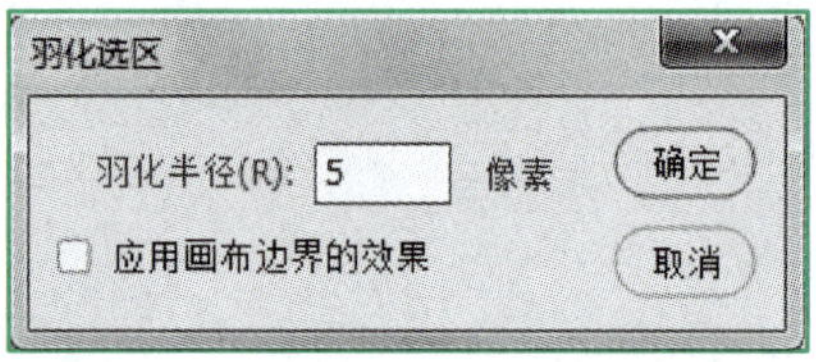

图 2.32
“羽化选区”对话框

图 2.33 所示为一个已存在的不规则选区；图 2.34 所示为该选区羽化 40px 后的效果；如图 2.35 所示为选区填充颜色后的效果。

资源文件：
2.3.4.psd
2.3.4– 素材 .psd

图 2.33
原始选区

图 2.34
羽化后的选区

图 2.35
填充颜色后的效果

实际上，除了使用“羽化”命令来柔化选区外，各个选区创建工具中也同样具备了羽化功能。例如，在“矩形选框工具”和“椭圆选框工具”的工具选项栏中都有一个非常重要的参数，即“羽化”。

提 示

如果要使选择工具的“羽化”值有效，必须在绘制选区前，在其工具选项栏中输入数值。即如果在创建选区后，在“羽化”文本框中输入数值，该选区不会受到影响。

2.3.5 综合性选区调整——“选择并遮住”命令

从 Photoshop CC 2017 开始，原“调整边缘”命令更名为“选择并遮住”命令，以更突出其功能，并将原来的对话框形式改为了在新的工作区中操作，从而更利于预览和处理。

微课 2-3
使用“选择并遮住”命令

在使用时，首先沿着图像边缘绘制一个大致的选区，然后选择“选择”|“选择并遮住”命令，或在各个选区绘制工具的工具选项栏上单击“选择并遮住”按钮，即可显示一个专用的工作箱及“属性”面板，如图 2.36 所示。

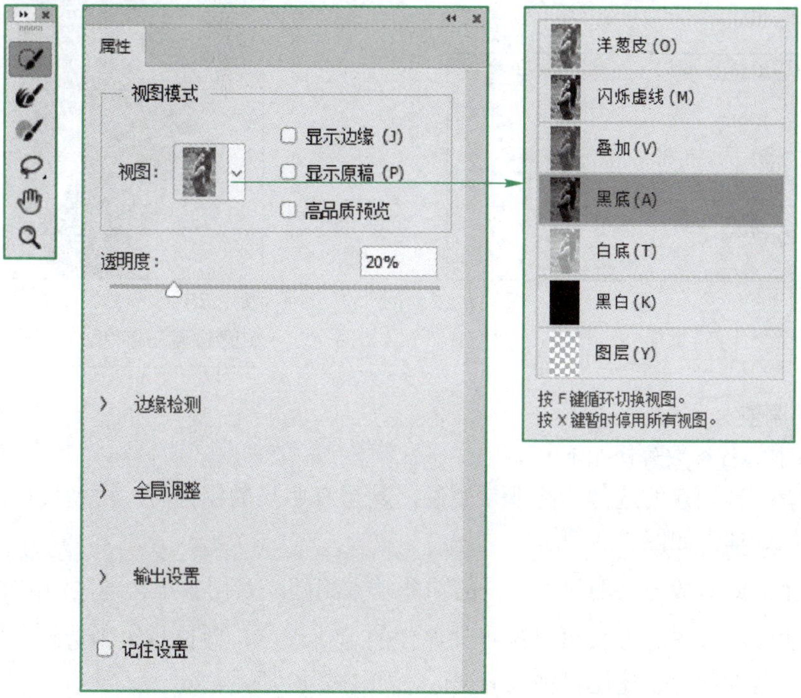

图 2.36
“选择并遮住”工具箱及“属性”面板

下面讲解“选择并遮住”命令的工具箱及“属性”面板中各参数的功能。

1. 视图模式

此区域中的各参数解释如下。

- 视图：在此列表中，Photoshop 依据当前处理的图像，生成实时的预览效果，以满足不同的观看需求。根据此列表底部的提示，按 F 键可以在各个视图之间进行切换，按 X 键即只显示原图。
- 显示边缘：选中此复选框后，将根据在“边缘检测”区域中设置的“半径”数值，仅显示半径范围以内的图像。
- 显示原稿：选中此复选框后，将依据原选区的状态及所设置的视图模式进行显示。
- 高品质预览：选中此选项后，可以以更高的品质进行预览，但同时会占用更多的系统

微课 2-4
“选择并遮住”命令讲解

资源。

2. 边缘检测

此区域中的各参数解释如下。

- 半径：此处可以设置检测边缘时的范围。
- 智能半径：选中此复选框后，将依据当前图像的边缘自动进行取舍，以获得更精确的选择结果。

按如图 2.37 所示的参数进行设置后，预览得到如图 2.38 所示的效果。

资源文件：
2.3.5.psd
2.3.5– 素材 .jpg
2.3.5– 应用效果 .psd

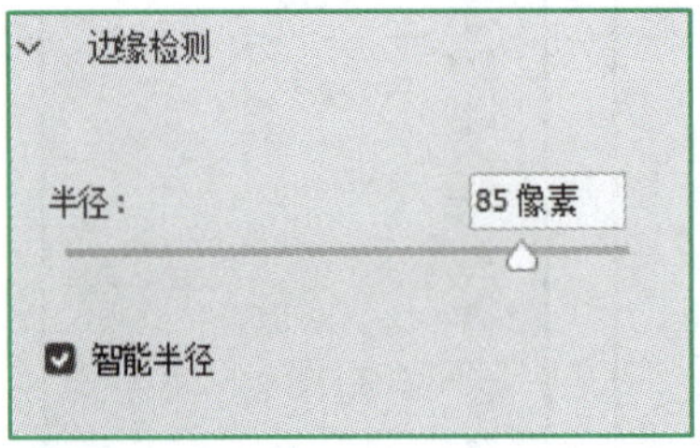

图 2.37
设置“半径”数值

图 2.38
边缘检测应用效果

3. 全局调整

此区域中的各参数解释如下。

- 平滑：当创建的选区边缘非常生硬，甚至有明显的锯齿时，可使用此选项来进行柔化处理，如图 2.39 所示。
- 羽化：此参数与“羽化”命令的功能基本相同，是用来柔化选区边缘的。
- 对比度：设置此参数可以选择并遮住的虚化程度，数值越大则边缘越锐化，通常可以帮助用户创建比较精确的选区，如图 2.40 所示。

（a） （b）

图 2.39
“平滑”设置不同数值的效果对比

（a） （b）

图 2.40
“对比度”设置不同数值的效果对比

- 移动边缘：该参数与“收缩”和“扩展”命令的功能基本相同，向左侧拖动滑块可以收缩选区，而向右侧拖动则可以扩展选区。

4. 输出设置

此区域中的各参数解释如下。

- 净化颜色：选中此复选框后，下面的“数量”滑块被激活，拖动调整其数值，可以去除选择后的图像边缘的杂色。图 2.41 所示就是选择此选项并设置适当参数后的效果对比，可以看出，处理后的结果被过滤掉了原有的诸多绿色杂边。
- 输出到：在此下拉列表中，可以选择输出的结果。

（a） （b）

图 2.41
“数量”设置不同数值的效果对比

5. 工具箱

在“选择并遮住”工作区中，可以利用工具箱里的工具对抠图结果进行调整，其中的“快速选择工具”、“缩放工具”、“抓手工具”及“套索工具”在前面章节中已经有过介绍，下面来主要说明此命令特有的工具。

- 画笔工具：该工具与 Photoshop 中的“画笔工具”同名，但此处的“画笔工具”是用于增加抠选的范围。
- 调整边缘画笔工具：使用此工具可以擦除部分多余的选择结果。当然，在擦除过程中，Photoshop 仍然会自动对擦除后的图像进行智能优化，以得到更好的选择结果。图 2.42 所示为擦除前后的效果对比。

（a） （b）

图 2.42
使用“调整边缘画笔工具”擦除前后的效果对比

图 2.43 所示是继续执行了细节修饰后的抠图结果及将其应用于写真模板后的效果。

（a） （b）

图 2.43
抠图结果及应用效果

需要注意的是，“选择并遮住”命令相对于通道或其他专门用于抠图的软件及方法，其功能还是比较简单的，因此无法苛求它能够抠出高品质的图像，通常可以作为在要求不太高的情况下，或图像对比非常强烈时使用，以快速达到抠图的目的。

2.4 实战演练

2.4.1 选择并美化照片色彩

在本例中，将结合“色彩范围”及图像调整命令，调整图像选区并优化其色彩，其操作步骤如下：

01 打开本书配套资源中的文件“第2章\ 2.4.1–素材.jpg”。

02 选择“选择”|“色彩范围”命令，打开“色彩范围”对话框，然后使用“吸管工具”在叶子图像上单击，如图2.44所示，选中该部分图像，并适当调整“颜色容差”参数，此时对话框的状态如图2.45所示。

资源文件：
2.4.1.psd
2.4.1– 素材 .jpg

图 2.44
2.4.1– 素材图像

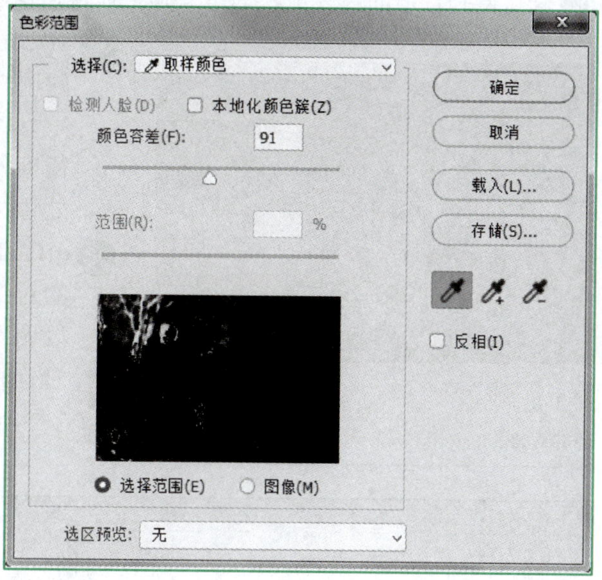

图 2.45
“色彩范围”对话框 1

笔 记

03 在对话框中单击添加到取样按钮，并用其在图像下方的位置叶子上单击，以选中照片中全部的叶子，如图2.46所示，此时的对话框状态如图2.47所示。

图 2.46
再次吸取颜色

图 2.47
“色彩范围”对话框 2

提 示

按住Shift键可以切换为“添加到取样工具”以增加颜色；按住Alt键可切换到“减少取样工具”以减去颜色；颜色可从对话框预览图中或图像中用吸管来拾取。

笔 记

04 确认得到合适的选区后，单击“确定”按钮退出对话框，得到如图2.48所示的选区。

图2.48
得到的选区

05 对选区中的图像进行调色处理。按Ctrl＋U键应用“色相/饱和度”命令，在打开的对话框中设置如图2.49所示，以调整图像的颜色，得到如图2.50所示的效果（为便于观看，此处暂时隐藏了选区）。

06 按Ctrl＋B键应用“色彩平衡”命令，在打开的对话框中设置，如图2.51和图2.52所示，以调整图像的颜色，单击“确定”按钮退出对话框，按Ctrl+D键取消选区，得到如图2.53所示的效果。

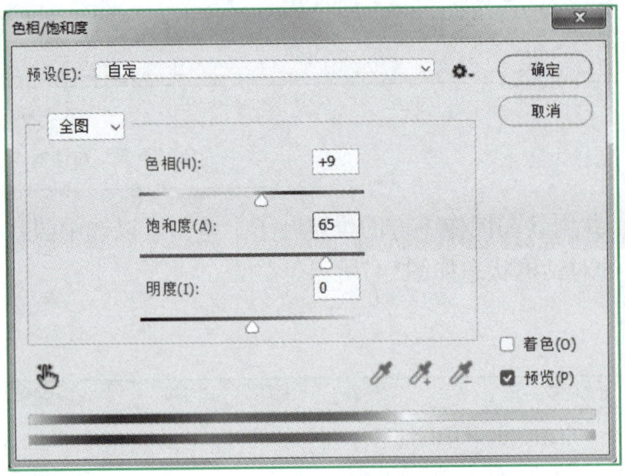

图2.49
“色相/饱和度”对话框

图2.50
调色后的效果1

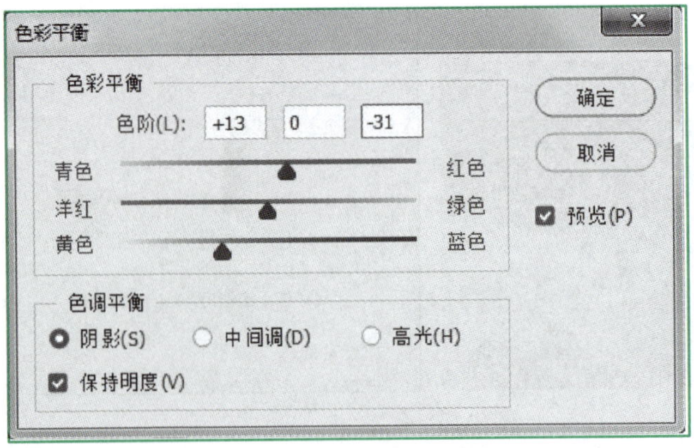

图2.51
选择“阴影”选项时的“色彩平衡”对话框

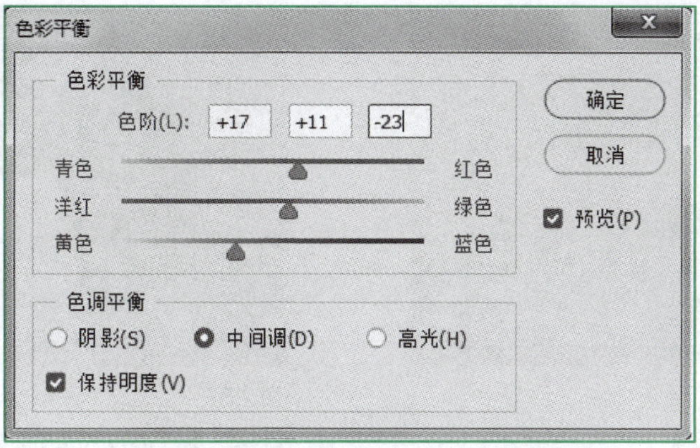

图 2.52
选择“中间调”选项时的“色彩平衡”对话框

图 2.53
2.4.1- 素材调色后的效果

2.4.2 制作梦幻人物图像

下面通过一个实例讲解使用“套索工具”，并配合其工具选项栏上的“羽化”参数，将人物融合至一个新背景中的操作方法。其操作步骤如下：

01 打开本书配套资源中的文件“第2章\2.4.2-素材1.jpg”，如图2.54所示。

02 选择“套索工具”，在其工具选项栏上设置“羽化”数值为100。

03 使用“套索工具”沿着人物的身体边缘绘制选区轮廓，如图2.55所示。

图 2.54
2.4.2- 素材原图像

图 2.55
使用“套索工具”绘制选区

资源文件：
2.4.2.psd
2.4.2- 素材 1.jpg
2.4.2- 素材 2.psd

04 按Ctrl+C键复制当前图像中的内容。打开本书配套资源中的文件“第2章\2.4.2-素材2.psd”，如图2.56所示。

05 选择“背景”图层，按Ctrl+V键将上一步复制的图像粘贴至当前图像文件中，同时得到“图层1”，并设置此图层的混合模式为“明度”，得到如图2.57所示的最终效果。

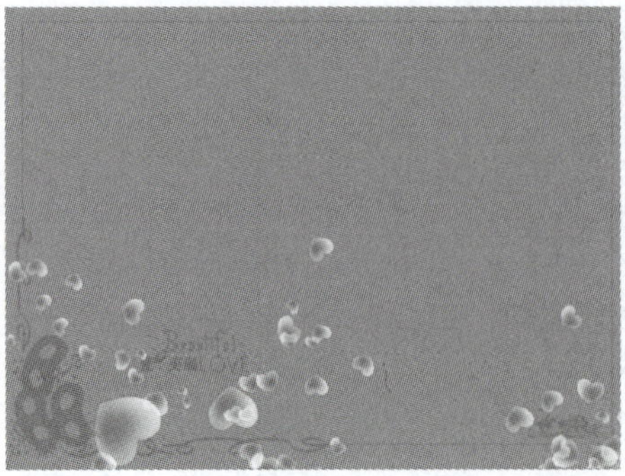

图 2.56
2.4.2- 素材 .psd 图像

图 2.57
2.4.2- 素材 .psd 调整后的最终效果

提示

关于图层混合模式的讲解请参见第 3 章。

习题

一、选择题

1. 下列选区工具中，可以“用于所有图层”的是（　　）。
A. 魔棒工具　　B. 矩形选框工具
C. 椭圆选框工具　　D. 套索工具
2. 速选择工具在创建选区时，其涂抹方式类似于（　　）。
A. 魔棒工具　　B. 画笔工具
C. 渐变工具　　D. 矩形选框工具
3. 消选区操作的快捷键是（　　）。
A. Ctrl+A　　B. Ctrl+B
C. Ctrl+D　　D. Ctrl+Shift+D
4. 使用“色彩范围”命令的“人脸检测”选项前，应先（　　）。
A. 选中“本地化颜色簇”复选项　　B. 选择“选择范围”选项
C. 设置“颜色容差”为 100　　D. 设置“范围”为 100%
5. Adobe Photoshop 中，下列可以创建选区的是（　　）。
A. 利用“磁性套索工具”　　B. 利用 Alpha 通道
C. 魔棒工具　　D. 利用选择菜单中的“色彩范围”命令
6. 下列使用“椭圆选框工具”创建选区时常用到的功能中，正确的是（　　）。
A. 按住 Alt 键的同时拖动鼠标指针，可得到正圆形的选区
B. 按住 Shift 键的同时拖动鼠标指针，可得到正圆形的选区
C. 按住 Alt 键可形成以鼠标指针的落点为中心的圆形选区
D. 按住 Shift 键使选择区域以鼠标指针的落点为中心向四周扩散
7. 下列工具中，可以方便地选择连续、颜色相似区域的是（　　）。

A. 矩形选框工具　　　　B. 快速选择工具

C. 魔棒工具　　　　D. 磁性套索工具

8. 下列操作中，可以实现选区羽化的是（　　）。

A. 如果使用“矩形选框工具”，可以先在其工具选项栏中设定“羽化”数值，然后在图像中拖拉创建选区

B. 如果使用“魔棒工具”，可以先在其工具选项栏中设定“羽化”数值，然后在图像中单击创建选区

C. 在创建选区后，在“矩形选框工具”或“椭圆选框工具”的选项栏上设置“羽化”数值

D. 对于已经创建好的选区，可通过“选择”|“修改”|“羽化”命令来实现羽化

9. 下列工具中，可以在其工具选项栏中设置选区模式的是（　　）。

A. 魔棒工具　　　　B. 矩形选框工具

C. 椭圆选框工具　　　　D. 多边形套索工具

10. 下列工具中，可以制作不规则选区的是（　　）。

A. 套索工具　　　　B. 矩形选框工具

C. 多边形套索工具　　　　D. 磁性套索工具

二、操作题

1. 打开本书配套资源中的文件“第 2 章\2.6-1- 素材 1.jpg”，如图 2.58 所示，在其中绘制一个圆形选区并羽化。再打开文件“第 2 章\2.6-1- 素材 2.psd”，如图 2.59 所示，将羽化后的圆形区域内容复制到此文件中，得到类似如图 2.60 所示的效果。

资源文件：
2.6-1.psd
2.6.1- 素材 1.jpg
2.6.1- 素材 2.psd

图 2.58
2.6-1- 素材文件

图 2.59
2.6-1- 素材文件 2

图 2.60
2.6-1- 素材 1.jpg 与 2.6-1- 素材 2.psd 合并最终效果

2. 打开本书配套资源中的文件“第 2 章 \2.6-2- 素材 .jpg”，如图 2.61 所示，执行“色彩范围”命令，将其中的火焰图像抠选出来，如图 2.62 所示。

资源文件：
2.6-2.psd
2.6-2- 素材 .jpg

图 2.61
2.6-2- 素材文件

图 2.62
2.6-2- 素材调整后最终效果

3. 打开本书配套资源中的文件“第 2 章 \2.6-3- 素材 .jpg”，如图 2.63 所示，结合“磁性套索工具”和“选择并遮住”命令，将其中的人物抠选出来，如图 2.64 所示。

资源文件：
2.6-3.psd
2.6-3- 素材 .jpg

图 2.63
2.6-3- 素材文件

图 2.64
2.6-3- 素材调整后最终效果

提示

本章所用到的素材及效果文件位于本书配套资源中的“第 2 章”文件夹内，其文件名与章节号对应。

第3章

图层

知识要点：

- 图层的功能
- “图层”面板及各功能按钮的作用
- 新建、复制、选择、删除及搜索等图层编辑操作
- 搜索与过滤图层
- 图层蒙版的作用及工作原理
- 创建与删除图层蒙版的操作方法
- 编辑图层蒙版的操作方法
- 剪贴蒙版的作用及工作原理
- 剪贴蒙版的创建及取消操作
- 图框蒙版的作用及工作原理
- 图层组及其相关操作
- 各种图层样式的特点
- 图层混合模式的作用
- 图像的变换操作
- 创建链接式与嵌入式智能对象

课程导读：

图层是 Photoshop 的核心功能之一，甚至可以说，如果没有图层就没有如今 Photoshop 在图形图像处理领域中的地位，而人们也不可能制作出各种优秀的作品。

本章对图层的基本操作、图层蒙版、图层样式以及图层混合模式等，与图层相关的强大功能一一进行详细的讲解，是本书中非常重要的内容。

PPT：
第 3 章 图层

3.1 认识图层

3.1.1 图层的工作原理

“可以将图层看作是一张一张独立的透明胶片，在每一个图层的相应位置创建组成图像的一部分内容，所有图层层叠放置在一起，就合成了一幅完整的图像。”这一段关于图层的描述性文字，对图层的几个重点特性都有所表述。了解了图层的这些特性，对于学习图层的深层次知识有很大的好处。

以图 3.1 所示的图像为例，通过图层关系的示意来认识图层的这些特性。可以看出，分层图像的最终效果是由多个图层叠加在一起产生的。由于透明图层除图像外的区域（在图中以灰白格显示）都是透明的，因此在叠加时可以透过其透明区域观察到该图层下方图层中的图像，由于背景图层不透明，因此观察者的视线在穿透所有透明图层后，停留在背景图层上，并最终产生所有图层叠加在一起的视觉效果。图 3.2 所示为图层的透明与合成特性。

微课 3-1
图层的工作原理

资源文件：
3.1.1.psd
3.1.1- 素材 .psd

图 3.1
一张广告及其对应的图层

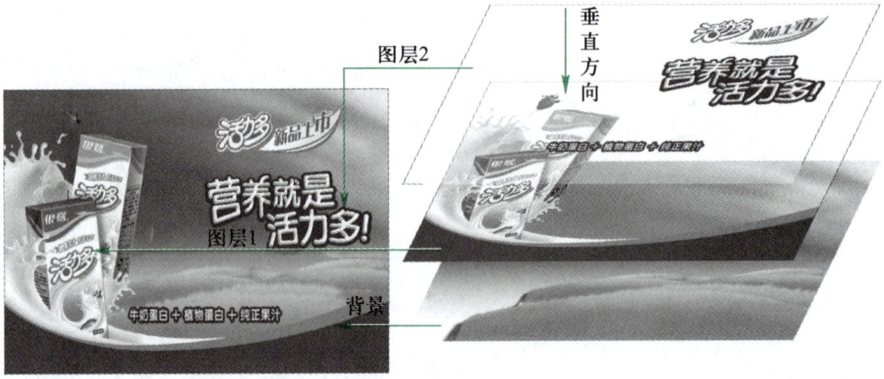

图 3.2
图层的透明与合成特性示例

当然，这只是一个非常简单的示例，图层的功能远远不止于此，但通过这个示例可以理解图层最为基本的特性，即分层管理特性、透明特性、合成特性。

3.1.2 “图层”面板

“图层”面板集成了 Photoshop 中绝大部分与图层相关的常用命令及操作。使用此面板，可以快速地对图层进行新建、复制及删除等操作。按 F7 键或者选择“窗口”|“图层”命令，即可显示“图层”面板，其功能分区如图 3.3 所示。

微课 3-2
了解“图层”面板

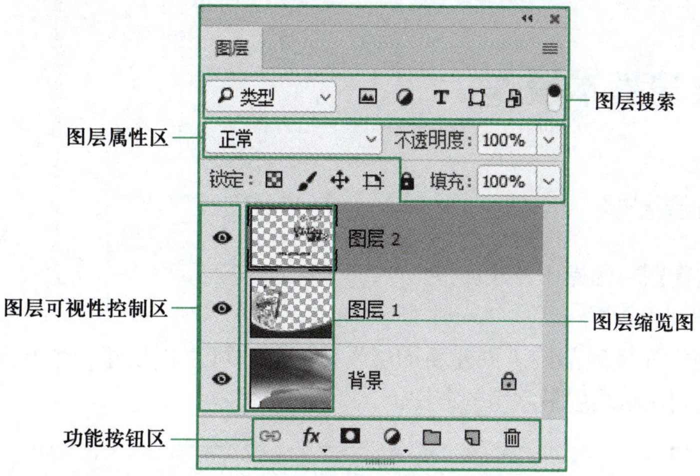

图 3.3
“图层”面板

虽然，如图 3.3 所示的“图层”面板看上去有些复杂，但实际上，如果分别了解了面板中的各个按钮及图标的意义，就能够很容易地读懂“图层”面板呈现的有关图像的信息。

在此简单介绍“图层”面板中的各个按钮与控制选项，在以后的章节中将对各个按钮及控制选项的使用方法及技巧做详细介绍。

- “混合模式”下拉列表：在此列表中可以选择当前图层的混合模式。
- 不透明度：在此数值框中输入数值可以控制当前图层的透明属性，数值越小则当前图层越透明。
- 锁定图层控制：在此可以分别控制图层的“透明区域可编辑性”“编辑”“移动”等图层属性。
- 填充：在此数值框中输入数值可以控制当前图层中非图层样式部分的透明度。
- “显示/隐藏图层”图标：单击此图标可以控制当前图层的显示与隐藏状态。
- “图层组折叠”按钮：单击此按钮，将其转换为状态，则打开处于折叠状态的图层组。
- “图层组”图标：此图标右侧显示为图层组的名称。
- “链接图层”按钮：在选中了多个图层的情况下，单击此按钮可以将所选中的图层链接起来。当再次选中其中一个图层进行移动或变换等操作时，可以同时对所有的链接图层进行操作。
- “添加图层样式”按钮：单击该按钮可以在弹出的下拉菜单中选择“图层样式”命令，可以为当前图层添加“图层样式”。

笔 记

- “添加图层蒙版”按钮：单击该按钮，可以为当前图层添加图层蒙版。
- “创建新组”按钮：单击该按钮，可以新建一个图层组。
- “创建新的填充或调整图层”按钮：单击该按钮，可以在弹出的菜单中为当前图层创建新的填充或调整图层。
- “创建新图层”按钮：单击该按钮，可以创建一个新图层。
- “删除图层”按钮：单击该按钮，在弹出的提示对话框中单击“是”按钮即可删除当前所选图层。

3.2 图层的基本操作

3.2.1 新建图层

常用的创建新图层的操作方法如下。

1. 使用按钮创建图层

单击“图层”面板底部的“创建新图层”按钮，可直接创建一个 Photoshop 默认值的新图层，这也是创建新图层最常用的方法。

提示

按此方法创建新图层时，如果需要改变默认值，可以按住 Alt 键单击“创建新图层”按钮，然后在打开的对话框中进行修改；按住 Ctrl 键的同时单击“创建新图层”按钮，则可在当前图层下方创建新图层。

2. 通过拷贝和剪切创建图层

如果当前存在选区，还有两种方法可以从当前选区中创建新的图层，即选择“图层”|“新建”|“通过拷贝的图层”或“通过剪切的图层”命令新建图层。

- 在选区存在的情况下，选择“图层”|“新建”|“通过拷贝的图层”命令，可以将当前选区中的图像复制至一个新的图层中，该命令的快捷键为 Ctrl+J。
- 在没有任何选区的情况下，选择“图层”|“新建”|“通过拷贝的图层”命令，可以复制当前选中的图层。
- 在选区存在的情况下，选择“图层”|“新建”|“通过剪切的图层”命令，可以将当前选区中的图像剪切至一个新的图层中，该命令的快捷键为 Ctrl+Shift+J。

资源文件：
3.2.1.psd
3.2.1- 素材 .jpg

图 3.4
3.2.1- 素材图像

例如，图 3.4 所示为原图像并在其中绘制选区以选中主体图像。若应用“通过拷贝的图层”命令，此时的“图层”面板将如图 3.5 所示。若应用“通过剪切的图层”命令，则“图层”面板将如图 3.6 所示。可以看到，由于执行了剪切操作，背景图层上的图像被删除，并使用当前所设置的背景色进行填充（当前所设置的背景色为白色）。

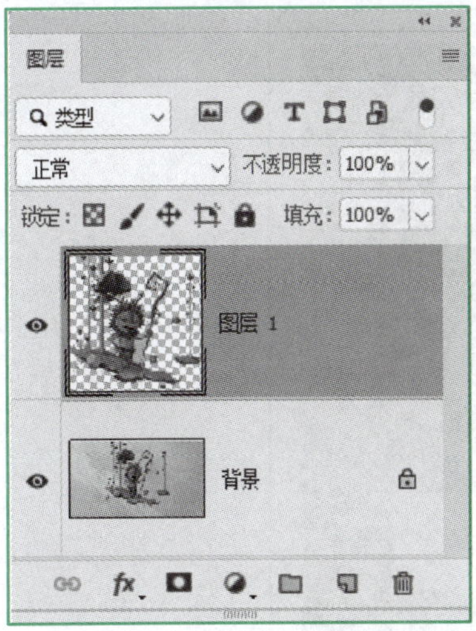

图 3.5
应用拷贝的“图层”面板

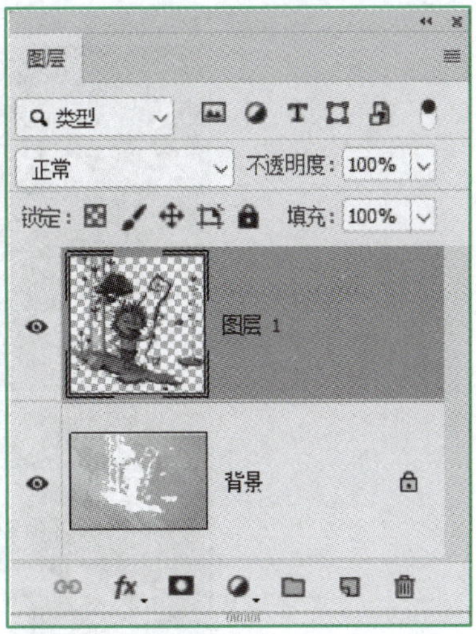

图 3.6
应用剪切的“图层”面板

3.2.2 选择图层

1. 在“图层”面板中选择图层

要选择某图层或者图层组，可以在“图层”面板中单击该图层或者图层组的名称，效果如图 3.7 所示。当某图层处于被选中的状态时，文件窗口的标题栏中将显示该图层的名称。另外，选择“移动工具” 后在画布中右击，可以在弹出的菜单中列出当前单击位置处的图像所在的图层，如图 3.8 所示。

资源文件：
3.2.2- 素材 .psd

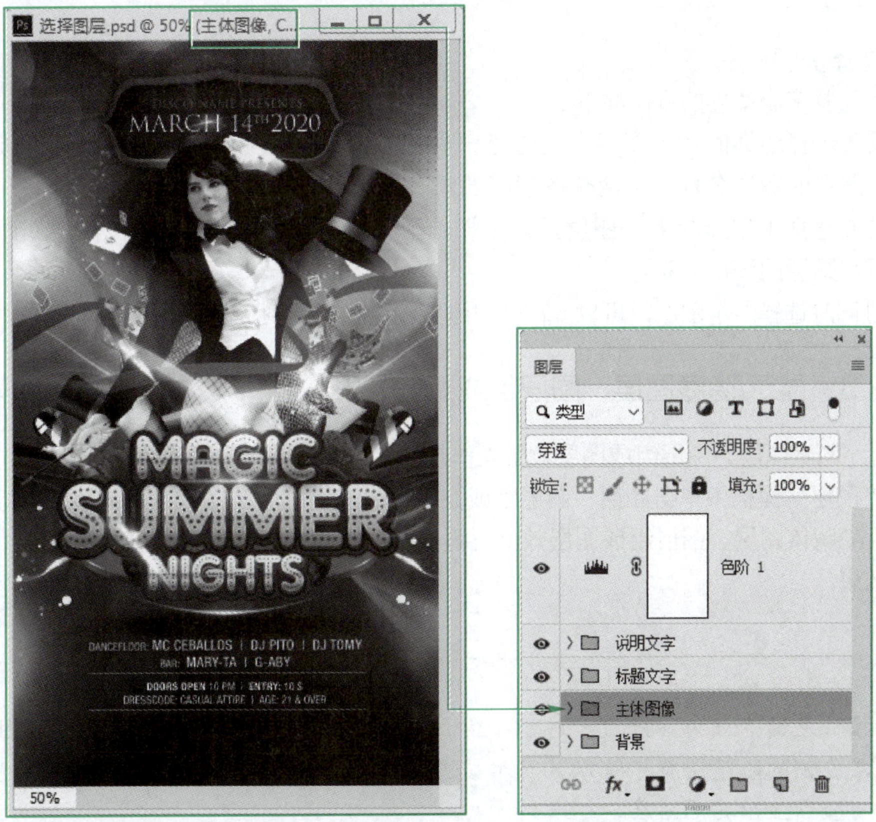

图 3.7
图层组在窗口和“图层”面板中的显示状态

图 3.8
右键选择图层示例

2. 选择多个图层

同时选择多个图层的方法如下：

01 如果要选择连续的多个图层，在选择一个图层后，按住Shift键在“图层”面板中单击另一图层的图层名称，则两个图层间的所有图层都会被选中。

02 如果要选择不连续的多个图层，在选择一个图层后，按住Ctrl键在“图层”面板中单击另一图层的图层名称。

通过同时选择多个图层，可以一次性对这些图层执行复制、删除、变换等操作。

3.2.3 显示/隐藏图层、图层组或图层效果

显示 / 隐藏图层、图层组或图层效果操作是非常简单且基础的一类操作。

在“图层”面板中单击图层、图层组或图层效果左侧的眼睛图标，使该处图标呈现为，即可隐藏该图层、图层组或图层效果，再次单击眼睛图标处，可重新显示图层、图层组或图层效果。

提示

如果在眼睛图标列中按住左键不放向下拖动，则可以显示或隐藏拖动过程中所有鼠标经过的图层或图层组。按住 Alt 键单击图层左侧的眼睛图标，可以只显示该图层而隐藏其他图层；再次按住 Alt 键单击该图层左侧的眼睛图标，即可重新显示其他图层。

笔 记

需要注意的是，只有可见图层才可以被打印，所以如果要打印当前图像，则必须保证图像所在的图层处于显示状态。

3.2.4 改变图层顺序

针对图层中的图像具有上层覆盖下层的特性，适当地调整图层顺序可以制作出更为丰富的图像效果。调整图层顺序的操作方法非常简单，以图 3.9 所示的原图像为例，按住鼠标左键将图层拖动至图 3.10 所示的目标位置，当目标位置显示出一条高光线时释放鼠标左键，效果如图 3.11 所示。图 3.12 所示是调整图层顺序后的“图层”面板。

图 3.9
3.2.4- 素材图像

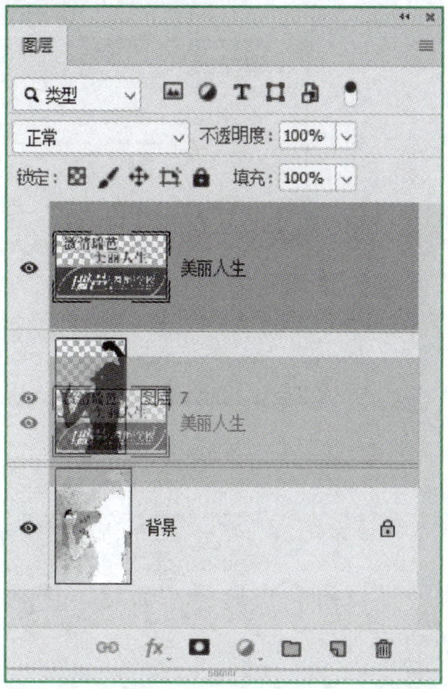

图 3.10
拖动图层示例

图 3.11
调整图层顺序后的图像效果

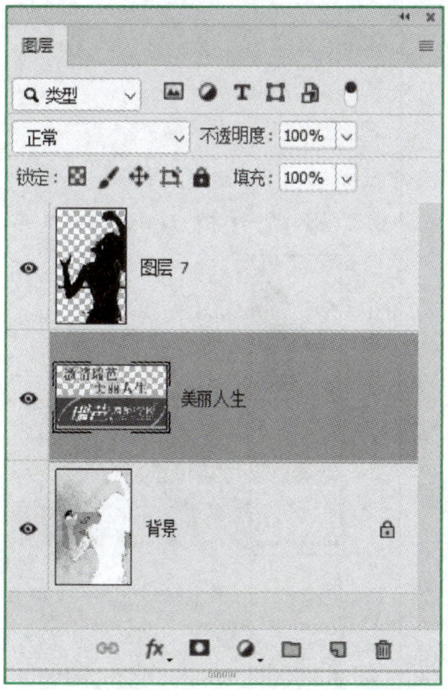

图 3.12
调整图层顺序后的“图层”面板

资源文件：
3.2.4- 素材 .psd

3.2.5 在同一图像文件中复制图层

在同一图像文件中进行的复制图层操作，可以分为对单个图层和对多个图层进行复制两种，但实际上，二者的操作方法是相同的，在实际工作中可以根据当前的工作需要，选择一种最为快捷有效的操作方法。

- 在当前不存在选区的情况下，按 Ctrl+J 键可以复制当前选中的图层。该操作仅在复制单个图层时有效。
- 选择“图层”|“复制图层”命令，或在图层名称上右击，在弹出的菜单中选择“复制图层”命令，此时将打开如图 3.13 所示的对话框。

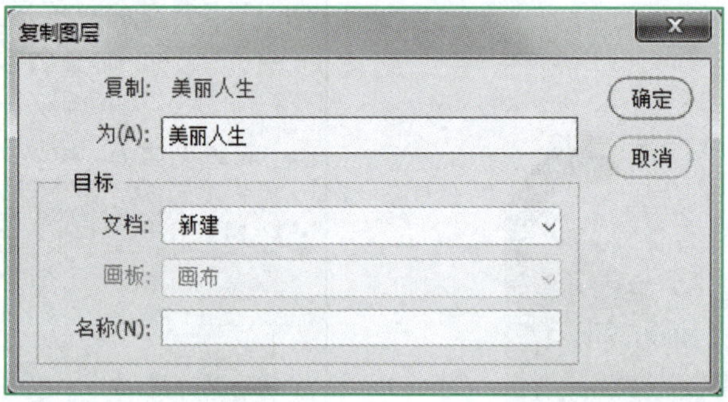

图 3.13
“复制图层”对话框

提示

如果在此对话框的“文档”下拉列表中选择“新建”选项，并在“名称”文本框中输入一个文件名称，可以将当前图层复制为一个新的文件。

- 选择需要复制的一个或多个图层，将图层拖动到“图层”面板底部的“创建新图层”按钮上，如图 3.14 所示。

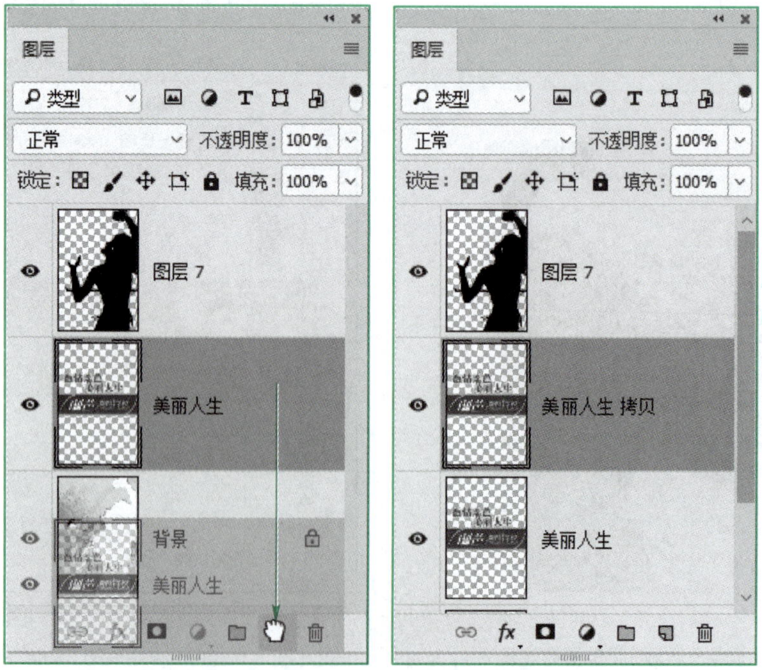

图 3.14
以“创建新图层”形式复制图层示例

- 在“图层”面板中选择需要复制的一个或多个图层，鼠标左键的同时按住 Alt 键，拖动要复制的图层，此时鼠标指针将变为状态，将此图层拖至目标位置，如图 3.15 所示。释放鼠标左键后即可完成复制图层操作。图 3.16 所示为复制图层后的“图层”面板。

笔 记

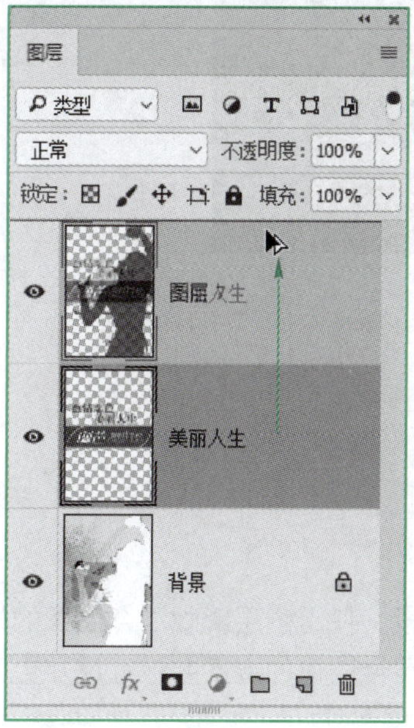

图 3.15
拖动复制图层示例

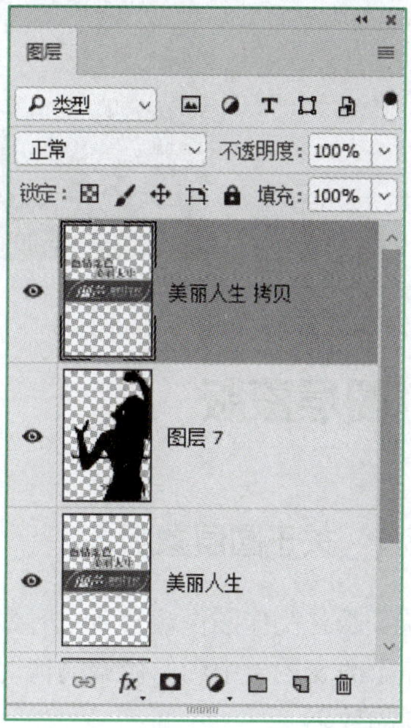

图 3.16
复制图层后的面板

3.2.6 在不同图像间复制图层

要在两幅图像间复制图层，可以按下述步骤操作：

01 在源图像的“图层”面板中，选择要复制的图像所在的图层。

02 选择“选择”|“全选”命令，或者使用前面章节所讲述的功能创建选区以选中需要复制的图像，按Ctrl+C键执行复制操作。

03 激活目标图像，按Ctrl+V键执行粘贴操作。

更简单的方法是选择“移动工具”，并列两个图像文件，从源图像中拖动需要复制的图像到目标图像中，此操作过程如图 3.17 所示，拖动后的效果如图 3.18 所示。

资源文件：
3.2.6.psd
3.2.6– 素材 1.psd
3.2.6– 素材 2.psd

图 3.17
在不同图像间复制图层示例

图 3.18
复制图层后的效果

拓展知识 3-1
图层的基本操作

3.3 图层蒙版

3.3.1 关于图层蒙版

图层蒙版是制作图像混合效果时最常用的一种手段。使用图层蒙版混合图像的好处，在于可以在不改变图层中图像像素的情况下，实现多种混合图像的方案并进行反复更改，最终得到需要的效果。

要正确、灵活地使用图层蒙版，必须了解图层蒙版的原理。简单地说，图层蒙版就是使用一张灰度图“有选择”地屏蔽当前图层中的图像，从而得到混合效果。

这里所说的“有选择”，是指图层蒙版中的白色区域可以起到显示当前图层中图像对应区域的作用，图层蒙版中的黑色区域可以起到隐藏当前图层中图像对应区域的作用，如果图层蒙版中存在灰色，则使对应的图像呈现半透明效果。

每天全世界各地有数不清的图像设计师在使用图层蒙版创作着不同风格、不同效果的合成图像，图 3.19 展示了 3 幅使用图层蒙版所得到的精美效果。

(a) (b) (c)

图 3.19
经典作品

用户可以通过改变图层蒙版不同区域的黑白程度，控制图像对应区域的显示或隐藏状态，为图层增加许多特殊效果，因此对比“图层”面板与图层所显示的实际效果可以看出：

- 图层蒙版中黑色区域部分可以使图像对应的区域被隐藏，显示底层图像。
- 图层蒙版中白色区域部分可使图像对应的区域显示。
- 如果有灰色部分，则会使图像对应的区域半隐半显。

3.3.2 创建图层蒙版

在 Photoshop 中有很多种添加图层蒙版的方法，可以根据不同的情况来决定使用哪种方法最为简单、恰当。下面分别讲解各种操作方法。

1. 直接添加图层蒙版

要直接为图层添加图层蒙版，可以使用下面的操作方法之一：

01 选择要添加图层蒙版的图层，单击“图层”面板底部的“添加图层蒙版”按钮◘，或者选择“图层”|“图层蒙版”|“显示全部”命令，可以为图层添加一个默认填充为白色的图层蒙版，即显示全部图像，如图3.20所示。

资源文件：
3.3.2-1- 素材 .psd
3.3.2-2.psd
3.3.2-2- 素材 .psd

图 3.20
添加白色图层蒙版示例

02 选择要添加图层蒙版的图层，按住Alt键，单击“图层”面板底部的“添加图层蒙版”按钮◘，或者选择“图层”|“图层蒙版”|“隐藏全部”命令，可以为图层添加一个默认填充为黑色的图层蒙版，即隐藏全部图像，如图3.21所示。

图 3.21
添加黑色图层蒙版示例

笔记

2. 利用选区添加图层蒙版

如果当前图像中存在选区，可以利用该选区添加图层蒙版，并决定添加图层蒙版后是显示还是隐藏选区内部的图像。可以按照以下操作之一来利用选区添加图层蒙版。

01 依据选区范围添加图层蒙版：选择要添加图层蒙版的图层，在“图层”面板底部单击“添加图层蒙版”按钮，即可依据当前选区的选择范围为图像添加图层蒙版。以图3.22所示的选区状态为例，添加图层蒙版后的状态如图3.23所示。

图 3.22
图像选区

图 3.23
添加蒙版后的效果及“图层”面板状态

02 依据与选区相反的范围添加图层蒙版：按住Alt键，在“图层”面板底部单击“添加图层蒙版”按钮，即可依据与当前选区相反的范围为图层添加图层蒙版，此操作的原理是先对选区执行“反向”命令，再为图层添加图层蒙版。

3.3.3 更改图层蒙版的浓度

“属性”面板中的“浓度”滑块可以调整选定的图层蒙版或矢量蒙版的不透明度，其使用步骤如下：

01 在“图层”面板中，选择包含要编辑的蒙版的图层。
02 单击“属性”面板中的按钮或者按钮以将其激活。
03 拖动“浓度”滑块，当其数值为100%时，蒙版完全不透明，并将遮挡住当前图层下面的所有图像效果。此数值越低，蒙版下的越多图像效果变得可见。

资源文件：
3.3.3.psd
3.3.3-素材.psd

图3.24所示为原图像；图3.25所示是对应的面板；图3.26所示为在“属性”面板中将“浓度”数值降低时的效果，可以看出由于蒙版中黑色变成为灰色，因此被隐藏的图层中的图像也开始显现出来；图3.27所示是对应的面板。

图 3.24
3.3.3- 素材图像

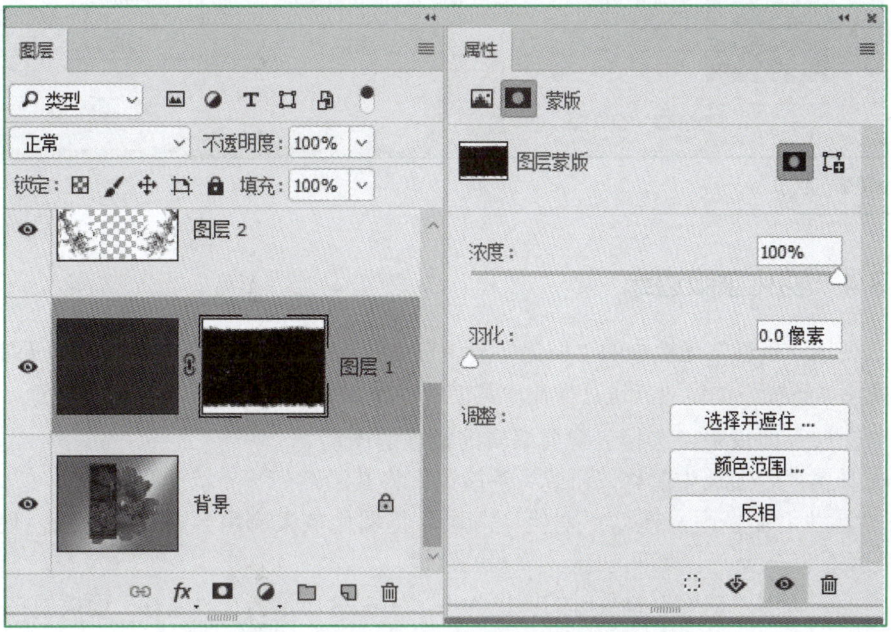

图 3.25
原图像时对应的“图层蒙版”状态

图 3.26
将图层蒙版“浓度”降低时的应用效果

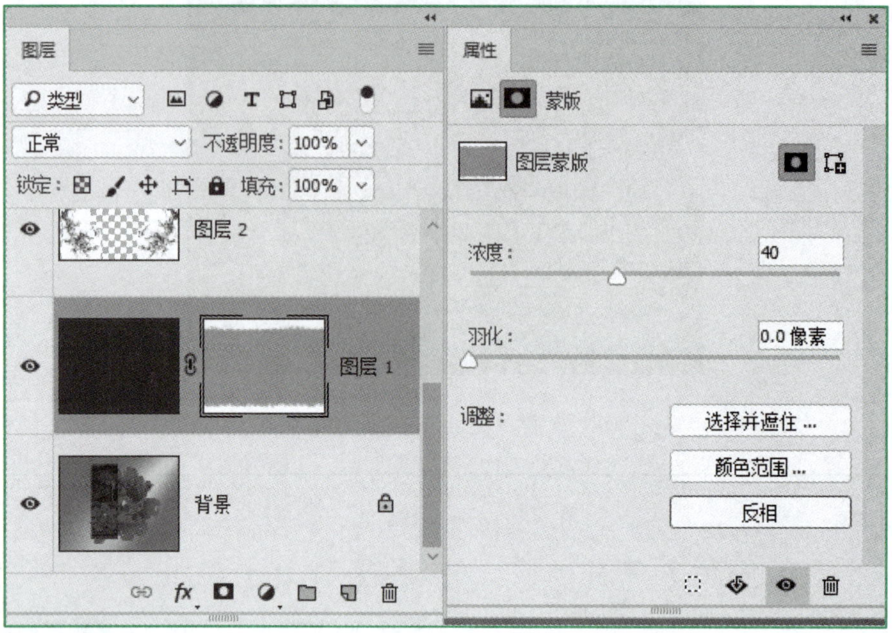

图 3.27
图层蒙版“浓度”降低时对应的“图层蒙版”状态

3.3.4 羽化蒙版边缘

可以使用“属性”面板中的“羽化”滑块直接控制蒙版边缘的柔化程度，而无需像以前那样再使用“模糊”滤镜对其进行操作，其使用步骤如下：

01 在“图层”面板中，选择包含要编辑的蒙版的图层。

02 单击“属性”面板中的按钮或者按钮，将其激活。

03 在“属性”面板中，拖动“羽化”滑块，将羽化效果应用至蒙版的边缘，使蒙版边缘在蒙住和未蒙住区域间创建较柔和的过渡。

以前面未设置“浓度”参数时的图像为例，图 3.28 所示为在“属性”面板中将“羽化”数值提高后的效果。可以看出，蒙版边缘发生了柔化。

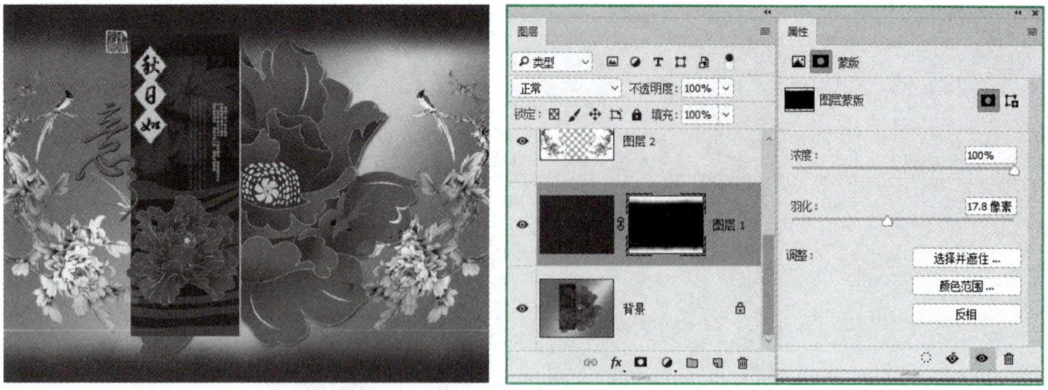

（a） （b）

图 3.28
将“属性”面板中的“羽化”值提高后的应用效果及对应的“图层蒙版”

3.3.5 图层蒙版与图层缩览图的链接状态

笔 记

默认情况下，图层与图层蒙版保持链接状态，即图层缩览图与图层蒙版缩览图之间存在图标。此时使用“移动工具”移动图层中的图像时，图层蒙版中的图像也会随其一起移动，从而保证图层蒙版与图层图像的相对位置不变。

如果要单独移动图层中的图像或者图层蒙版中的图像，可以单击两者间的图标以使其消失，然后即可独立地移动图层或者图层蒙版中的图像了。

3.3.6 载入图层蒙版中的选区

要载入图层蒙版中的选区，可以执行下列操作之一：

- 单击“属性”面板中的“从蒙版中载入选区”按钮。
- 按住 Ctrl 键的同时单击图层蒙版的缩览图。

3.3.7 编辑图层蒙版

添加图层蒙版只是完成了应用图层蒙版的第一步，要使用图层蒙版还必须对图层蒙版进行编辑，这样才能取得所需的效果。编辑图层蒙版的操作步骤如下：

01 单击“图层”面板中的图层蒙版缩览图以将其激活。

提示

虽然步骤 1 看上去非常简单，但却是初学者甚至是 Photoshop 老手在工作中最容易犯错的地方，如果没有激活图层蒙版，则当前操作就是在图层图像中，在这种状态下无论是使用黑色还是白色进行涂抹操作，对于图像本身都是破坏性操作。

02 选择任何一种编辑或绘画工具，按照下述准则进行编辑：

- 如果要隐藏当前图层，用黑色在蒙版中绘图。
- 如果要显示当前图层，用白色在蒙版中绘图。
- 如果要使当前图层部分可见，用灰色在蒙版中绘图。

03 如果要编辑图层而不是编辑图层蒙版，单击“图层”面板中该图层的缩览图以将其激活。

提示

如果要将一幅图像粘贴至图层蒙版中，按住 Alt 键并单击图层蒙版缩览图，以显示蒙版，然后选择“编辑”|“粘贴”命令，或按 Ctrl+V 键执行粘贴操作，即可将图像粘贴至蒙版中。

3.4 剪贴蒙版

拓展知识 3-2
应用与删除图层蒙版

3.4.1 剪贴蒙版的工作原理

Photoshop 提供了一种被称为剪贴蒙版的技术，来创建以一个图层控制另一个图层显示形状及透明度的效果。

剪贴蒙版实际上是一组图层的总称，它由基底图层和内容图层组成，如图 3.29 所示。在一个剪贴蒙版中，基底图层只能有一个且位于剪贴蒙版的底部，而内容图层则可以有很多个，且每个内容图层前面都会有一个↓图标。

资源文件：
3.4.1.psd
3.4.1– 素材 .psd

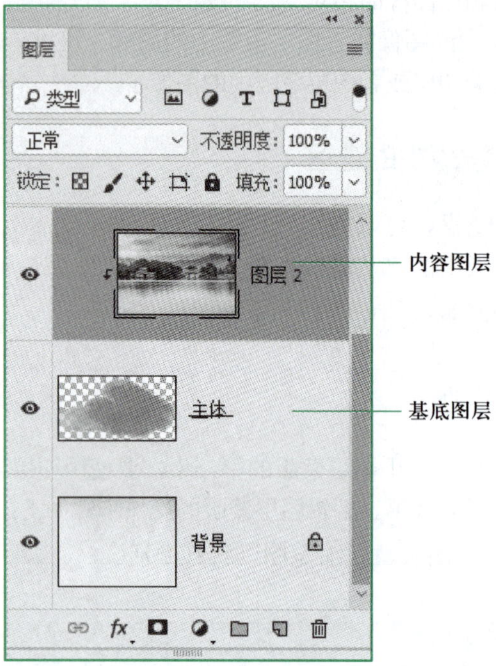

图 3.29
剪贴蒙版

剪贴蒙版可以由多种类型的图层组成，如文字图层、形状图层，以及在后面将讲解到的调整图层等，它们都可以用来作为剪贴蒙版中的基底图层或者内容图层。

使用剪贴蒙版能够定义图像的显示区域。图 3.30 所示为原图像及对应的“图层”面板，图 3.31 所示为创建剪贴蒙版后的图像效果及对应的“图层”面板。

图 3.30
原图像及对应的“图层”面板

图 3.31
创建剪贴蒙版后的图像效果及对应的“图层”面板

3.4.2 创建剪贴蒙版

笔 记

要创建剪贴蒙版，可以执行以下操作之一：

01 选择“图层”|“创建剪贴蒙版”命令。

02 在选择了内容图层的情况下，按Alt+Ctrl+G键创建剪贴蒙版。

03 按住Alt键，将鼠标指针放置在基底图层与内容图层之间，当指针变为↓□形状时单击鼠标左键。

04 如果要在多个图层间创建剪贴蒙版，可以选中内容图层，并确认该图层位于基层的上方，按照上述方法执行“创建剪贴蒙版”命令即可。

在创建剪贴蒙版后，仍可以为各图层设置混合模式、不透明度，以及在后面将讲解到的图层样式等。只有在两个连续的图层之间才可以创建剪贴蒙版。

创建剪贴蒙版后，可以通过移动内容图层，在基底图层界定的显示区域内显示不同的图像效果。仍以前面的图像为例，图 3.32 所示是移动内容图层后的效果。如果移动的是基底图层，则会使内容图层中显示的图像相对于画布的位置发生变化，如图 3.33 所示。

图 3.32
移动内容图层后的效果

图 3.33
移动基底图层的效果

3.4.3 取消剪贴蒙版

如果要取消剪贴蒙版，可以执行以下操作之一：

01 按住Alt键，将鼠标指针放置在“图层”面板中两个编组图层的分隔线上，当指针变为形状时单击分隔线。

02 在“图层”面板中选择内容图层中的任意一个图层，选择“图层”|“释放剪贴蒙版”命令。

03 选择内容图层中的任意一个图层，按Alt+Ctrl+G键。

3.5 图框蒙版

微课 3-3
图框蒙版功能讲解

3.5.1 图框蒙版概述

图框蒙版是 Photoshop CC 2019 的新功能，其基本原理是通过创建或转换得到图框，然后在其中添加图像，从而达到使用图框限制图像显示范围的目的。

以图 3.34 所示的图像为例，图 3.35 所示是使用 Photoshop CC 2019 新增的“图框工具”绘制得到的 3 个矩形图框，图 3.36 所示是将 3 幅素材图像分别置入到图框并适当调整大小后的效果。

图 3.34
3.5.1-素材图像及对应的“图层”面板

资源文件：
3.5.1.psd
3.5.1-素材 1.psd
3.5.1-素材 2.jpg
3.5.1-素材 3.jpg
3.5.1-素材 4.jpg

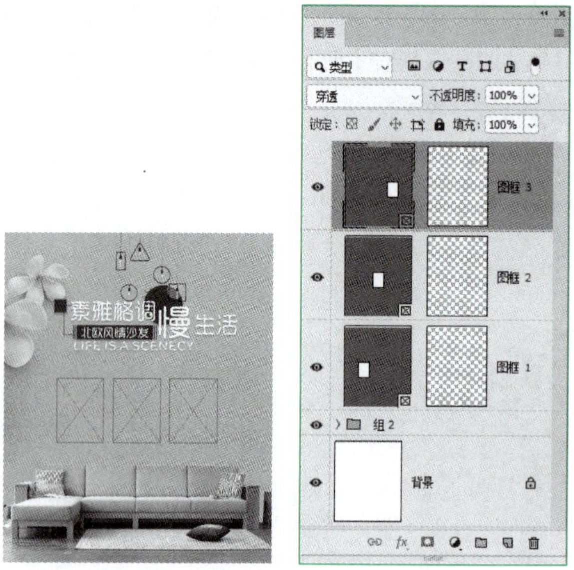

图 3.35
绘制 3 个矩形图框

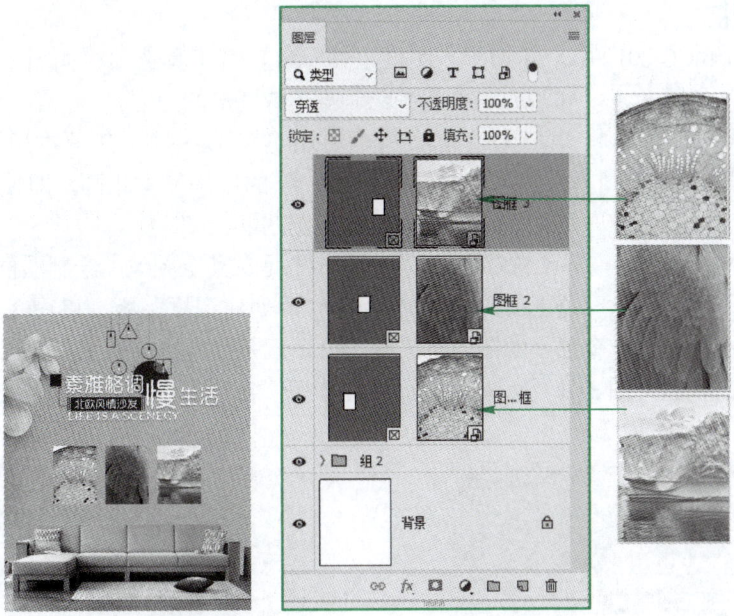

图 3.36
图框置入图像的效果

通过上面的讲解可以看出，图框蒙版主要分为两部分：左侧缩略图代表图框，用于界定图框蒙版的范围；右侧缩略图代表图像内容，用于界定图框蒙版的内容，如图 3.37 所示。图框范围内的图像可以显示出来，而超出图框范围的图像则被隐藏起来。

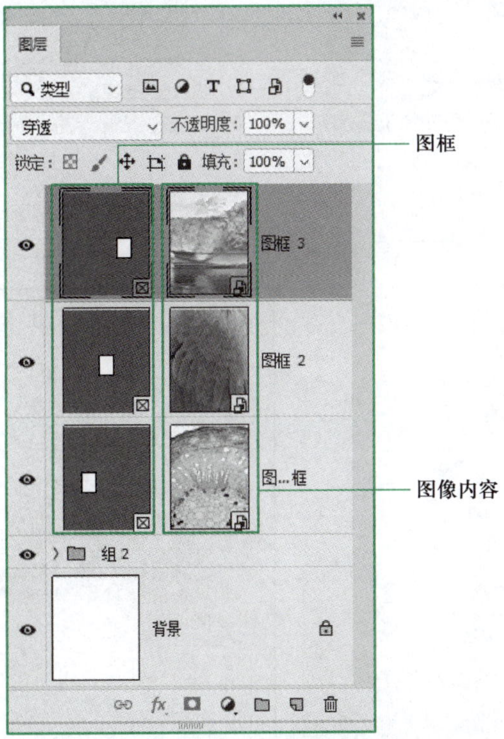

图 3.37
图框蒙版示例

3.5.2 制作图框

要使用图框蒙版，首先就要掌握制作图框的方法。在 Photoshop CC 2019 中，主要可以使用绘制和转换两种方法制作图框，下面分别讲解其制作方法。

笔 记

1. 绘制图框

在 Photoshop CC 2019 中，新增了“图框工具”，其工具选项栏如图 3.38 所示，用户可以在其中选择绘制矩形或圆形的图框。

图 3.38
“图框工具”选项栏

无论是绘制矩形还是圆形图框，其基本用法与“矩形工具”或“椭圆工具”的用法基本相同，即使用该工具在画布中拖动，从而绘制得到图框。

在绘制过程中，如果是在某个图像上绘制图框，则默认情况下自动以该图像为内容，创建图框蒙版。以图 3.39 所示的图像为例，中间的小图是在一个独立的图层上，图 3.40 所示是使用“图框工具”在上面绘制一个圆形图框时的状态，图 3.41 所示是绘制图框完毕后，自动创建图框蒙版后的效果及对应的“图层”面板。

图 3.39
3.5.2- 素材图像

图 3.40
绘制圆形图框时的状态

资源文件：
3.5.2.psd
3.5.2- 素材 .jpg

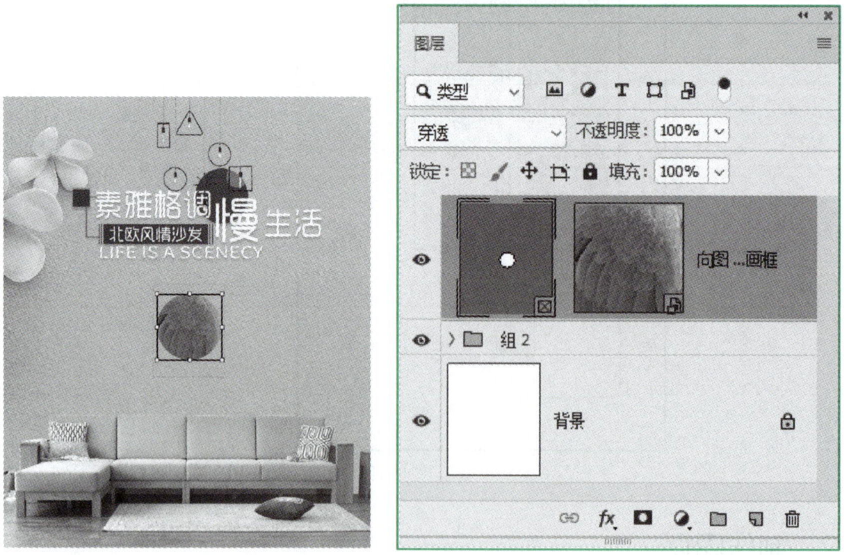

图 3.41
应用效果及对应的“图层”面板

2. 转换图框

在 Photoshop CC 2019 中，用户可以将形状图层或文本图层转换为图框。以如图 3.42 所示的图像为例，其中的“牛扎糖”文字有对应的文字图层。此时可以在文字图层上右击，在弹出的菜单中选择“转换为图框”命令，将弹出提示框，如图 3.43 所示，在其中可以设置图框的名称及尺寸，单击“确定”按钮即可将文字图层转换为图框，如图 3.44 所示。

图 3.42
素材图像及对应的“图层”面板

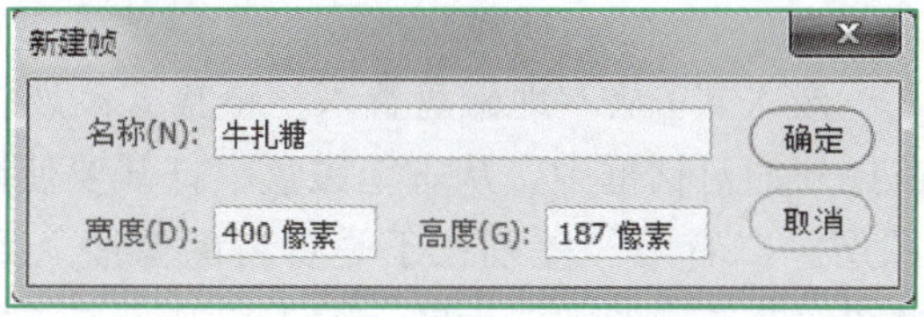

图 3.43
“转换为图框”提示框

图 3.44
文字转换为图框后的效果及对应的“图层”面板

图 3.45 所示是向文字图框中添加图像后的效果。

图 3.45
添加图像后的效果及对应的“图层”面板

3.5.3 向图框添加图像

笔 记

在制作好图框后，即可向其中添加图像，具体方法如下。

1. 插入或置入图像

在选择一个图框图层后，可以在“属性”面板的“插入图像”下拉列表中选择图像的来源。

- 在 Adobe Stock 上查找：选择此命令后，可打开 Adobe Stock 网站选用图像。
- 打开库：选择此命令后，将打开 Photoshop 中的“库”面板，并在其中选择要使用的图像。
- 从本地磁盘置入－嵌入式 / 从本地磁盘置入－链接式：选择这两个命令中的任意一个，都可以在打开的对话框中，从本地磁盘中打开要使用的图像，并将图像转换为智能对象图层。二者唯一差别在于是否将图像嵌入到当前的文档中。以图 3.46 所示的素材图像及选中的图框为例，图 3.47 所示是选择“从本地磁盘置入－嵌入式”命令后打开一幅图像后的效果。

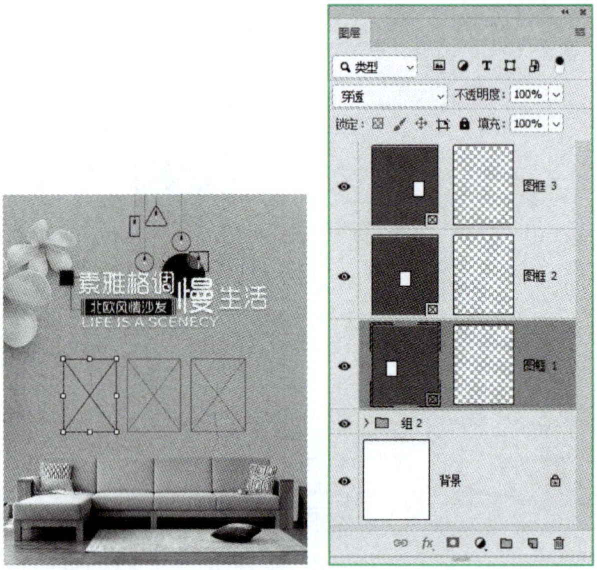

图 3.46
3.5.3- 素材图像及对应的“图层”面板

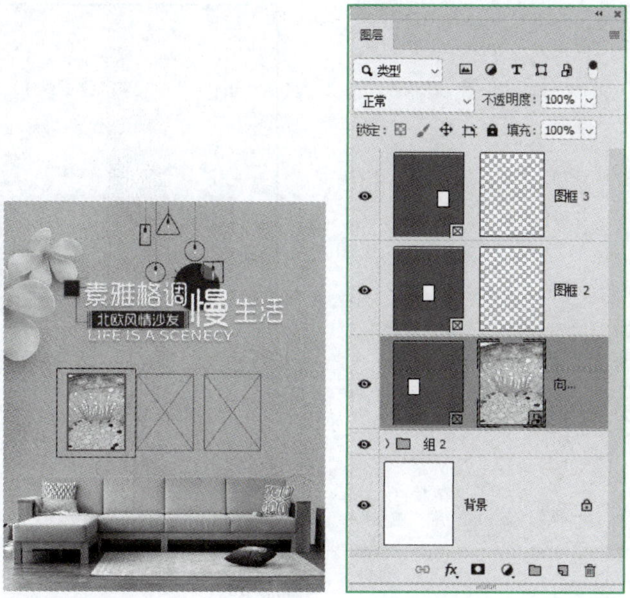

图 3.47
嵌入图像的效果及对应的“图层”面板

- 复制要置入的图像，然后选中图框并按 Ctrl+V 键粘贴。
- 用户也可以直接从本地磁盘中，将要置入的图像拖至相应的图框中，即可实现向图框添加图像的操作。

在选中一个图框图层后，选择“文件”|“置入嵌入对象”或“置入链接的智能对象”命令，在打开的对话框中打开图像，其功能与上述第 3 项内容基本相同。

提示

若图框没有添加任何图像，则图框不会显示在最终的输出结果中。

2. 拖动图层中的图像

在制作好图框后，可以直接将某个图层拖至图框图层中，从而为其添加图像内容。以图 3.48 所示的文字图框为例，图 3.49 所示是拖动“图层”到“牛扎糖”图框上的状态，释放鼠标左键后，即可将其添加至“牛扎糖”图框中，如图 3.50 所示。

图 3.48
文字图框素材及对应的“图层”面板

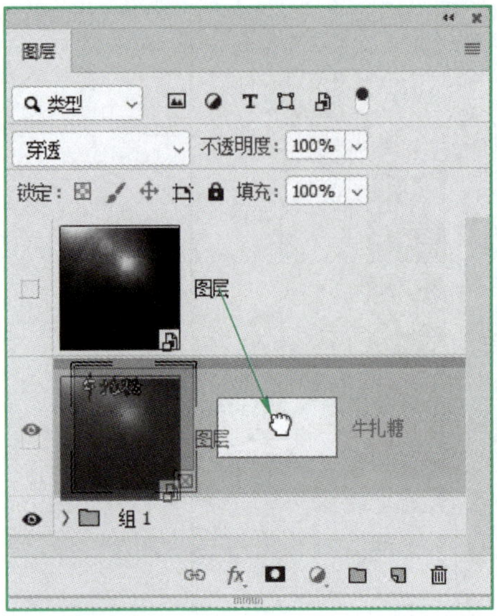

图 3.49
拖动“图层”到图框上的状态

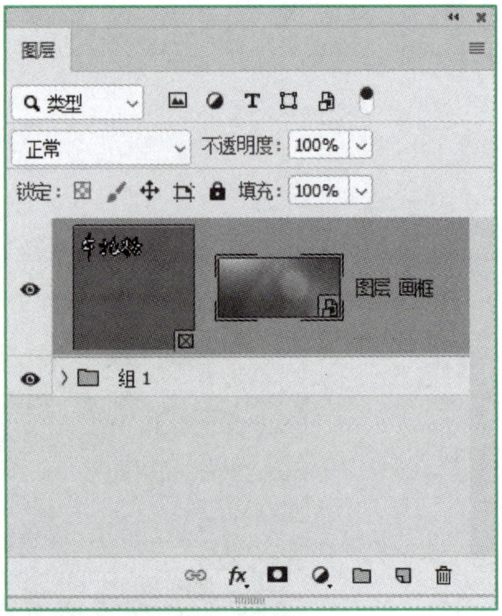

图 3.50
应用后的“图层”面板

3.5.4 编辑图框蒙版

如前所述，图框蒙版主要分为图框和图像内容两部分，因此在编辑过程中，将分为选择图框、图像及同时选中二者这 3 种编辑情况，下面分别讲解图框蒙版的常见编辑操作。

1. 编辑图框

要编辑图框，首先要在“图层”面板中单击要编辑的图框，使之变为被激活的状态，此时图框将显示编辑控件，如图 3.51 所示。拖动各个控制句柄即可调整图框的大小，从而改变图框蒙版的显示范围，如图 3.52 所示。

资源文件：
3.5.4– 素材 .psd

图 3.51
图框被激活的状态及对应的“图层”面板

图 3.52
调整图框大小后的效果

2. 编辑图像

与编辑图框相似，要编辑图框蒙版中的图像，首先要在“图层”面板中单击其缩略图，如图 3.53 所示，即可对图像进行编辑了。例如，使用“移动工具”时可以移动图像，也可以使用变换功能调整大小及角度等，如图 3.54 所示。

笔 记

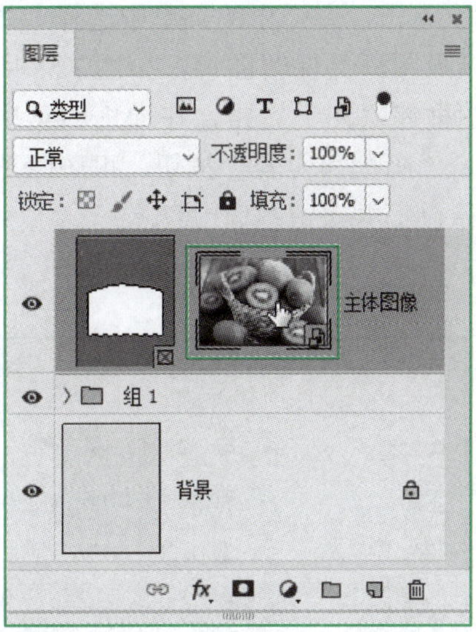

图 3.53
选中缩略图

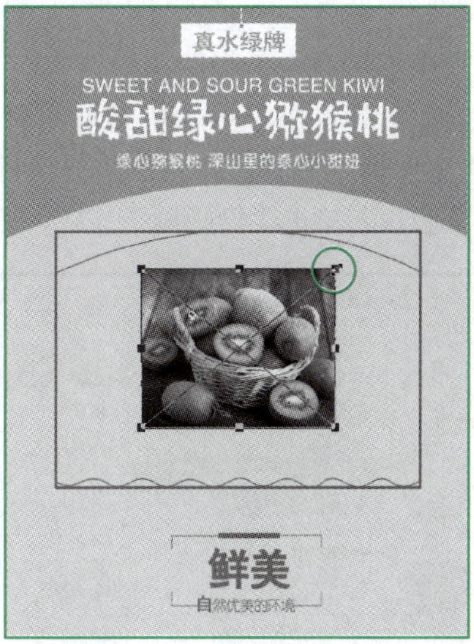

图 3.54
调整大小及角度后的效果

3. 编辑图框蒙版

这里所说的编辑 图框蒙版，是指在同时选中图框及其图像的情况下所做的编辑操作。用户可以在图层名称上单击，从而同时选中图框缩略图与图像缩略图，如图 3.55 所示；也可以在选中图框缩略图时按住 Shift 键单击图像缩略图，从而选中二者。此时再执行的移动、变换等操作，就是针对整个图框蒙版的。图 3.56 所示是放大图框蒙版后的效果。

4. 删除图框蒙版

若是删除整个图框蒙版，即同时删除图框及其图像，则可以像删除普通图层那样操作。

如果要删除图框蒙版中的某个部分，可以按以下方法操作。

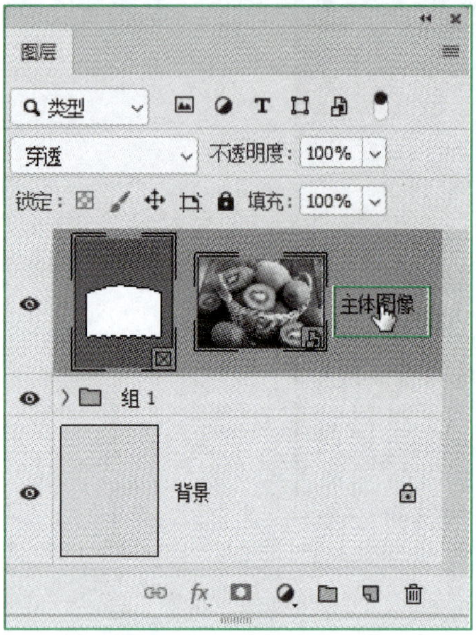

图 3.55

同时选中图框缩略图与图像缩略图

图 3.56

放大图框蒙版后的效果

- 删除图框：在图框的缩略图或图层名称上右击，在弹出的菜单中选择“从图层删除图框”命令，如图 3.57 所示，即可删除图框并保留图像，如图 3.58 所示。用户也可以在只选中图框缩略图时，在图框缩略图上右击，在弹出的菜单中选择“删除帧”命令，在弹出的提示框中单击“画框和内容”按钮，可删除整个图框蒙版，若单击“仅画框”按钮，则可删除画框并保留图像内容。

拓展知识 3-3
图层组及其相关操作

拓展知识 3-4
对齐图层

拓展知识 3-5
分布图层

拓展知识 3-6
合并图层

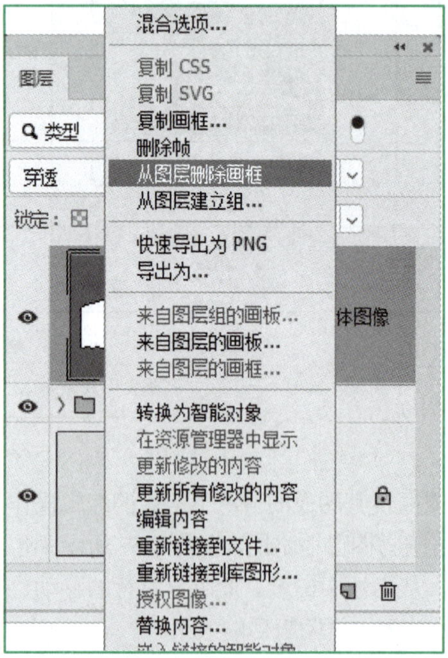

图 3.57

从图层删除图框

图 3.58

删除图框后的“图层”面板

- 删除图像：若要删除图框蒙版中的图像，可以选中图像缩略图，且当前不存在选区或路径的情况下，按 Delete 键即可删除。

3.6 图层样式详解

图层样式是 Photoshop 中最容易出效果的一个功能，使用此功能可以轻松得到投影、外发光、内发光、浮雕等多种效果。Photoshop 提供了 10 种图层样式效果，将这些图层样式组合起来并配合改变不同图层样式的参数，可以得到丰富多彩的效果。

微课 3-4
调整图层功能讲解

3.6.1 “图层样式”对话框概述

简单地说，“图层样式”就是一系列能够为图层添加特殊效果，如浮雕、描边、内发光、外发光、投影的命令。下面分别介绍一下各个图层样式的使用方法。

在“图层样式”对话框中共集成了 10 种各具特色的图层样式，但该对话框的总体结构大致相同，在此以图 3.59 所示的“斜面和浮雕”图层样式参数设置为例，讲解“图层样式”对话框的大致结构。

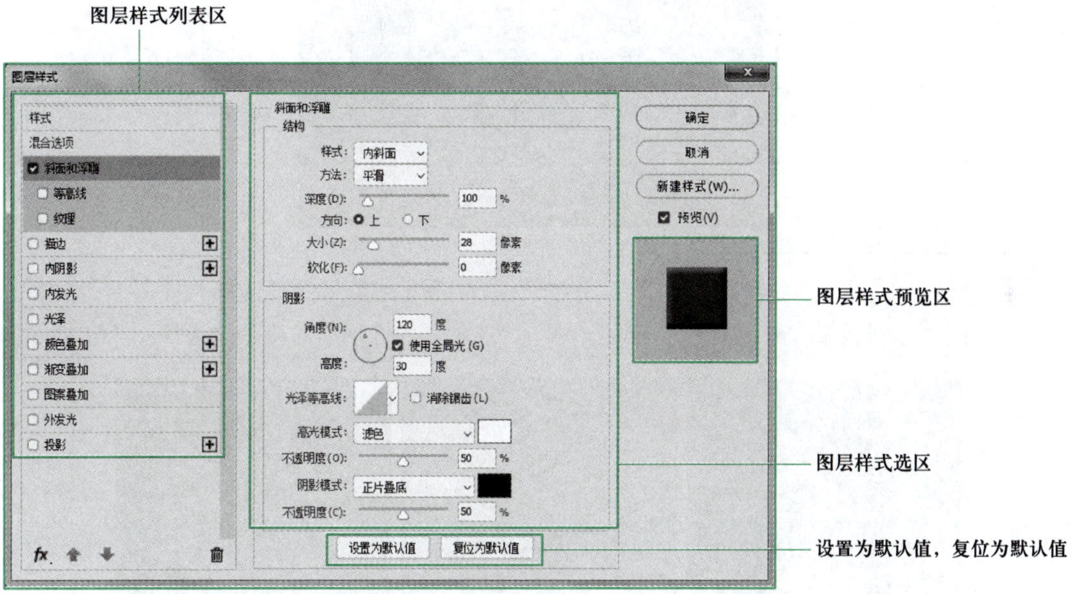

图 3.59
“斜面和浮雕”图层样式

可以看出，“图层样式”对话框在结构上分为以下 4 个区域。

- 图层样式列表区：在该区域中列出了所有图层样式，如果要同时应用多个图层样式，只需要选中图层样式名称左侧的选框即可；如果要对某个图层样式的参数进行编辑，直接单击该图层样式的名称，即可在对话框中间的选项区显示出其参数设置。用户还可以将其中部分图层样式进行叠加处理。
- 图层样式选区：在选择不同图层样式的情况下，该区域会即时显示出与之对应的参数设置。
- 图层样式预览区：在该区域中可以预览当前所设置的所有图层样式叠加在一起时的效果。
- 设置为默认值、复位为默认值：前者可以将当前的参数保存成为默认的数值，以便后面应用，而后者则可以复位到系统或之前保存过的默认参数。

值得一提的是，在 Photoshop 中，除了单个图层外，还可以为图层组添加图层样式，以满足用户多样化的处理需求。

3.6.2 各种图层样式详解

下面将分别讲解 Photoshop 中的各种图层样式。

1. “斜面和浮雕”图层样式

选择“图层”|“图层样式”|“斜面和浮雕”命令，或者单击“图层”面板底部的“添加图层样式”按钮 fx，在弹出的菜单中选择“斜面和浮雕”命令，打开“图层样式”对话框。使用“斜面和浮雕”图层样式，可以创建具有斜面或者浮雕效果的图像。

下面将以图 3.60 所示的图像及其中的图案为基础，讲解“斜面和浮雕”图层样式中各参数的功能。

图 3.60
3.6.2- 素材图像

- 样式：选择其中的各选项，可以设置不同的效果。在此分别选择“外斜面”“内斜面”“浮雕效果”“枕状浮雕”“描边浮雕”等选项，各选项所对应的效果如图 3.61 所示。

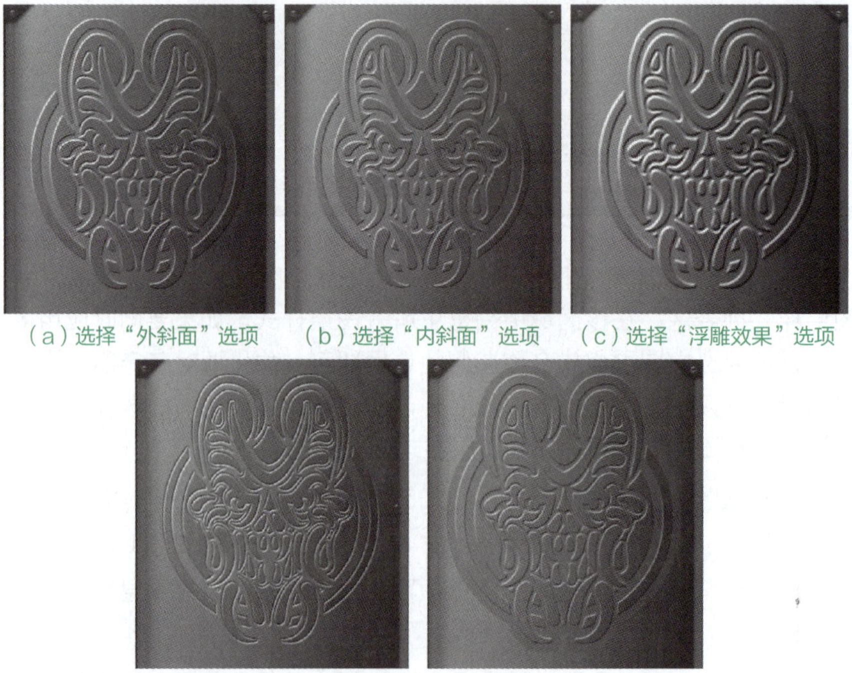

（a）选择“外斜面”选项（b）选择“内斜面”选项（c）选择“浮雕效果”选项

（d）选择“枕状浮雕”选项（e）选择“描边浮雕”选项

图 3.61
不同样式选项效果

提示

在选择“描边浮雕”选项时，必须同时添加“描边”图层样式，否则将不会得到任何浮雕效果。在当前的示例中，将“描边”图层样式效果设置为12像素的红色描边。

- 方法：在其下拉菜单中可以选择“平滑”“雕刻清晰”“雕刻柔和”等选项，其对应的效果如图3.62所示。

（a）选择“平滑”选项 （b）选择“雕刻清晰”选项 （c）选择“雕刻柔和”选项

图3.62
3种创建“斜面和浮雕”效果的方法

- 深度：控制“斜面和浮雕”图层样式的深度，数值越大，效果越明显。图3.63所示是分别设置数值为20%、100%时的对比效果。

（a）设置“深度”数值为20% （b）选择“深度”数值为100%

图3.63
不同“深度”的效果

- 方向：在此可以选择“斜面和浮雕”图层样式的视觉方向。如果选中“上”单选按钮，在视觉上呈现凸起效果；如果选中“下”单选按钮，在视觉上呈现凹陷效果。图3.64所示是分别选中这两个单选按钮后所得到的对比效果。

（a）选中“上”单选按钮 （b）选中“下”单选按钮

图3.64
“上”和“下”方向的对比效果

笔 记

- 大小：此参数控制“斜面和浮雕”效果亮部区域与暗部区域的大小，数值越大则亮部区域与暗部区域所占图像的比例也越大。
- 软化：此参数控制“斜面和浮雕”图层样式亮调区域与暗调区域的柔和程度。数值越大，则亮调区域与暗调区域越柔和。
- 高光模式、阴影模式：在这两个下拉菜单中，可以为形成斜面或者浮雕效果的高光和阴影区域选择不同的混合模式，从而得到不同的效果。如果单击右侧的色块，还可以在打开的“拾色器（斜面和浮雕高光颜色）”对话框和“拾色器（斜面和浮雕阴影颜色）”对话框中为高光和阴影区域选择不同的颜色，因为在某些情况下，高光区域并非完全为白色，可能会呈现出某种色调；同样，阴影区域也并非完全为黑色。
- 光泽等高线：等高线是用于制作特殊效果的一个关键性因素。Photoshop 提供了很多预设的等高线类型，只需要选择不同的等高线类型，就可以得到非常丰富的效果。另外，也可以通过单击当前等高线的预览框，在打开的“等高线编辑器”对话框中进行编辑，直至得到满意的浮雕效果为止。图 3.65 所示两种不同等高线类型时的对比效果。

（a） （b）

图 3.65
不同等高线类型的对比效果

2.“描边”图层样式

使用“描边”图层样式，可以用“颜色”“渐变”或者“图案”共 3 种类型为当前图层中的图像勾绘轮廓。

“描边”图层样式的参数释义如下。

- 大小：用于控制描边的宽度。数值越大，则生成的描边宽度越大。
- 位置：在其下拉菜单中可以选择“外部”“内部”“居中”共 3 种位置选项。选择“外部”选项，描边效果完全处于图像的外部；选择“内部”选项，描边效果完全处于图像的内部；选择“居中”选项，描边效果一半处于图像的外部，一半处于图像的内部。
- 填充类型：在其下拉菜单中可以设置描边的类型，包括“颜色”“渐变”和“图案”3 个选项。

图 3.66 所示为原图像及设置不同的填充类型时得到的描边效果。

虽然使用上述任何一种图层样式，都可以获得非常丰富的效果，但在实际应用中通常同时使用数种图层样式。

（a）原图像

（b）单色描边效果

（c）渐变描边效果

（d）图案描边效果

图 3.66
“描边”图层样式实例

3.“内阴影”图层样式

使用“内阴影”图层样式，可以为非背景图层添加位于图层不透明像素边缘内的投影，使图层呈凹陷的外观效果。

“内阴影”图层样式的参数释义如下。

- 混合模式：在其下拉菜单中可以为内阴影选择不同的混合模式，从而得到不同的内阴影效果。单击其右侧色块，可以在打开的“拾色器（内阴影颜色）”对话框中为内阴影设置颜色。
- 不透明度：在此可以输入数值以定义内阴影的不透明度。数值越大，则内阴影效果越清晰。
- 角度：在此拨动角度轮盘的指针或者输入数值，可以定义内阴影的投射方向。如果选择了“使用全局光”选项，则内阴影使用全局设置；反之，可以自定义角度。
- 距离：在此输入数值，可以定义内阴影的投射距离。数值越大，则内阴影的三维空间效果越明显；反之，越贴近投射内阴影的图像。图 3.67 所示为添加内阴影样式前的效果，图 3.68 所示为添加内阴影样式后的效果。
- 消除锯齿：选择此选项，可以使应用等高线后的“内阴影”更细腻。
- 杂色：选择此选项，可以为“内阴影”增加杂色。

笔 记

资源文件：
3.6.2–3.psd
3.6.2–3– 素材 .psd

图 3.67
添加内阴影前的效果

图 3.68
添加内阴影后的效果

4. 外发光与内发光

使用“外发光”图层样式，可为图层增加发光效果。此类效果常用于具有较暗背景的图像中，以创建一种发光的效果。

使用“内发光”图层样式，可以在图层中增加不透明像素内部的发光效果。该样式的对话框与“外发光”样式相同。

“内发光”及“外发光”图层样式常被组合在一起使用，以模拟一个发光的物体。图 3.69 所示为添加图层样式前的效果，图 3.70 所示为添加“外发光”图层样式后的效果，图 3.71 所示为添加“内发光”图层样式后的效果。

资源文件：
3.6.2–4.psd
3.6.2–4– 素材 .psd

图 3.69
未添加样式前的效果

图 3.70
添加“外发光”图层样式后的效果

图 3.71
添加“内发光”图层样式后的效果

5.“光泽”图层样式

使用“光泽”图层样式，可以在图层内部根据图层的形状应用投影，常用于创建光滑的磨光及金属效果。图 3.72 所示为原图像，图 3.73 所示为应用“光泽”效果后的效果。

资源文件：
3.6.2–5.psd
3.6.2–5– 素材 .psd

图 3.72
未添加“光泽”的原图像

图 3.73
添加“光泽”后的效果

提示

此图层样式的使用关键点在于等高线的类型及参数大小。

6.“颜色叠加”图层样式

选择“颜色叠加”图层样式，可以为图层叠加某种颜色。此图层样式的参数设置非常简单，在其中设置一种叠加颜色，并设置所需要的“混合模式”及“不透明度”即可。

7.“渐变叠加”图层样式

使用“渐变叠加”图层样式，可以为图层叠加渐变效果。

“渐变叠加”图层样式较为重要的参数释义如下。

- 样式：在此下拉菜单中可以选择“线性”“径向”“角度”“对称的”“菱形”共 5 种渐变样式。
- 与图层对齐：在此选项被选中的情况下，渐变效果由图层中最左侧的像素应用至其最右侧的像素。

资源文件：
3.6.2–7– 素材 .psd

图 3.74 所示是为蝴蝶图像添加“渐变叠加”图层样式前后的对比效果。

（a）添加“渐变叠加”图层样式前

（b）添加“渐变叠加”图层样式后

图 3.74
添加“渐变叠加”图层样式前后的对比效果

8.“图案叠加”图层样式

使用“图案叠加”图层样式，可以在图层上叠加图案，其中的参数及选项与前面讲解的图层样式相似，故不再赘述。

图 3.75 所示是在艺术文字上叠加图案前后的对比效果。

资源文件：
3.6.2–8.psd
3.6.2–8– 素材 .psd

9.“投影”图层样式

使用“投影”图层样式，可以为图层添加投影效果。

“投影”图层样式较为重要的参数释义如下。

（a）添加“图案叠加”图层样式前　（b）添加“图案叠加”图层样式后

图 3.75
叠加图案前后的对比效果

- 扩展：在此输入数值，可以增加投影的投射强度。数值越大，则投射的强度越大。图 3.76 所示为其他参数值不变的情况下，“扩展”值分别为 10 和 40 情况下的“投影”效果。

资源文件：
3.6.2–9– 素材 .psd

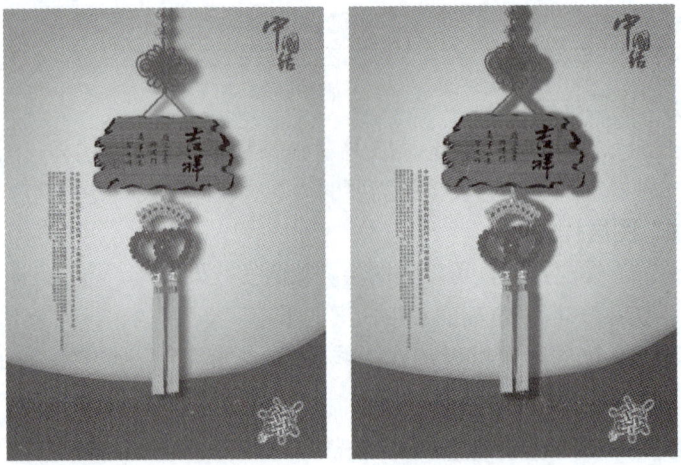

（a）　（b）

图 3.76
不同“扩展”值的投影效果

- 大小：此参数控制投影的柔化程度的大小。数值越大，则投影的柔化效果越明显；反之，则越清晰。图 3.77 所示为其他参数值不变的情况下，“大小”值分别为 0 和 15 两种数值情况下的“投影”效果。

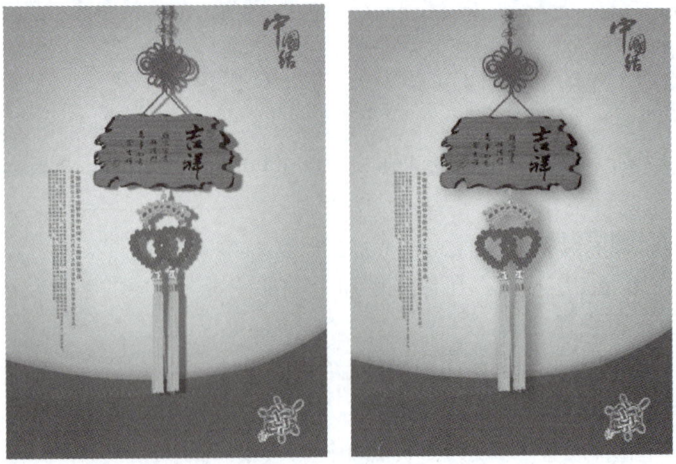

（a）　（b）

图 3.77
不同“大小”值的投影效果

- 等高线：使用等高线可以定义图层样式效果的外观，其原理类似于“曲线”命令中曲线对图像的调整原理。单击此下拉列表按钮，将弹出如图 3.78 所示的“等高线”列表，可在该列表中选择等高线的类型，在默认情况下 Photoshop 自动选择“线性等高线”。

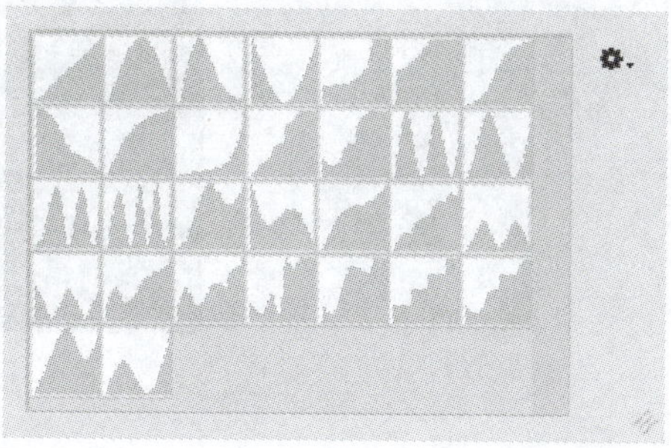

图 3.78
等高线列表

图 3.79 所示为在其他参数与选项不变的情况下，选择两种不同的等高线得到的效果。

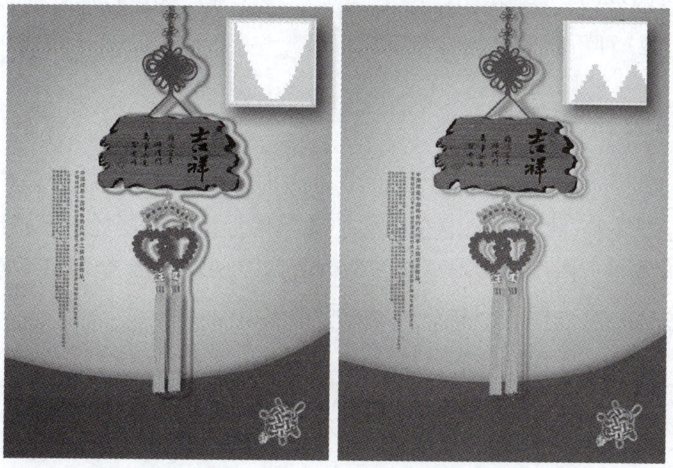

（a） （b）

图 3.79
不同的等高线的效果

3.7 图层混合模式

拓展知识 3-7
图层样式的相关操作

在 Photoshop 中混合模式的应用非常广泛，画笔、铅笔、渐变、图章等工具中均有使用，但其意义基本相同，因此如果掌握了图层的混合模式，则不难掌握其他位置所出现的混合模式选项。

图层的混合模式用于控制上下图层中图像的混合效果，在设置混合模式的同时通常还需要调节图层的不透明度，以使其效果更加理想。

在使用 Photoshop 进行图像合成时，图层混合模式是使用最为频繁的一种技术，例如，图 3.80 所示的几幅图像都大量地使用了不同的图层混合模式。

图层的混合模式是与图层蒙版同等重要的核心功能。在 Photoshop 中，提供了多达 27 种图层混合模式，下面就对各个混合模式及相关操作进行讲解。

在 Photoshop 中，混合模式知识非常重要，几乎每一种绘画与润饰工具都有混合模式选项，而在“图层”面板中，混合模式更占据着重要的位置。正确、灵活地运用混合模式，往往能够创造出丰富的图像效果。

(a) (b) (c)

图 3.80
使用混合模式进行合成的图像

由于工具箱中的绘图工具“如画笔工具”、“铅笔工具”、“仿制图章工具”等，与润饰类工具如“加深工具”、“减淡工具”所具有的混合模式选项，与图层混合模式选项完全相同，且混合模式在图层中的应用非常广泛，故在此重点讲解混合模式在图层中的应用，其中包含了27种不同效果的混合模式。

微课 3–5
混合模式基本用法讲解

3.7.1 正常类混合模式

1. 正常

选择此选项，上、下图层间的混合与叠加关系依据上方图层的“不透明度”及“填充”数值而定。如果设置上方图层的“不透明度”数值为100%，则完全覆盖下方图层；随着“不透明度”数值的降低，下方图层的显示效果会越来越清晰。

2. 溶解

此混合模式用于当图层中的图像出现透明像素的情况下，依据图像中透明像素的数量显示出颗粒化效果。

笔 记

3.7.2 变暗类混合模式

1. 变暗

选择此混合模式，Photoshop将对上、下两层图像的像素进行比较，以上方图层中的较暗像素代替下方图层中与之相对应的较亮像素，且下方图层中的较暗像素代替上方图层中的较亮像素，因此叠加后整体图像变暗。

图3.81所示为设置图层混合模式为“正常”时的图像叠加效果，图3.82所示为将上方图层的混合模式改为“变暗”后得到的效果。

可以看出，上方图层中较暗的书法字及印章全部显示出来，而背景中的白色区域则被下方图层中的图像所代替。

2. 正片叠底

选择此混合模式，Photoshop将上、下两层中的颜色相乘并除以255，最终得到的颜色比上、下两个图层中的颜色都要暗一些。在此混合模式中，使用黑色描绘能够得到更多的黑色，而使用白色描绘则无效。

图3.83所示为原图像及对应的“图层”面板，图3.84所示为将“图层1”的混合模式改为“正片叠底”后的效果及对应的“图层”面板。

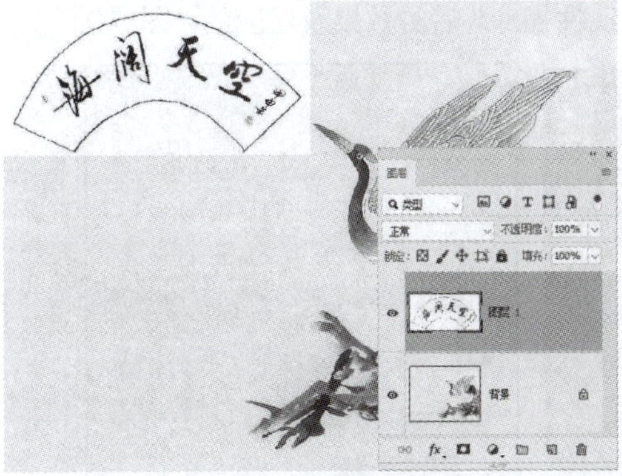

图 3.81
混合模式设为“正常”时的效果

图 3.82
混合模式设为“变暗”时的效果

资源文件：
3.7.2–1.psd
3.7.2–2.psd
3.7.2–3.psd
3.7.2–4.psd

图 3.83
未使用“正片叠底”模式的原图像及对应的“图层”面板

图 3.84
“正片叠底”后的效果及对应的“图层”面板

3. 颜色加深

此混合模式可以加深图像的颜色，通常用于创建非常暗的阴影效果，或者降低图像局部的亮度，如图 3.85 所示。

图 3.85
“颜色加深”的应用效果及对应的“图层”面板

4. 线性加深

查看每一个颜色通道的颜色信息，加暗所有通道的基色，并通过提高其他颜色的亮度来反映混合颜色。此混合模式对于白色无效。

图 3.86 所示为将“图层 1”的混合模式改为“线性加深”后的效果及对应的“图层”面板。

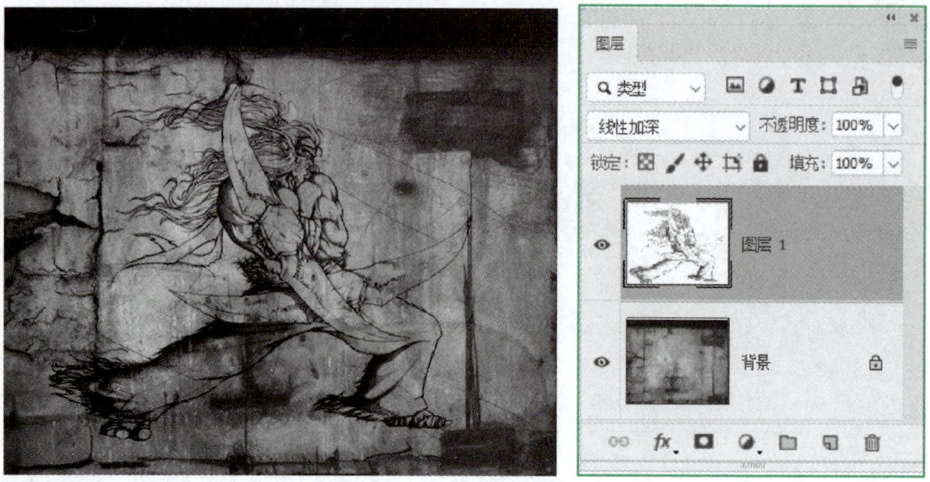

图 3.86
“线性加深”的应用效果及对应的“图层”面板

5. 深色

选择此混合模式，可以依据图像的饱和度，使用当前图层中的颜色直接覆盖下方图层中暗调区域的颜色。

3.7.3 变亮类混合模式

1. 变亮

选择此混合模式时，Photoshop 以上方图层中的较亮像素代替下方图层中与之相对应的较暗像素，且下方图层中的较亮像素代替上方图层中的较暗像素，因此叠加后整体图像呈亮色调。

2. 滤色

资源文件：
3.7.3-2.psd

选择此混合模式，在整体效果上显示出由上方图层及下方图层中较亮像素合成的图像效果，通常用于显示下方图层中的高光部分。

图 3.87 所示为应用“滤色”混合模式后的效果。可以看出，此混合模式将上方图层中亮调区域的图像很好地显示了出来。

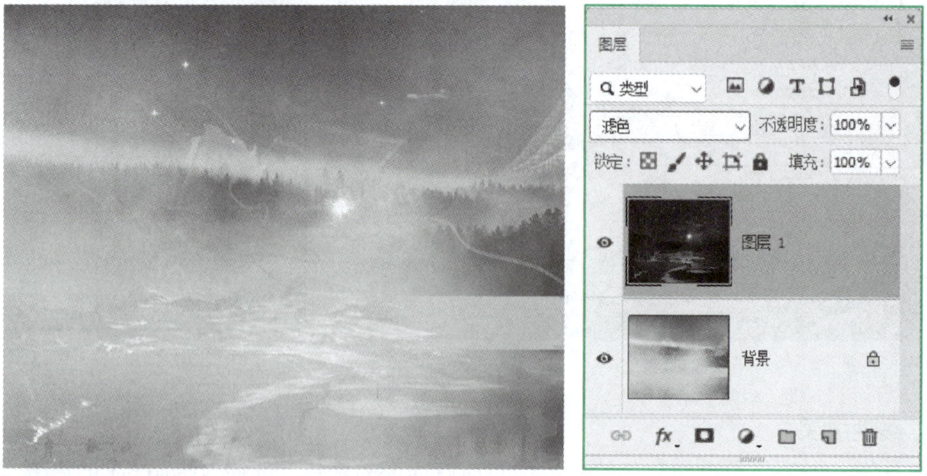

图 3.87
“滤色”的应用效果及对应的“图层”面板

3. 颜色减淡

选择此混合模式，可以生成非常亮的合成效果，其原理为将上方图层的像素值与下方图层的像素值以一定的算法进行相加。此混合模式通常被用来制作光源中心点极亮的效果。

图 3.88 所示为将图像使用此模式叠加在一起后的效果及“图层”面板。

资源文件：
3.7.3–3.psd

图 3.88
“颜色减淡”的应用效果及对应的“图层”面板

4. 线性减淡（添加）

此混合模式基于每一个颜色通道的颜色信息来加亮所有通道的基色，并通过降低其他颜色的亮度来反映混合颜色。此混合模式对于黑色无效。图 3.89 所示为将“图层 1”的混合模式设置为“线性减淡（添加）”后的效果。

资源文件：
3.7.3–4.psd

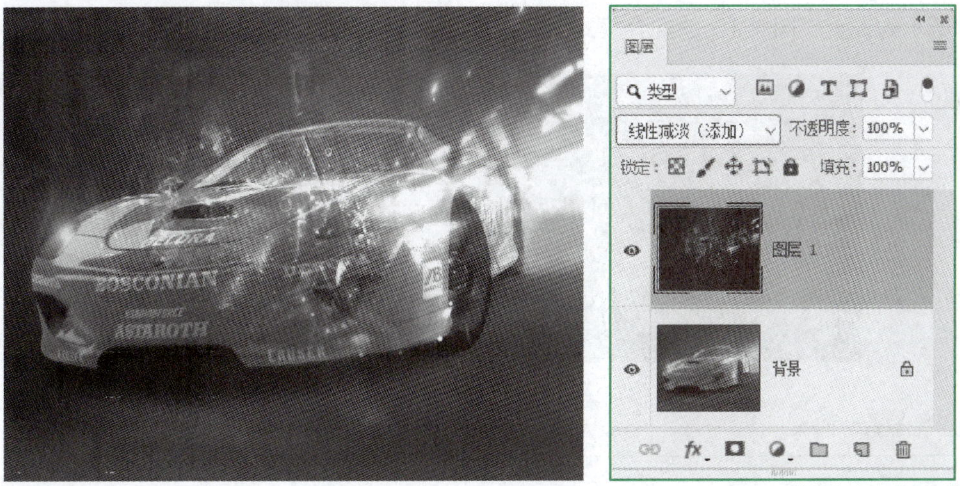

图 3.89
“线性减淡（添加）”的应用效果及对应的“图层”面板

5. 浅色

与“深色”混合模式刚好相反，选择此混合模式，可以依据图像的饱和度，使用当前图层中的颜色直接覆盖下方图层中高光区域的颜色。

3.7.4 融合类混合模式

1. 叠加

选择此混合模式，图像的最终效果取决于下方图层中的图像内容，但上方图层中的明暗对比效果也直接影响到整体效果，叠加后下方图层中的亮调区域与暗调区域仍被保留。

图 3.90（a）所示为原图像，图 3.90（b）所示为在此图像所在图层上添加了一个颜色值为 #00ffa8 的图层，并选择“叠加”混合模式，然后设置不透明度后的效果及对应的“图层”面板。

资源文件：
3.7.4–1.psd

（a） （b）

图 3.90
3.7.4–1 素材原图像与添加绿色并设为“叠加”混合模式后的效果

2. 柔光

使用此混合模式时，Photoshop 将根据上、下图层中的图像内容，使整体图像的颜色变亮或者变暗，变化的具体程度取决于像素的明暗程度。如果上方图层中的像素比 50% 灰度亮，则图像变亮；反之，则图像变暗。

资源文件：
3.7.4–2. 素材 .psd

此混合模式常用于刻画场景以加强视觉冲击力。图 3.91（a）所示为原图像，图 3.91（b）所示为设置“图层 1”的混合模式为“柔光”时的效果及对应的“图层”面板。

（a） （b）

图 3.91
3.7.4–2 素材原图像与设为“柔光”混合模式的效果

3. 强光

此混合模式的叠加效果与“柔光”类似，但其加亮与变暗的程度较“柔光”混合模式强烈许多。如图 3.92 所示为设置“强光”混合模式时的效果。

4. 亮光

选择此混合模式时，如果混合色比 50% 灰度亮，则图像通过降低对比度来使图像变亮；反之，通过提高对比度来使图像变暗。

5. 线性光

选择此混合模式时，如果混合色比 50% 灰度亮，则图像通过提高对比度来使图像变亮；反之，通过降低对比度来使图像变暗。

资源文件：3.7.4-3.psd

图 3.92
设为“强光”混合模式的效果

6. 点光

此混合模式通过置换颜色像素来混合图像，如果混合色比 50%灰度亮，比原图像暗的像素会被置换，而比原图像亮的像素则无变化；反之，比原图像亮的像素会被置换，而比原图像暗的像素无变化。

7. 实色混合

选择此混合模式，可以创建一种具有较硬边缘的图像效果，类似于多块实色相混合。图 3.93（a）所示为原图像。复制图层“背景”，得到图层“背景拷贝”，设置其混合模式为“实色混合”，“填充”数值为 40%，然后再复制图层，得到图层“背景拷贝 2”，设置其混合模式为“颜色”，“填充”数值为 100%，最终图像效果及对应的“图层”面板如图 3.93（b）和图 3.93（c）所示。

（a）

（b）

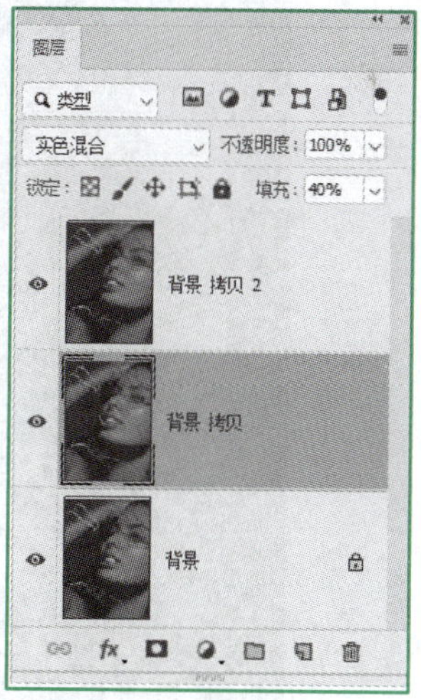

（c）

资源文件：3.7.4-7.psd

图 3.93
原图像和“实色混合”应用效果及对应的“图层”面板

3.7.5 异像类混合模式

1. 差值

选择此混合模式，可以从上方图层中减去下方图层中相应处像素的颜色值。原图像及对应的“图层”面板如图 3.94 所示。新建一个图层，设置前景色为黑色，背景色的颜色值为

#850000，应用“云彩”滤镜并添加图层蒙版进行涂抹，然后设置图层的混合模式为“差值”，其效果及对应的“图层”面板如图3.95所示。

资源文件：
3.7.5-1.psd

图3.94
未应用“差值”的原图像及对应的“图层”面板

图3.95
应用“差值”的效果及对应的“图层”面板

2. 排除

选择此混合模式，可以创建一种与“差值”混合模式相似，但对比度较低的效果。

3. 减去

选择此混合模式，可以使用上方图层中亮调的图像隐藏下方的内容。

4. 划分

选择此混合模式，可以在上方图层中加上下方图层相应处像素的颜色值，通常用于使图像变亮。

3.7.6 色彩类混合模式

1. 色相

选择此混合模式，最终图像的像素值由下方图层的亮度值与饱和度值及上方图层的色相值构成。

图 3.96 所示为使用此模式前的原图像，“图层 1”为增加的一个填充为红色的图层；图 3.97 所示为将“图层 1”的混合模式设置为“色相”后的效果及对应的“图层”面板。除了填充实色外，如果需要改变图像局部的颜色，则可以尝试增加具有渐变效果的图层与局部有填充色的图层。

资源文件：
3.7.6-1.psd

图 3.96
未应用“色相”的原图像及对应的“图层”面板

图 3.97
应用“色相”的效果及对应的“图层”面板

2. 饱和度

选择此混合模式，最终图像的像素值由下方图层的亮度值与色相值及上方图层的饱和度值构成。

图 3.98（a）所示为原图像。增加一个“不透明度”数值为 30% 的黄色填充图层，将该图层的混合模式改为“饱和度”，效果如图 3.98（b）所示。

资源文件：
3.7.6–2.psd

（a）　（b）

图 3.98
原图像及其应用“饱和度”的效果

可以看出，设置“不透明度”数值为 30% 时，最终图像的饱和度明显降低；而当设置“不透明度”数值为 80% 时，最终图像的饱和度明显提高。

3. 颜色

选择此混合模式，最终图像的像素值由下方图层的亮度值及上方图层的色相值与饱和度值构成。

图 3.99（a）所示为原图像。增加一个填充颜色值为 #6d5244 的图层，将该图层的混合模式改为“颜色”，其效果及对应的“图层”面板如图 3.99（b）所示。

资源文件：
3.7.6–3.psd

（a）　（b）

图 3.99
原图像及其应用“颜色”的效果及对应的“图层”面板

4. 明度

选择此混合模式，最终图像的像素值由下方图层的色相值与饱和度值及上方图层的亮度值构成。

3.8 变换图像

微课 3-6
变换功能讲解

在 Photoshop 中可以对图像、选区、选区中的图像及路径进行变换操作，虽然在选择不同对象的情况下，但其变换操作的本质是完全相同的。

本节就将以变换图像为例，讲解各种变换对象的操作方法。

首先，了解变换不同对象时需要选择的命令：

- 如果变换对象为图像，或处于被选区选中的状态，则按 Ctrl+T 键或选择“编辑”|“自由变换”命令，或直接选择“编辑”|“变换”子菜单中的各个变换命令。
- 如果变换对象为选区，则选择“选择”|“变换选区”命令。在调出选区变换控制框后，可在“编辑”|“变换”子菜单中选择“缩放”或“旋转”等其他变换命令。
- 如果变换对象为路径，则按 Ctrl+T 键或选择“编辑”|“自由变换路径”命令，或直接选择“编辑”|“变换路径”子菜单中的各个变换命令。

虽然操作的对象不同，但调出的变换控制框状态是完全相同的，如图 3.100 所示是操作对象为图像的情况下调出的自由变换控制框。

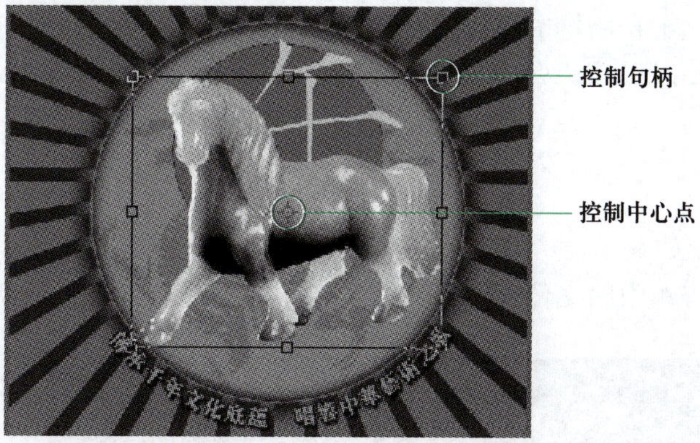

图 3.100
图调出变换控制框

变换控制框各组件的解释如下。

- 控制句柄：在变换控制框周围共包括了 8 个这样的控制句柄，当用户选择命令或搭配合适的快捷键时，拖动这些控制句柄即可制作得到多种变换及扭曲效果。
- 控制中心点：此中心点的位置决定了对象的缩放或旋转时的中轴。

3.8.1 缩放

缩放图像的操作方法如下：

01 打开本书配套资源中的文件“第3章\3.8.1–素材.psd”，选择“编辑”|“变换”|“缩放”命令或者按Ctrl+T键。

02 将鼠标指针放置在自由变换控制框的控制句柄上，当指针变为↔双箭头形状时按住左键拖动，即可改变图像的大小。其中，拖动左侧或者右侧的控制句柄，可以在水平方向改变图像的大小；拖动上方或者下方的控制句柄，可以在垂直方向上改变图像的大小；拖动拐角处控制句柄，可以同时在水平或者垂直方向改变图像的大小。

03 得到需要的效果后释放鼠标左键，并双击变换控制框以确认缩放操作。图3.101（a）所示为原图像，图3.101（b）所示为缩小图像后的效果。

资源文件：
3.8.1.psd
3.8.1-素材.psd

（a）

（b）

图 3.101
原图像及缩小图像后的效果

提示

在拖动控制句柄时，尝试分别按住 Shift 键及不按住 Shift 键进行操作，观察得到的不同效果。

3.8.2 旋转

旋转图像的步骤如下：

01 打开本书配套资源中的文件“第3章\3.8.2-素材.psd”，如图3.102所示。

资源文件：
3.8.2.psd
3.8.2-素材.psd

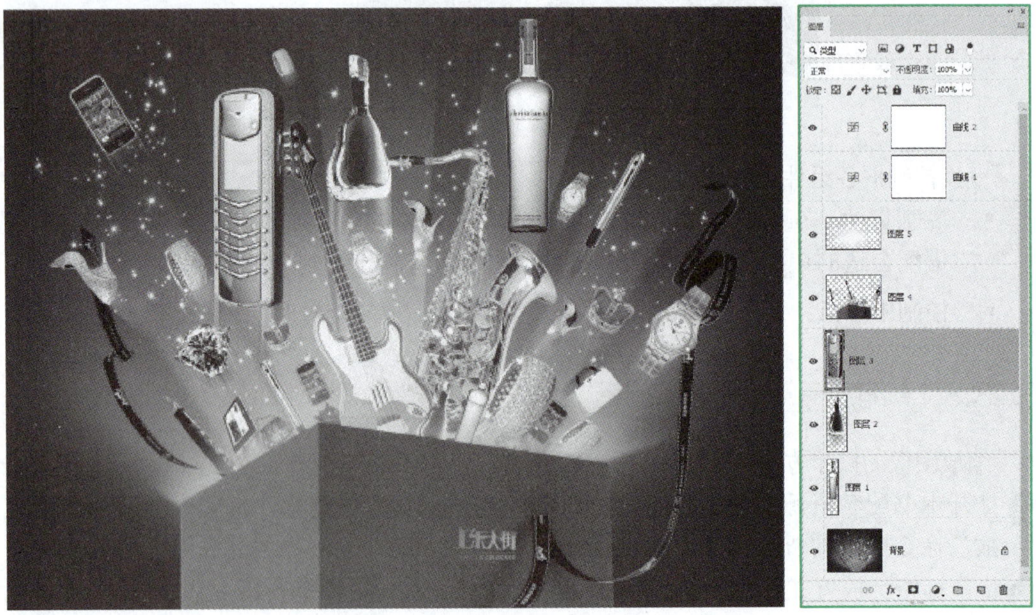

图 3.102
3.8.2-素材图像及对应的“图层”面板

02 选择“图层1”，并按Ctrl+T组合键弹出自由变换控制框。

03 将鼠标置于控制框外围，当指针变为一个弯曲箭头↪时按住左键拖动，即可以中心点为基准旋转图像，如图3.103所示。按Enter键确认变换操作。

04 按照上一步的方法分别对“图层2”和“图层3”中的图像进行旋转，直至得到图3.104所示的效果。

图 3.103
旋转“图层 1”图像

图 3.104
3.8.2- 素材旋转后的最终效果

提 示

如果需要按 15° 的增量旋转图像，可以在拖动鼠标的同时按住 Shift 键，得到需要的效果后，双击变换控制框即可。如果要将图像旋转 180° ，可以选择“编辑”|“变换”|“旋转 180 度”命令。如果要将图像顺时针旋转 90° ，可以选择“编辑”|“变换”|“旋转 90 度（顺时针）”命令。如果要将图像逆时针旋转 90° ，可以选择“编辑”|“变换”|“旋转 90 度（逆时针）”命令。

3.8.3 斜切

斜切图像是指按平行四边形的方式移动图像。斜切图像的步骤如下：

01 打开本书配套资源中的文件“第3章\3.8.3-素材.psd”，选择要斜切的图像，选择“编辑”|“变换”|“斜切”命令。

02 将鼠标指针移动到变换控制框附近，当指针变为箭头形状时按住左键拖动，即可使图像在鼠标指针移动的方向上发生斜切变形。

03 得到需要的效果后释放鼠标左键，并在变换控制框中双击以确认斜切操作。

图 3.105 所示为斜切图像的操作过程。

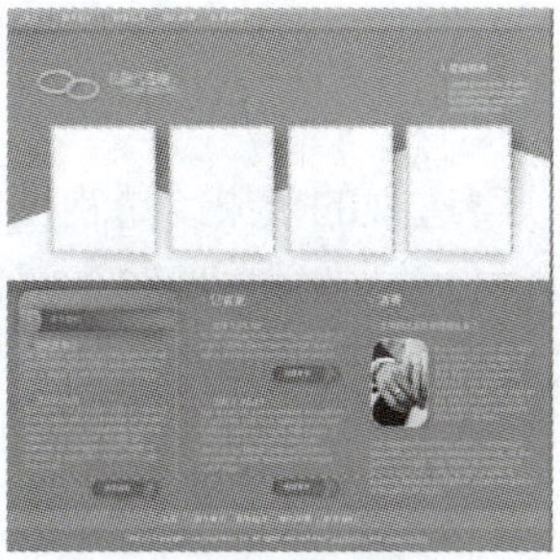

（a）原图像

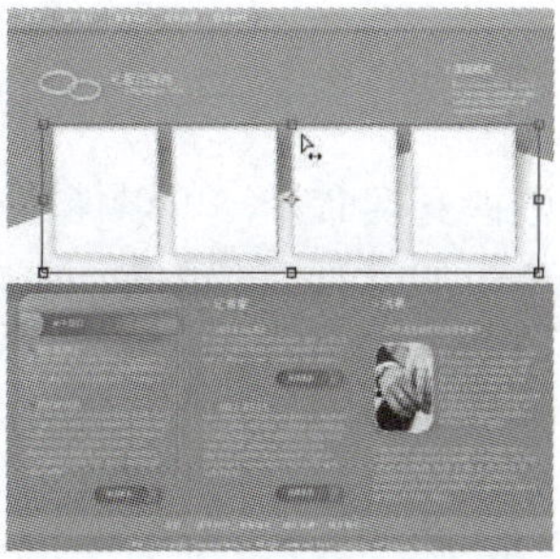

（b）执行“斜切”命令后调出变换控制框

资源文件：
3.8.3.psd
3.8.3- 素材 .psd

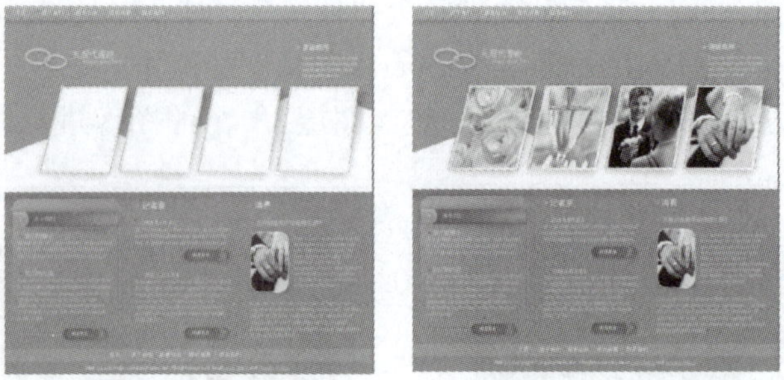

（c）执行命令后的效果 （d）放入图片后的最终效果

图 3.105
斜切图像的操作过程

3.8.4 扭曲

扭曲图像是应用非常频繁的一类变换操作。通过此类变换操作，可以使图像根据任何一个控制句柄的变动发生变形。扭曲图像的步骤如下。

01 打开本书配套资源中的文件“第3章\3.8.4-素材.psd”。

02 选择“编辑”|“变换”|“扭曲”命令，将鼠标指针移动到变换控制框附近或者控制句柄上，当指针变为 ▹ 箭头形状时按住左键拖动，即可将图像拉斜变形。

03 得到需要的效果后释放鼠标左键，并在变换控制框中双击以确认扭曲操作。

图 3.106 所示为扭曲图像的操作过程。

资源文件：
3.8.4.psd
3.8.4-素材.psd

图 3.106
扭曲图像的操作过程

3.8.5 透视

通过对图像应用透视变换命令，可以使图像获得透视的效果。透视图像的步骤如下：

01 打开本书配套资源中的文件“第3章\3.8.5-素材1.jpg”和“第3章\3.8.5-素材2.jpg”，将“素材2.jpg”文件拖至“素材1.jpg”文件中，选择“编辑”|“变换”|“透视”命令。

02 将鼠标指针移动到控制句柄上，当指针变为 ▹ 箭头形状时按住左键拖动，即可使图像发生透视变形。

03 得到需要的效果后释放鼠标左键，双击变换控制框以确认透视操作。

图 3.107 所示是为图像添加透视效果的操作过程，在其中的最终效果图设置了图层的混合模式，从而使整体图像的色彩更协调。

资源文件：
3.8.5.psd
3.8.5– 素材 1.jpg
3.8.5– 素材 2.jpg

图 3.107
添加透视效果的操作过程

提示

执行此操作时应该尽量缩小图像的观察比例，尽量显示多一些图像外周围的灰色区域，以于拖动控制句柄。

3.8.6 翻转图像

翻转图像包括水平翻转和垂直翻转两种，其步骤如下：

01 打开本书配套资源中的文件“第3章\3.8.6–素材.psd”，如图3.108（a）所示，选择要水平或垂直翻转的图像。

02 选择“编辑”|“变换”|“水平翻转”命令或“编辑”|“变换”|“垂直翻转”命令。图 3.108（b）所示为执行“水平翻转”命令后的效果。

资源文件：
3.8.6– 素材 .psd

3.8.7 再次变换

如果已进行过任何一种变换操作，可以选择“编辑”|“变换”|“再次”命令，以相同的参数值再次对当前操作图像进行变换操作，使用此命令可以确保前后两次变换操作的效果相同。例如，上一次将图像旋转 90°，选择此命令可以对任意操作图像完成旋转 90°的操作。

图 3.108
3.8.6- 素材图像及其“水平翻转”后的效果

如果在选择此命令时按住 Alt 键，则可以对被操作图像进行变换操作并进行复制。如果要制作多个拷贝连续变换的操作效果，此操作非常有效。

下面通过一个添加背景效果的小实例讲解此操作。

01 打开本书配套资源中的文件“第3章\3.8.7-素材.psd”，如图3.109所示。为了便于操作，首先隐藏最顶部的图层。

资源文件：
3.8.7.psd
3.8.7- 素材 .psd

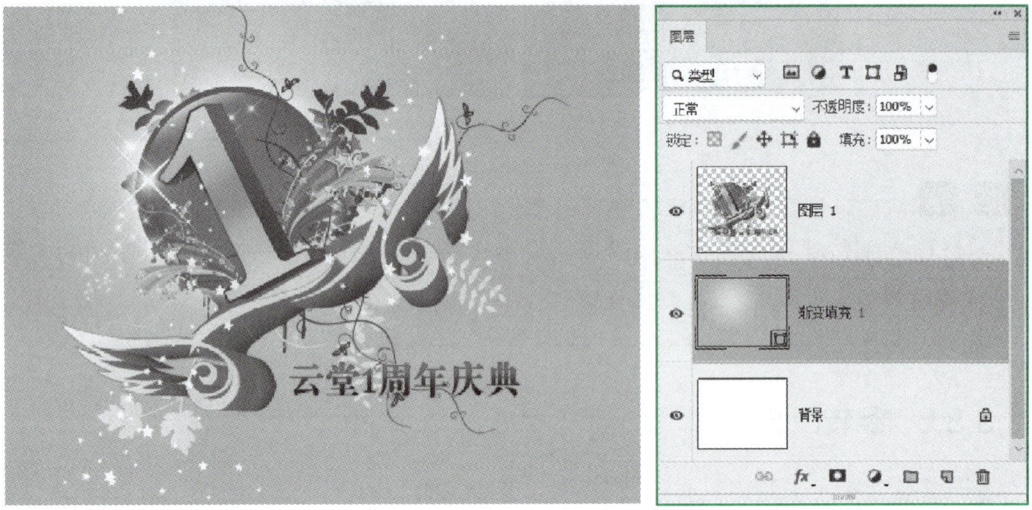

图 3.109
3.8.7- 素材图像及对应的“图层”面板

02 选择“钢笔工具”，在其工具选项栏上选择“形状”选项，在图中绘制如图3.110所示的形状。

03 单击“钢笔工具”选项栏上“填充”右侧的图标，设置弹出的面板如图3.111所示，此时图像的效果如图3.112所示。

04 按Ctrl+Alt+T键调出自由变换并复制控制框。使用鼠标将控制中心点调整到左上角的控制句柄上，如图3.113所示。

05 拖动控制框顺时针旋转−15°，也可以直接在工具选项栏中输入数值 -15.0 度，得到如图3.114所示的变换效果。

图 3.110
绘制形状

图 3.111
“填充”面板

图 3.112
填充后的效果

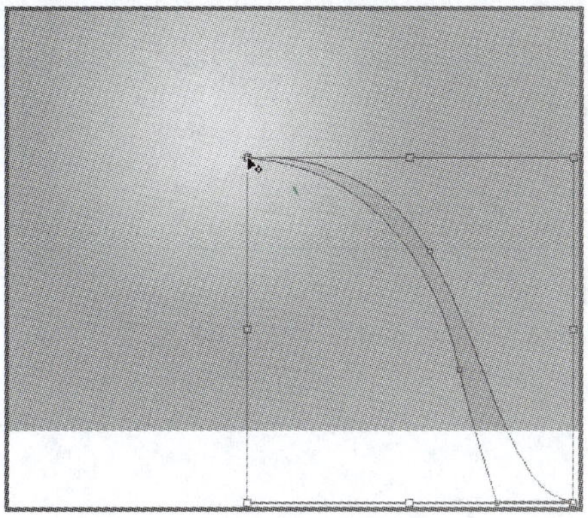

图 3.113
复制控制框并调整控制中心

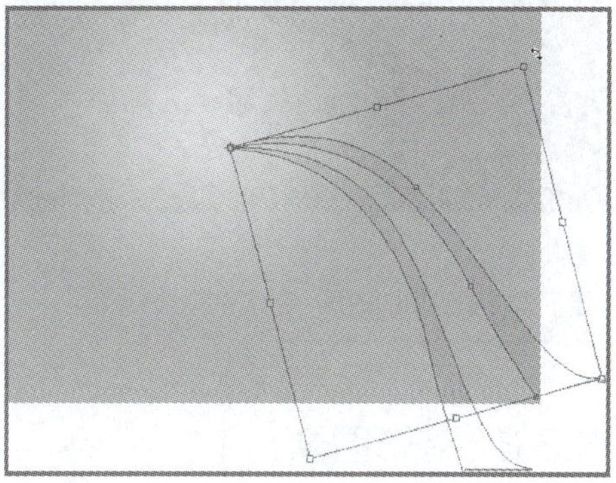

图 3.114
变换效果

06 按Enter键确认变换操作，连续按Ctrl+Alt+Shift+T键执行连续变换并复制操作，直至得到如图3.115所示的效果。图3.116所示是显示图像整体的状态，图3.117所示是显示步骤1隐藏图层后的效果，对应的“图层”面板如图3.118所示。

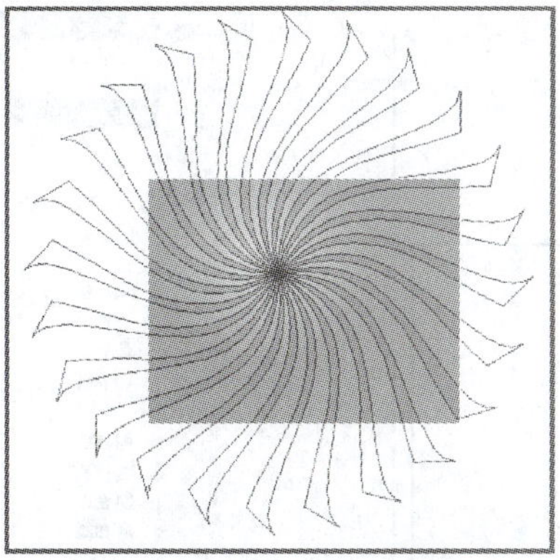

图 3.115
变换的最终效果

图 3.116
显示图像整体的状态

笔 记

图 3.117
显示素材图像后的效果

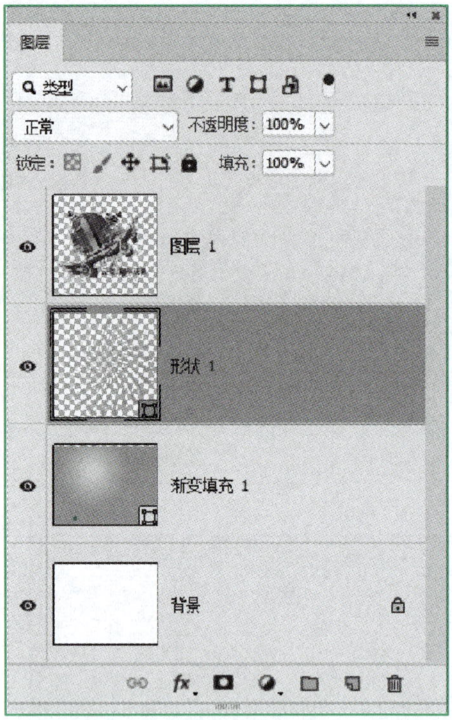

图 3.118
最终的“图层”面板

笔 记

3.8.8 变形图像

选择“变形”命令可以对图像进行更为灵活、细致的变换操作，如制作页面折角及翻转胶片等效果。选择“编辑”|“变换”|“变形”命令即可调出变形控制框，同时工具选项栏将显示为如图 3.119 所示的状态。

在调出变形控制框后，可以采用以下两种方法对图像进行变形操作：

- 直接在图像内部、锚点或控制句柄上拖动，直至将图像变形为所需的效果。
- 在工具选项栏的“变形”下拉列表中选择适当的形状。

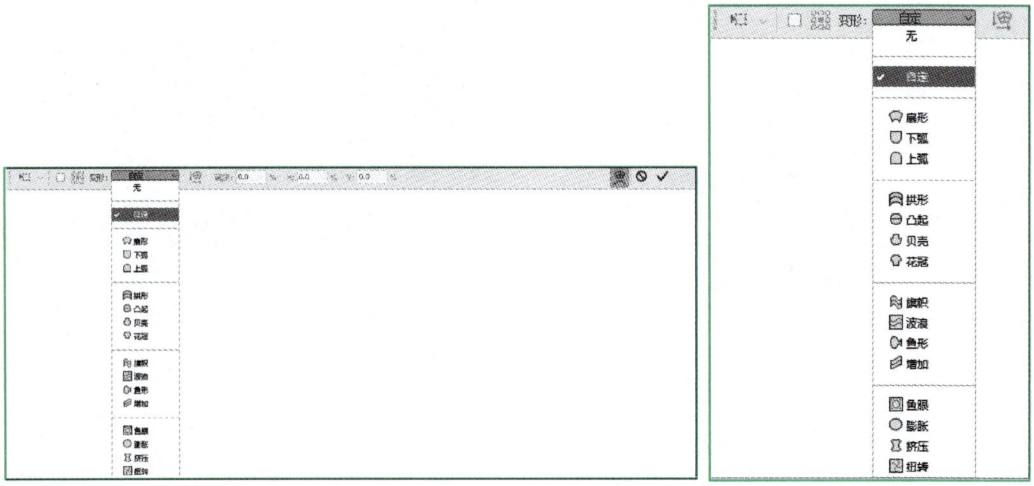

图 3.119
“变形”工具选项栏

“变形”工具选项栏中的各参数如下所述。

- 变形：在其下拉列表中可以选择 15 种预设的变形类型。如果选择“自定”选项，则可以随意对图像进行变形操作。

提示

在选择了预设的变形选项后，无法再随意对变形控制框进行编辑。

- “更改变形方向”按钮：单击该按钮，可以改变图像变形的方向。
- 弯曲：输入正值或者负值，可以调整图像的扭曲程度。
- H、V：输入数值，可以控制图像扭曲时在水平和垂直方向上的比例。

下面讲解如何使用此命令变形图像。

资源文件：
3.8.8.psd
3.8.8-素材 1.jpg
3.8.8-素材 2.jpg

01 分别打开本书配套资源中的文件“第3章\3.8.8-素材1.jpg”和“第3章\3.8.8-素材2.jpg”，如图3.120所示，将“素材2”拖至“素材1”中，得到“图层 1”。

（a） （b）

图 3.120
素材图像 1 和素材图像 2

02 按F7键显示“图层”面板，在“图层1”的图层名称上右击，在弹出的快捷菜单中选择“转换为智能对象”命令，这样该图层即可记录下用户所做的所有变换操作。

03 按Ctrl+T键调出自由变换控制框，按住Shift键缩小图像并旋转图像，将其置于白色飘带的上方，如图3.121所示。

04 在控制框内右击，在弹出的快捷菜单中选择“变形”命令，以调出变形网格。

05 将鼠标指针置于变形网格右下角的控制句柄上，然后向右上方拖动使图像变形，并与白色飘带的形态变化相匹配，如图3.122所示。

笔 记

图 3.121
放置素材 2 的位置

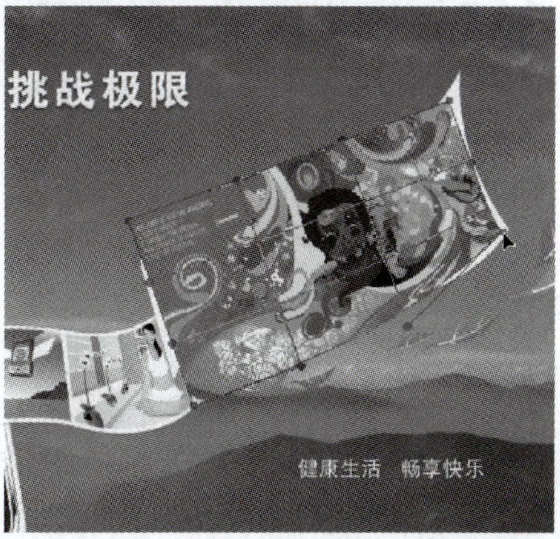

图 3.122
变形素材 2

06 按照上一步的方法，分别调整渐变网格的各个位置，直至得到如图3.123所示的状态。

07 对图像进行变形处理后，按Enter键确认变换操作，得到的最终效果如图3.124所示。

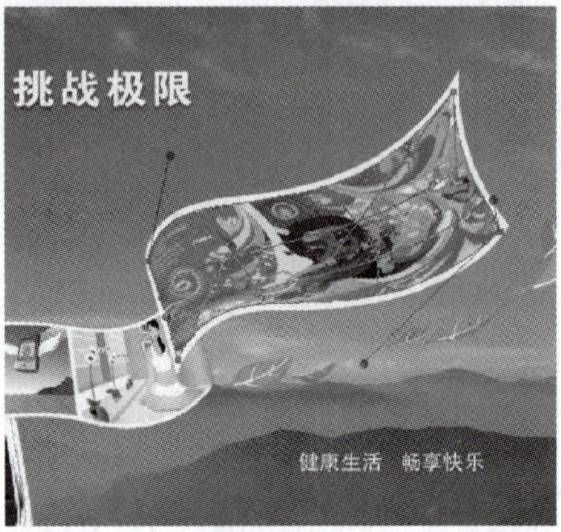

图 3.123
素材 2 的最终变形效果

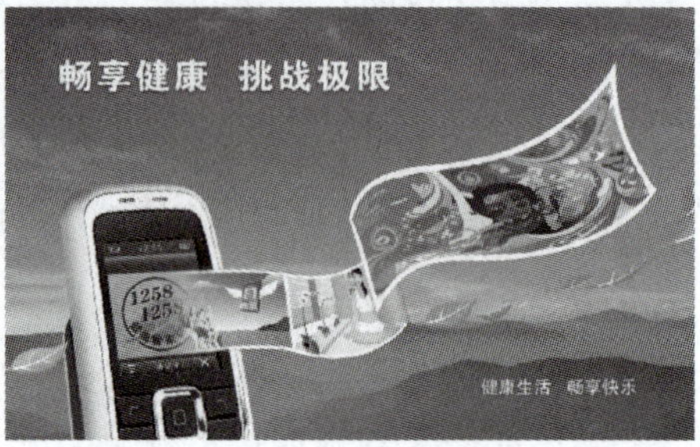

图 3.124
变形加工后的最终应用效果

3.8.9 操控变形

操控变形功能以更细腻的网格、更自由的编辑方式，提供了极为强大的图像变形处理功能。在选中要变形的图像后，执行“编辑”|“操控变形”命令，即可调出其网格，此时的工具选项栏如图 3.125 所示。

图 3.125
“操控变形”工具选项栏

“操控变形”工具选项栏的参数介绍如下。

- 模式：在此下拉列表中选择不同的选项，变形的程度也各不相同。图 3.126 所示是分别选择不同选项，将人物裙子拖至相同位置时的不同变形效果。

资源文件：
3.8.9–1.psd
3.8.9–1– 素材 .jpg

（a） （b）

图 3.126
不同变形效果

- 浓度：此处可以选择网格的密度。越密的网格占用的系统资源就越多，但变形也越精确，在实际操作时应注意根据情况进行选择。
- 扩展：在此输入数值，可以设置变形风格相对于当前图像边缘的距离，该数值可以为负数，即可以向内缩减图像内容。

- 显示网格：选中此复选框时，将在图像内部显示网格，反之则不显示网格。
- “将图钉前移”按钮：单击此按钮，可以将当前选中的图钉向前移一个层次。
- “将图钉后移”按钮：单击此按钮，可以将当前选中的图钉向后移一个层次。
- 旋转：在此下拉列表中选择“自动”选项，则可以手动拖动图钉以调整其位置，如果在后面的输入框中输入数值，则可以精确地定义图钉的位置。
- “移去所有图钉”按钮：单击此按钮，可以清除当前添加的图钉，同时还会复位当前所做的所有变形操作。

在调出变形网格后，鼠标指针将变为状态，此时在变形网格内部单击即可添加图钉，用于编辑和控制图像的变形。以图 3.127（a）所示的图像为例，选中人物所在的图层后，选择“编辑”|“操控变形”命令调出网格。图 3.127（b）所示是添加并编辑图钉后的变形效果。

资源文件：
3.8.9-2.psd
3.8.9-2-素材.psd

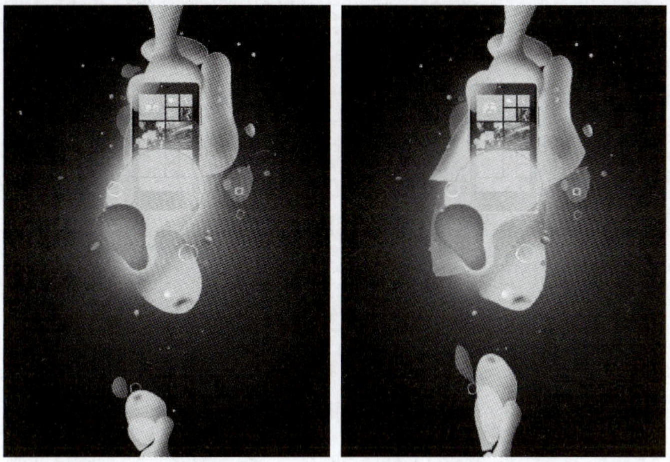

（a） （b）

图 3.127
3.8.9-素材图像及其变形效果

提示

在进行操控变形时，可以将当前图像所在的图层转换为智能对象图层，这样所做的操控变形就可以记录下来，以供下次继续进行编辑。

3.9 智能对象图层

智能对象图层又简称为智能对象，它具有和图层组相似和基本属性，即其中都可以容纳多个图层或图层组。它们的区别就在于，智能对象仍然是一个图层，可以对它进行几乎所有普通图层允许的属性设置及相关操作，如设置其填充不透明度、添加图层样式、应用滤镜及使用调整图层调色等，这对于图层组来说，是基本上无法实现的。

下面来讲解一下关于智能对象图层的各方面相关操作。

微课 3-7
智能对象功能讲解

3.9.1 创建链接式与嵌入式智能对象

从 Photoshop CC 2015 开始，创建的智能对象可分为新增的“链接式”与传统的“嵌入式”。下面分别讲解其操作方法。

笔 记

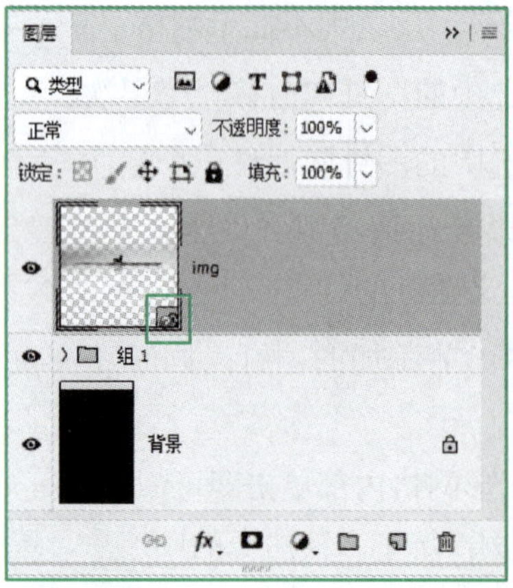

图 3.128
链接错误提示

1. 链接与嵌入的概念

在学习链接式与嵌入式智能对象之前，用户应该先了解对象的链接与嵌入的概念。

链接式智能对象会保持智能对象与原图像文件之间的链接关系，其好处在于当前的图像与链接的文件是相对独立的，可以分别对它们进行编辑处理，但缺点是链接的文件一定要一直存在，若移动了位置或删除，则在智能对象上会提示链接错误，如图 3.128 所示，导致无法正确输出和印刷。

相对较为保险的方法，就是将链接的对象嵌入到当前文档中，虽然这样做会导致增加文件的大小，但由于图像已经嵌入，因此无须担心链接错误等问题。在有需要时，也可以将嵌入的对象取消嵌入，将其还原为原本的文件。

2. 创建嵌入式智能对象

可以通过以下方法创建嵌入式智能对象：

- 选择“文件” | “置入嵌入的智能对象”命令。
- 使用“置入”命令为当前工作的 Photoshop 文件置入一个矢量文件或位图文件，甚至是另外一个有多个图层的 Photoshop 文件。
- 选择一个或多个图层后，在“图层”面板中选择“转换为智能对象”命令或选择“图层” | “智能对象” | “转换为智能对象”命令。
- 在 Illustrator 中复制矢量对象，然后在 Photoshop 中粘贴对象，在弹出的对话框中选择“智能对象”选项，单击“确定”按钮退出对话框即可。
- 使用“文件” | “打开为智能对象”命令，将一个符合要求的文件直接打开成为一个智能对象。
- 从外部直接拖入到当前图像的窗口内，即可将其以智能对象的形式嵌入到当前图像中。

通过上述方法创建的智能对象均为嵌入式，此时，即使外部文件被编辑，其修改也不会反映在当前图像中。图 3.129 所示为原图像及对应的“图层”面板。选择除图层“背景”以外的所有图层，然后选择“图层” | “智能对象” | “转换为智能对象”命令，此时的“图层”面板如图 3.130 所示。

资源文件：
3.9.1-2- 素材 .psd

图 3.129
3.9.1-2- 素材图像及对应的“图层”面板

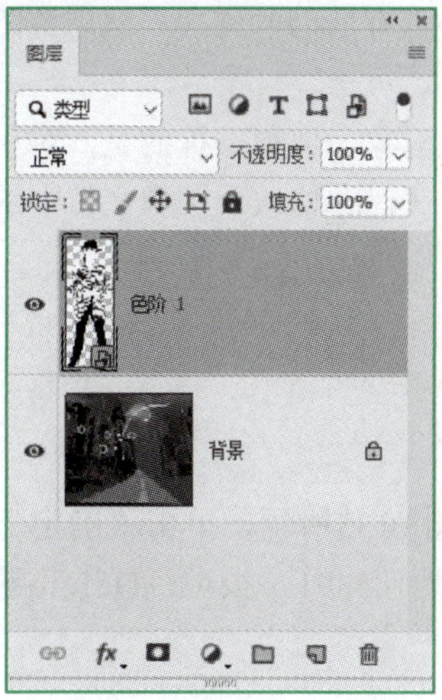

图 3.130
转换为智能对象后的“图层”面板

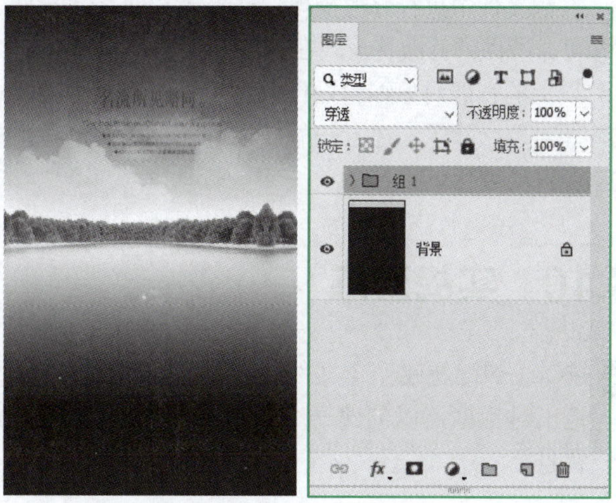

图 3.131
准备置入链接式智能对象的素材图像及对应的“图层”面板

3. 创建链接式智能对象

链接式智能对象是从 Photoshop CC 2015 开始才有的一项功能，它可以将一个图像文件以链接的形式置入到当前图像中，从而成为一个链接式智能对象。其特点就在于，若要创建链接式的智能对象，可以选择“文件”|“置入链接的智能对象”命令，在打开的对话框中打开要处理的图像即可。以图 3.131 所示的素材为例，图 3.132 所示是在其中以链接的方式置入一个图像文件后的效果及其对应的“图层”面板，该图层的缩略图上会显示一个链接图标。

资源文件：
3.9.1-3.psd
3.9.1-3- 素材 1.psd
3.9.1-3- 素材 2.psd

图 3.132
置入链接式智能对象及对应的“图层”面板

3.9.2 编辑智能对象的源文件

智能对象的优点是能够在外部编辑智能对象的源文件，并使所有改变反映在当前工作的 Photoshop 文件中。要编辑智能对象的源文件，可以按照以下步骤操作：

- 直接双击智能对象图层。
- 选择“图层”|“智能对象”|“编辑内容”命令。
- 在“图层”面板菜单中选择“编辑内容”命令，弹出提示对话框。直接单击“确定”按钮，进入智能对象的源文件中。

拓展知识 3-8
复制与栅格化智能对象

拓展知识 3-9
3D 功能概述

拓展知识 3-10
3D 模型操作基础

拓展知识 3-11
调整 3D 模型

在源文件中进行修改操作，选择“文件”|“存储”命令保存所做的修改，然后关闭此文件即可，所做的修改将反映在智能对象中。

以上的智能对象编辑操作，适用于嵌入式与链接式智能对象。值得一提的是，对于链接式智能对象，除了上述方法外，也可以直接编辑其源文件，在保存修改后图像文件中的智能对象会自动进行更新。

3.10 实战演练

01 按Ctrl+N键新建一个文件，在打开的对话框中设置如图3.133所示，单击“确定”按钮退出对话框，以创建一个新的空白文件。设置前景色为1c5391，按Alt+Delete键填充背景。

提示

下面利用素材图像，结合变换、混合模式以及复制图层等功能，制作背景中的图像效果。

拓展知识 3-12
3D 模型的网格

拓展知识 3-13
3D 模型的材质与纹理

拓展知识 3-14
3D 模型光源操作

02 打开本书配套资源中的文件“第3章\3.10.1–素材1.psd”，如图3.134所示。使用“移动工具”将其拖至上一步新建的文件中，同时得到“图层1”。

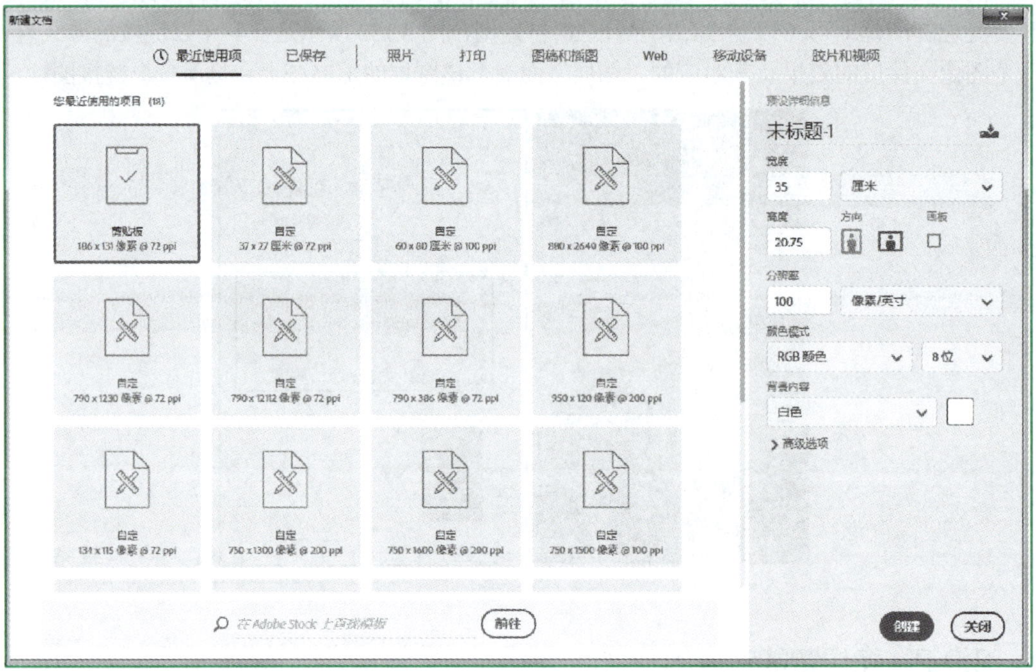

图 3.133
“新建文档”对话框 2

03 在“图层1”图层名称上右击，在弹出的菜单中选择“转换为智能对象”命令，从而将其转换为智能对象图层，以在100%的比例内反复变换时不会影响图像的质量。此时的“图层”面板如图3.135所示。

04 按Ctrl+T键调出自由变换控制框，在控制框内右击，在弹出的菜单中选择“水平翻转”命令，然后调整图像的高度、宽度以及位置，如图3.136所示。按Enter键确认操作。

图 3.134
3.10.1- 素材 1 图像

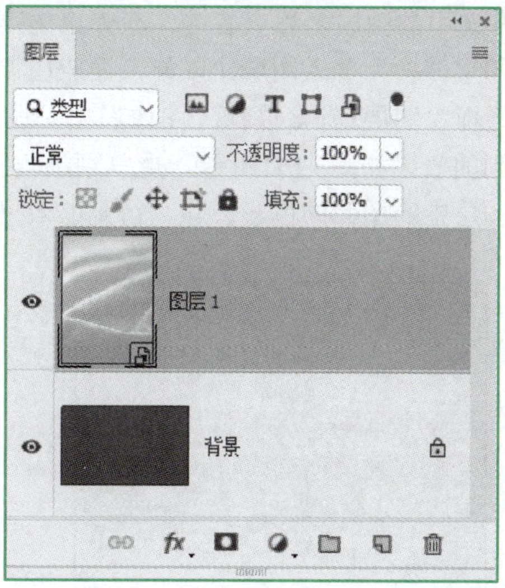

图 3.135
反复变换时的“图层”面板

资源文件：
3.10.1.psd
3.10.1- 素材 1.psd

笔 记

05 设置“图层1”的混合模式为“叠加”，以混合图像，得到的效果如图3.137所示。复制“图层1”得到“图层1拷贝”，利用自由变换控制框进行水平翻转、调整大小及位置，如图3.138所示。按Enter键确认操作。

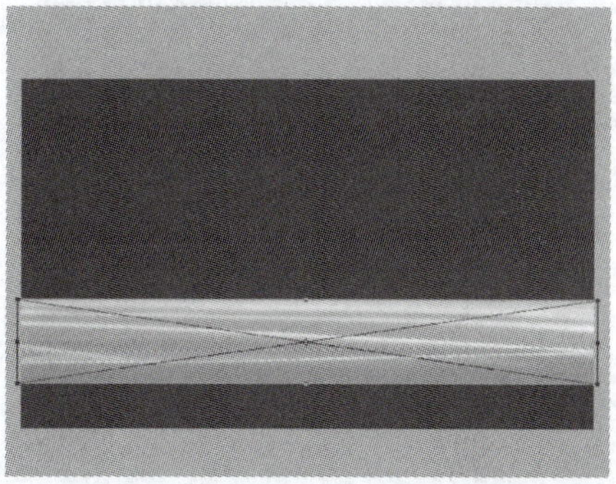

图 3.136
换状态

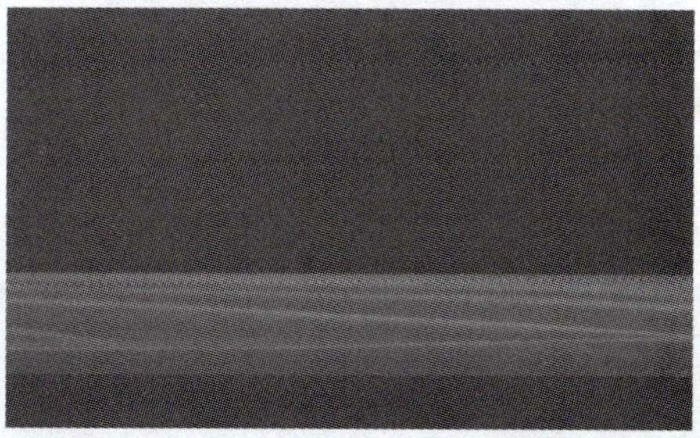

图 3.137
设置混合模式后的效果

06 按照上一步的操作方法，结合复制图层及变换功能，制作画布下方的波纹效果，如图3.139所示，同时得到“图层1拷贝2”。选中“图层1”及其拷贝图层，此时“图层”面板如图3.140所示。

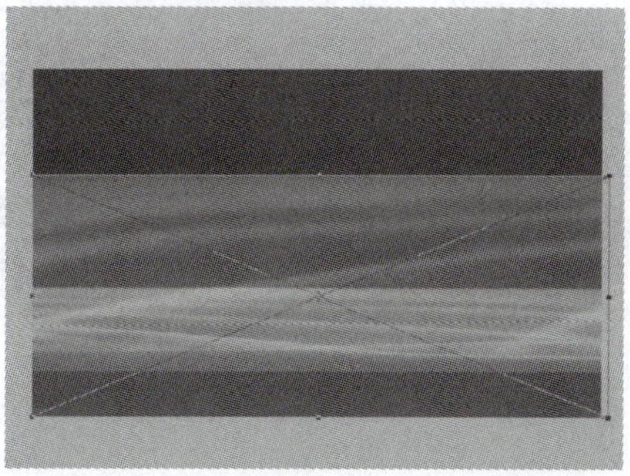

图 3.138
变换状态

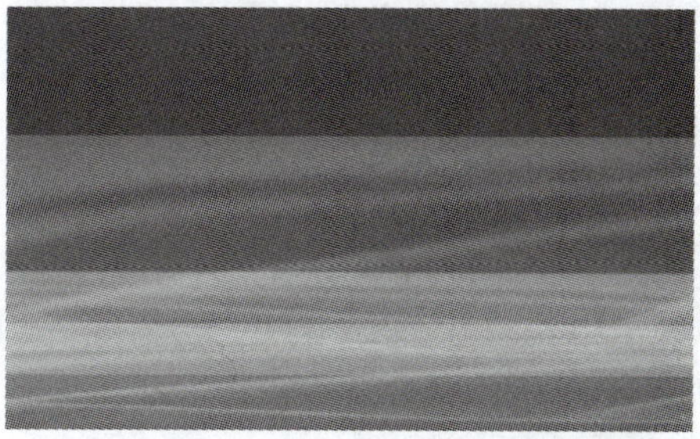

图 3.139
制作波纹效果

笔 记

07 在选中的图层名称上右击，在弹出的菜单中选择“删格化图层”命令，从而将选中的图层转换为普通图层，以便下面应用调整命令。

08 选择“图层1”，选择“图像”｜“调整”｜“去色”命令，以去除图像的色彩，得到的效果如图3.141所示。重复刚刚的操作，分别将“图层1拷贝”及“图层1拷贝2”图层中的图像的色彩去除，得到的效果如图3.142所示。

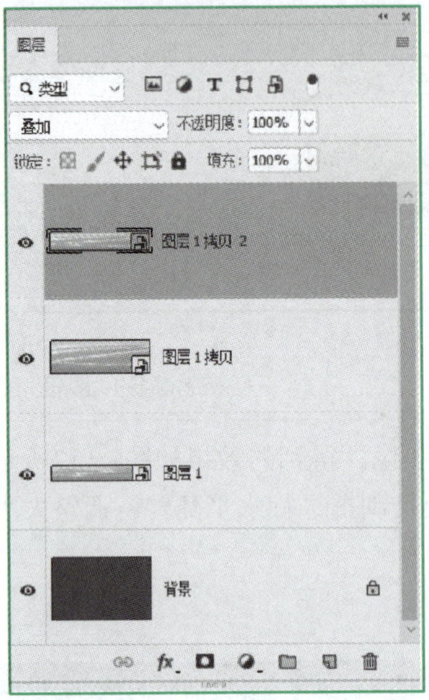

图 3.140
选中“图层 1”及其拷贝图层时的“图层”面板

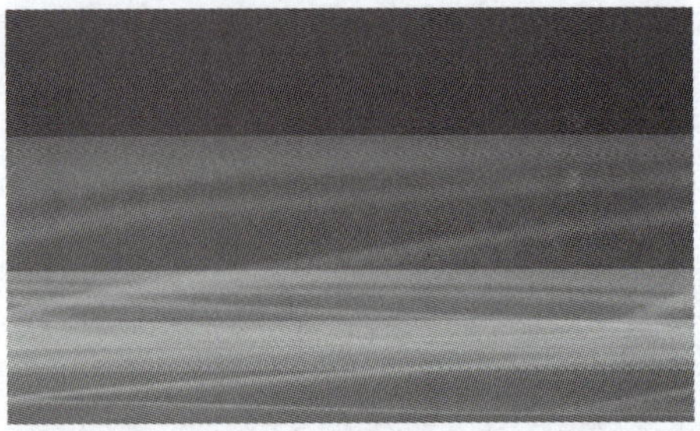

图 3.141
去色后的效果 1

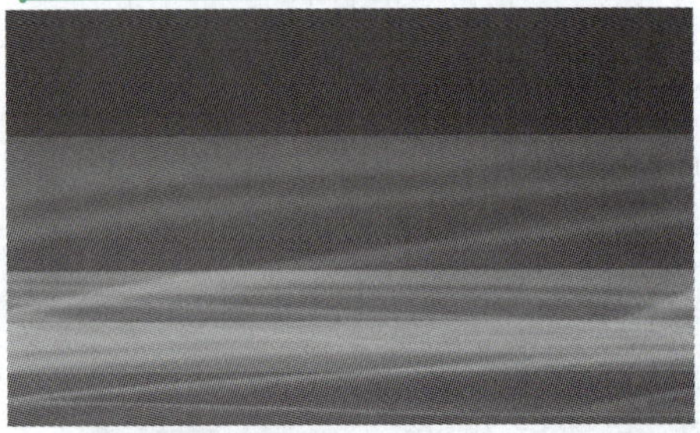

图 3.142
去色后的效果 2

提 示

下面利用图层蒙版的功能，使整体图像融为一体

09 选择“图层1拷贝”，单击“添加图层蒙版”按钮为当前图层添加蒙版，设置前景色为黑色，选择“画笔工具”，在其工具选项栏中设置适当的画笔大小及不透明度，在图层蒙版中进行涂抹，以将上方的图像隐藏起来，直至得到如图3.143所示的效果，此时蒙版中的状态如图3.144所示。

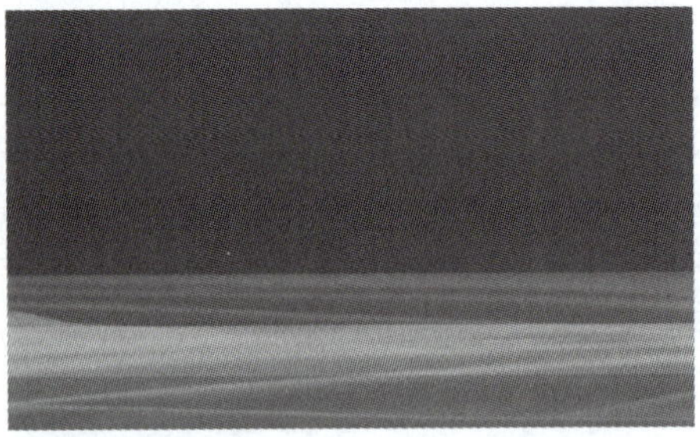

图 3.143
添加图层蒙版后的效果

图 3.144
蒙版中的状态

提 示

用画笔在涂抹蒙版时，如果遇到较直的区域可以配合 Shift 键进行涂抹，这样可以涂抹出很直的直线，方法是在一端单击，然后将鼠标移动另一端，按住 Shift 键并单击即可。

10 按照上一步的操作方法，分别为“图层1”和“图层1拷贝2”添加蒙版，应用“画笔工具”在蒙版中进行涂抹，以将不需要的图像隐藏，得到的效果如图3.145所示。

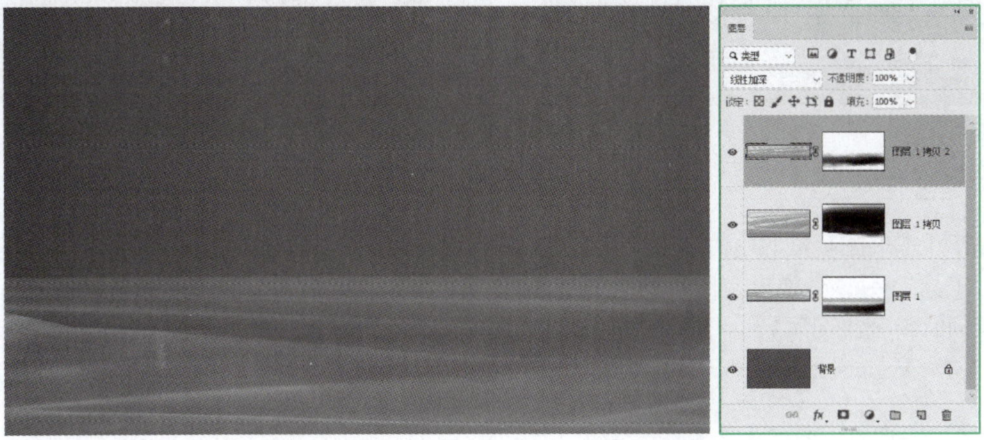

图 3.145

隐藏不需要的图像及其“图层”面板

11 更改“图层1拷贝2”的混合模式为“线性加深”，以混合图像，得到的效果如图3.146所示。

提 示

下面利用素材图像制作画面中的人物

12 打开本书配套资源中的文件“第3章\3.10.1–素材2.psd”，如图3.147所示。按Shift键使用“移动工具”将其拖至上一步制作的文件中，得到的效果如图3.148所示，同时得到组“女人”。

资源文件：
3.10.1– 素材 2.psd

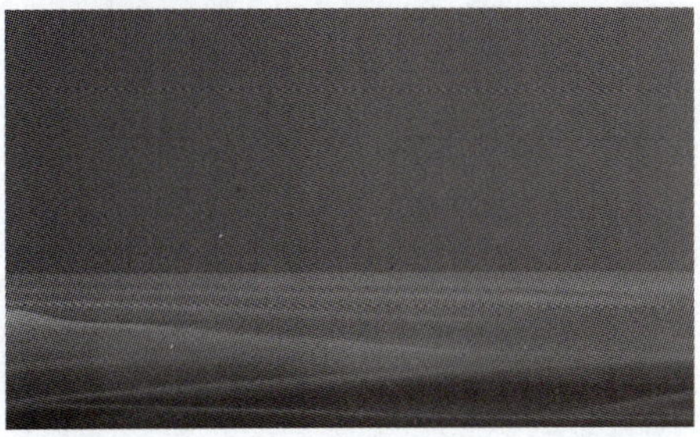

图 3.146

更改混合模式后的效果

图 3.147

3.10.1– 素材 2 图像

提 示

本步笔者是以组的形式给的素材，由于并非本例讲解的重点，读者可以参考最终效果源文件进行参数设置，展开组即可观看到操作的过程。下面制作飘带及戒指图像。

资源文件：
3.10.1– 素材 3.psd

13 按照前面所讲解的操作方法，打开本书配套资源中的文件“第3章\3.10.1–素材3.psd”。结合变换以及复制图层等功能，制作画面中的飘带图像，如图3.149所示，此时“图层”面板如图3.150所示。

图 3.148
拖入素材图像

图 3.149
制作飘带图像

资源文件：
3.10.1– 素材 4.psd

14 打开本书配套资源中的文件“第3章\3.10.1-素材4.psd”，如图3.151所示。结合“移动工具”、变换以及图层蒙版的功能，制作飘带中间的戒指图像，如图3.152所示，同时得到“图层3”。

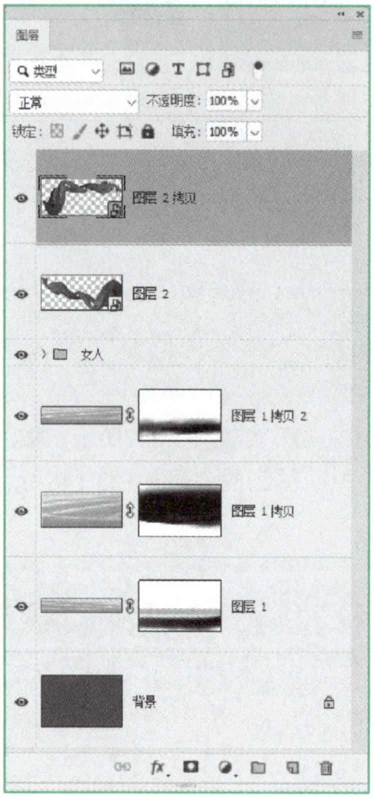

图 3.150
制作飘带时“图层”面板

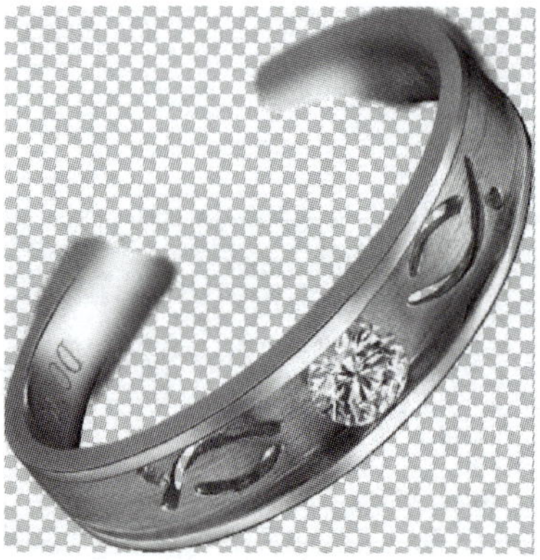

图 3.151
3.10.1– 素材 4 图像

15 选择“图层3”图层缩览图，在工具箱中选择“涂抹工具”，并在其工具选项栏中设置适当的画笔大小及强度，在戒指两端涂抹，使整体具有完整性，以达到逼真效果，如图3.153所示。

图 3.152
制作戒指图像

图 3.153
戒指两端涂抹后的效果

16 最后，打开本书配套资源中的文件“第3章\3.10.1-素材5.psd”，制作画面中的形状及文字图像，得到的最终效果如图3.154所示。

图 3.154
3.10.1-素材 5 加工后的最终效果及其“图层”面板

资源文件：
3.10.1-素材 5.psd

拓展知识 3-15
制作包装盒立体效果

习题

一、选择题

1. 下列关于新建图层的操作中，正确的是（　　）。

A. 按 Ctrl+N 键

B. 单击“创建新图层”按钮

C. 选择“图层” | “新建” | “图层” 命令

D. 在“图层”面板的弹出菜单中选择“新建图层”命令

2. 下列关于图层蒙版的说法中，正确的是（　　）。

A. 单击“添加图层蒙版”按钮可以为当前所选的单个图层添加图层蒙版

B. 图层蒙版可以用来显示和隐藏图像内容

C. 在图层蒙版中，黑色可以隐藏图像

D. 在图层蒙版中，白色可以显示图像

3. 要合并选中的图层，可以执行下面的（　　）操作。

A. 按 Ctrl+E 键　　B. 按 Ctrl+Shift+E 键

C. 选择“图层”|“合并图层”命令　　D. 选择“图层”|“拼合图像”命令

4. 剪贴蒙版由（　　）两部分图层组成。

A. 形状图层　　B. 剪贴图层　　C. 内容层　　D. 基层

5. 下列（　　）情况不可以同时对齐和分布图层。

A. 选中一个包含多个图层的图层组　　B. 选中任意 2 个图层

C. 选中 3 个形状图层　　D. 选中 3 个以上的隐藏图层

6. 下列命令中，可以将一个正方形变换成为一个平行四边形的有（　　）。

A. 缩放　　B. 旋转　　C. 斜切　　D. 透视

7. 下列可以添加图层蒙版的是（　　）。

A. 图层组　　B. 文字图层

C. 形状图层　　D. 背景图层

8. 下列关于图层蒙版的说法中，正确的是（　　）。

A. 在默认情况下，用画笔工具在图层蒙版上绘制黑色，图层上的像素就会被遮住

B. 在默认情况下，用画笔工具在图层蒙版上绘制白色，图层上的像素就会显示出来

C. 在默认情况下，用画笔工具在图层蒙版上涂抹灰色，图层上的像素就会出现半透明的效果

D. 图层蒙版一旦建立，就不能被修改

9. 可以通过图层搜索功能过滤的图层是（　　）。

A. 文字图层　　B. 调整图层

C. 形状图层　　D. 智能对象图层

二、操作题

1. 打开本书配套资源中的文件“第 3 章 \3.12-1- 素材 .psd”，如图 3.155（a）所示，结合本章对于图层样式功能的讲解，制作得到如图 3.155（b）所示的金属立体文字效果。

资源文件：
3.12-1.psd
3.12-1- 素材 .psd

（a）　　（b）

图 3.155
3.12-1- 素材图像及其文字效果

2. 打开本书配套资源中的文件“第 3 章 \3.12-2- 素材 1.tif”“第 3 章 \3.12-2- 素材 2.tif”

和“第 3 章 \3.12–2– 素材 3.tif”，如图 3.156 ~ 图 3.158 所示。结合本章讲解的图层混合模式及图层蒙版等功能，制作得到如图 3.159 所示的效果。

资源文件：
3.12–2.psd
3.12–2– 素材 1.jpg
3.12–2– 素材 2.jpg
3.12–2– 素材 3.jpg

图 3.156
3.12–2– 素材 1

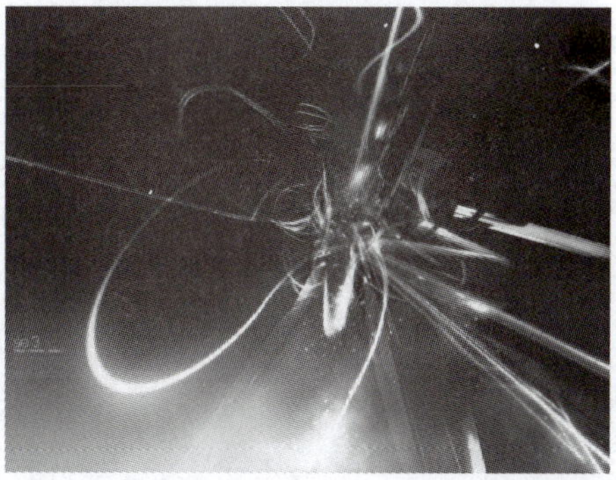

图 3.157
3.12–2– 素材 2

图 3.158
3.12–2– 素材 3

图 3.159
3.12 中 3 个素材合成后的效果

3. 打开本书配套资源中的文件“第 3 章 \3.12–3– 素材 1.psd”“第 3 章 \3.12–3– 素材 2.psd”和“第 3 章 \3.12–3– 素材 3.psd”，如图 3.160 ~ 图 3.162 所示，结合本章讲解的图层混合模式、图层蒙版以及前面章节中讲解的选区等功能，制作得到类似如图 3.163 所示的效果。

资源文件：
3.12–3.psd
3.12–3– 素材 1.psd
3.12–3– 素材 2.psd
3.12–3– 素材 3.psd

图 3.160
3.12–3– 素材 1

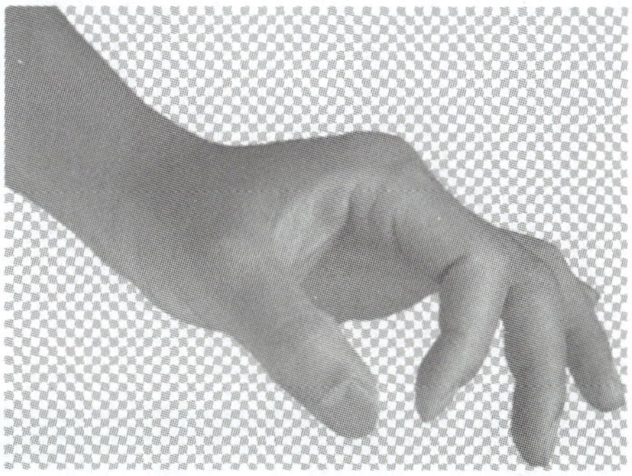

图 3.161
3.12–3– 素材 2

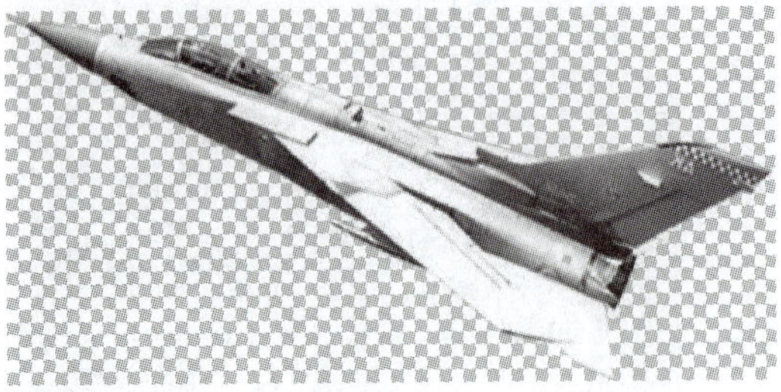

图 3.162
3.12-3- 素材 3

图 3.163
3 个素材文件合成后的效果

提示

本章所用到的素材及效果文件位于本书配套资源中的“第 3 章”文件夹内，其文件名与章节号对应。

第4章

调整图像色彩

知识要点：

- 减淡工具
- 加深工具
- “去色”命令
- “反相”命令
- “阈值”命令
- “亮度 / 对比度”命令
- “色彩平衡”命令
- “照片滤镜”命令
- “渐变映射”命令
- “阴影 / 高光”命令
- “黑白”命令
- “色阶”命令
- “曲线”命令
- “色相 / 饱和度”命令
- “可选颜色”命令

课程导读：

Photoshop 拥有着一系列功能各异的图像调整命令，使用这些命令可以对图像进行调色、校正对比度、校正曝光不足、显示亮部及暗部细节、统一图像色调、平衡图像色彩甚至改变图像的整体质感等操作。

本章将通过制作大量的照片处理实例，来讲解 Photoshop 中易用且实用的图像调整命令，同时还穿插讲解了大量照片处理时的常用手法及技巧。

PPT：第 4 章 调整图像色彩

4.1 使用调整工具

4.1.1 使用减淡工具提亮图像

使用“减淡工具”可以分别对图像中的高光、中间调以及阴影区域进行提亮调整，其工具选项栏如图 4.1 所示。

图 4.1
“减淡工具”选项栏

“减淡工具”选项栏的参数含义如下。

- 画笔：在其中可以选择一种画笔，以定义使用“减淡工具”操作时的笔刷大小，画笔越大操作时提亮的区域也越大。
- 范围：在此下拉列表中选择此项，可以定义“减淡工具”应用的范围，其中有“阴影”“中间调”及“高光”3 个选项，分别选择这些选项，可以处理图像中的处于 3 个不同色调的区域。
- 曝光度：在该数值框中输入数值或拖动三角滑块，可以定义使用“减淡工具”操作时的淡化程度，数值越大，提亮的效果越明显。
- 保护色调：选择此项，可以使操作后的图像色调不发生变化。

微课 4-1
减淡与加深工具讲解

例如，图 4.2（a）所示的人像照片，左侧部分由于受光少，因而显得较暗，图 4.2（b）所示就是针对这部分图像进行局部提亮后的效果。

资源文件：
4.1.1.psd
4.1.1- 素材 .jpg

（a）（b）

图 4.2
原图像及其调亮处理后的图像效果

4.1.2 使用加深工具增加图像对比度

与“减淡工具”刚好相反，“加深工具”可以对图像中的高光、中间调以及阴影区域进行提亮调整，其工具选项栏及操作方法与减淡工具的相同，故不再重述。

图 4.3（a）所示为原图像，图 4.53（b）所示为使用“加深工具” 加深暗部后的效果，可以看出操作后面部更具有立体感。

（a） （b）

图 4.3
原图及其加深面部后的效果

4.2 色彩调整的基本方法

本节讲解一些简单、快速的调整图像色彩的命令，如“去色”“反相”“阈值”及“色调分离”等。

4.2.1 “去色”命令

顾名思义，“去色”命令就是去除图像中的所有色彩，从而得到一幅灰度图像的效果。

与选择“图像”|“模式”|“灰度”命令不同，选择“图像”|“调整”|“去色”命令后，可在原图像的颜色模式下将图像转换为灰度效果。

资源文件：
4.2.1.psd
4.2.1– 素材 .jpg

下面以一个实例来讲解使用“去色”命令制作图像视觉焦点的方法，其操作步骤如下：

01 打开本书配套资源中的文件“第 4 章 \4.2.1– 素材 .jpg”，如图 4.4（a）所示，在这幅图像中这里将使用“去色”命令将气球图像制作为视觉焦点。

02 使用“套索工具” 并按住 Shift 键沿着图像中要突出的气球图像的边缘绘制选区，如图 4.4（b）所示。

03 按 Ctrl+Shift+I 键执行“反向”操作，以选中要处理为灰色的图像。

04 选择“图像”|“调整”|“去色”命令或按 Ctrl+Shift+U 键执行“去色”操作。

05 按 Ctrl+D 键取消选区，得到如图 4.4（c）所示的效果。

4.2.2 “反相”命令

执行“图像”|“调整”|“反相”命令，可以反相图像。对于黑白图像而言，使用此命令可以将其转换为底片效果；而对于彩色图像而言，使用此命令可以将图像中的各部分颜色转换为其补色。

图 4.5（a）所示为原图像。图 4.5（b）所示为使用“反相”命令后的效果。

图 4.4

原图效果及其去色后得到的绘制选区和最终效果

资源文件：
4.2.2- 素材 .jpg

图 4.5

原图效果及其反相”后的效果

使用此命令对图像的局部进行操作，也可以得到令人惊艳的效果。

4.2.3 “阈值”命令

黑白图像不同于灰度图像，灰度图像有黑、白及黑到白过渡的 256 级灰，而黑白图像仅有黑色和白色两个色调。要将一幅图像转换成为黑白色调图像，可以选择“图像”|“调整”|“阈值”命令，在打开的如图 4.6 所示的对话框中拖动滑块以定义阈值。滑块越向右偏移，“阈值色阶”数值越大，所得到的图像中黑色区域越大；反之得到的图像中白色区域越大。

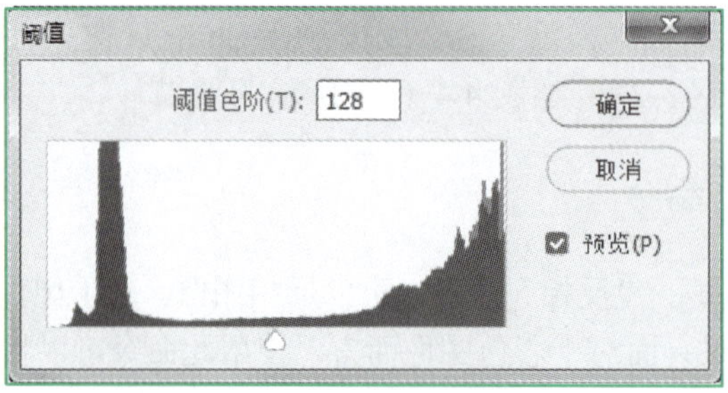

图 4.6

“阈值”对话框

图 4.7 所示是应用“阈值”命令前后图像的效果。

资源文件：
4.2.3- 素材 .jpg

（a） （b）

图 4.7
“阈值”命令应用示例

4.3 色彩调整的中级方法

本节讲解了一些较复杂一点的图像调整命令，其中主要包括“亮度 / 对比度”命令、“色彩平衡”命令、“照片滤镜”命令、“阴影 / 高光”命令以及“黑白”命令等。

4.3.1 “亮度 / 对比度”命令

选择“图像”|“调整”|“亮度 / 对比度”命令，可以对图像进行全局调整。此命令属于粗略式调整命令，其操作方法不够精细，因此不能作为调整颜色的第一手段。

微课 4-2
“亮度 / 对比度”命令讲解

选择“图像”|“调整”|“亮度 / 对比度”命令，打开如图 4.8 所示的对话框。

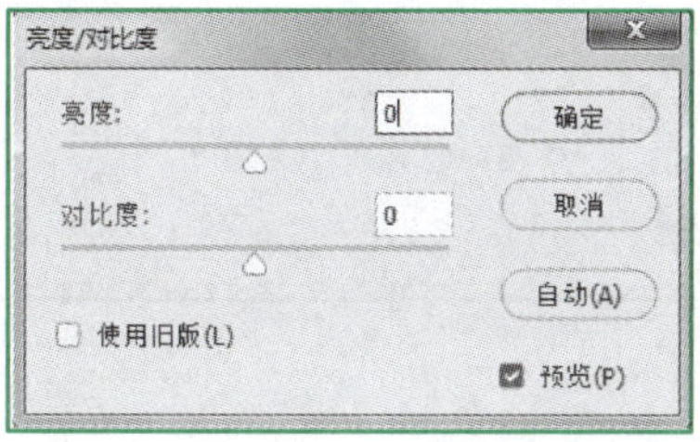

图 4.8
“亮度 / 对比度”对话框

- 亮度：用于调整图像的亮度。数值为正时，增加图像亮度；数值为负时，降低图像的亮度。
- 对比度：用于调整图像的对比度。数值为正时，增加图像的对比度；数值为负时，降低图像的对比度。
- 使用旧版：选中此复选框，可以使用早期版本的“亮度 / 对比度”命令来调整图像，而默认情况下，则使用新版的功能进行调整。在调整图像时，新版命令仅对图像的亮度进行调整，色彩的对比度保持不变。
- 自动：单击此按钮，即可自动针对当前的图像进行亮度及对比度的调整。

资源文件：
4.3.1- 素材 .jpg

以图 4.9（a）所示的图像为例，图 4.9（b）所示就是使用此命令调整后的效果。

（a）　　（b）

图 4.9
素材图像及其 调整“亮度 / 对比度”后的效果

4.3.2 “色彩平衡”命令

用“色彩平衡”命令可以通过增加某一颜色的补色，从而达到去除某种颜色的目的。例如，增加红色时，可以消除照片中的青色，当青色完全消除时，即可为照片叠加更多的红色。此命令常用于校正照片的偏色，或为照片叠加特殊的色调。

选择“图像” | “调整” | “色彩平衡”命令，打开如图 4.10 所示的“色彩平衡”对话框。

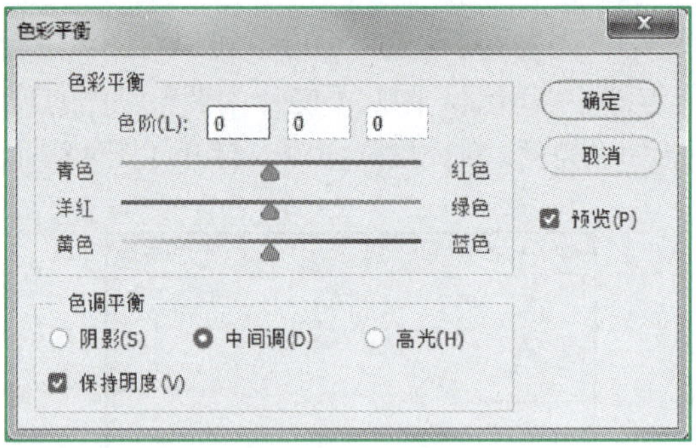

图 4.10
“色彩平衡”对话框

“色彩平衡”对话框中各参数释义如下。

- 颜色调整滑块：颜色调整滑块区显示互补的 CMYK 和 RGB 颜色。在调整时可以通过拖动滑块增加该颜色在图像中的比例，同时减少该颜色的补色在图像中的比例。例如，要减少图像中的蓝色，可以将“蓝色”滑块向“黄色”方向进行拖动。
- 阴影、中间调、高光：选中对应的单选按钮，然后拖动滑块即可调整图像中这些区域的颜色值。
- 保持明度：选择此选项，可以保持图像的亮调，即在操作时只有颜色值可以被改变，像素的亮度值不可以被改变。

资源文件：
4.3.2.psd
4.3.2– 素材 .jpg

使用“色彩平衡”命令调整图像的操作步骤如下：

01 打开本书配套资源中的文件“第 4 章 \4.3.2– 素材 .jpg”，如图 4.11 所示，可以看出图像中存在偏色。

图 4.11
4.3.2- 素材图像

02 选择“图像”|“调整”|“色彩平衡”命令，分别选中“阴影”“中间调”和“高光”3个单选按钮，设置对话框中的参数如图 4.12 ～图 4.14 所示。

03 单击“确定”按钮退出对话框，效果如图 4.15 所示。

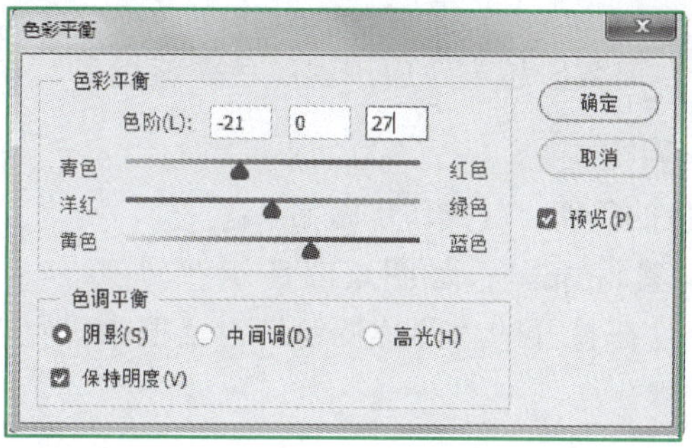

图 4.12
调整“阴影”区域色彩

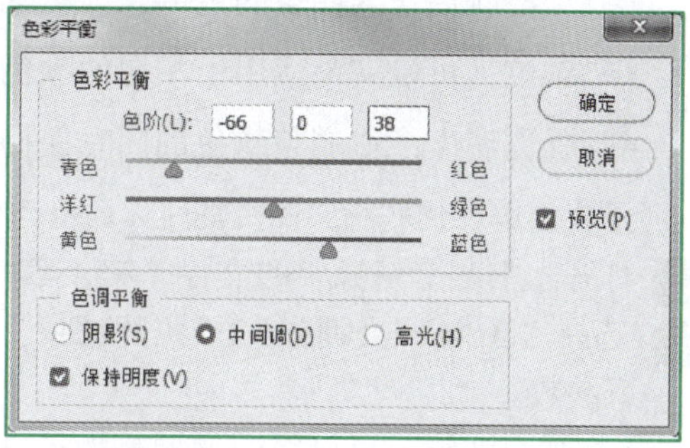

图 4.13
调整“中间调”区域色彩

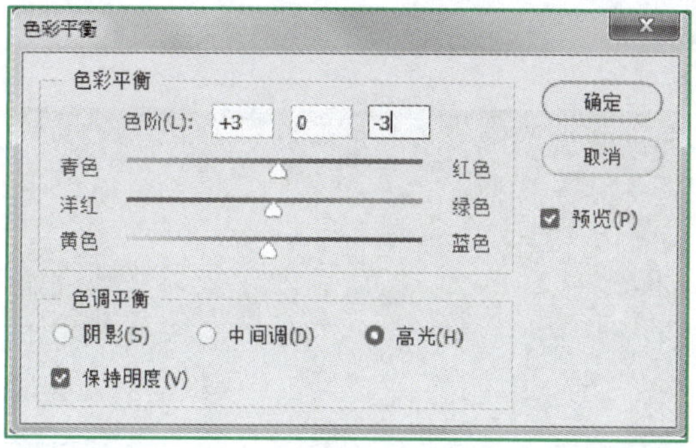

图 4.14
调整“高光”区域色彩

图 4.15
4.3.2- 素材调整后的最终效果

4.3.3 “照片滤镜”命令

使用“照片滤镜”命令，可以通过模拟传统光学的滤镜特效以调整图像的色调，使其具有暖色调或者冷色调的倾向，也可以根据实际情况自定义其他色调。选择“图像”|“调整”|“照片滤镜”命令，打开如图 4.16 所示的“照片滤镜”对话框。

微课 4-3
“照片滤镜”命令讲解

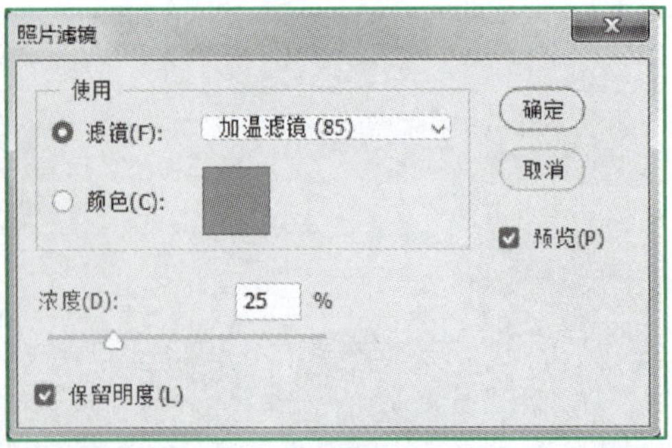

图 4.16
“照片滤镜”对话框

“照片滤镜”对话框中的各参数释义如下。

- 滤镜：在其下拉菜单中有多达 20 种预设选项，可以根据需要进行选择，以对图像进行调整。
- 颜色：单击该色块，在弹出的“拾色器（照片滤镜颜色）”对话框中可以自定义一种颜色作为图像的色调。
- 浓度：可以调整应用于图像的颜色数量。该数值越大，应用的颜色调整越多。
- 保留明度：在调整颜色的同时保持原图像的亮度。

笔 记

下面讲解如何利用“照片滤镜”命令改变图像的色调，其操作步骤如下：

01 打开本书配套资源中的文件“第 4 章 \4.3.3- 素材 .jpg”，如图 4.17 所示。

02 选择“图像”|“调整”|“照片滤镜”命令，在打开的“照片滤镜”对话框中设置以下参数。

- 加温滤镜：可以将图像调整为暖色调。
- 冷却滤镜：可以将图像调整为冷色调。

03 参数设置完毕后，单击“确定”按钮退出对话框。

图 4.18 所示为经过调整后图像色调偏冷的效果。

图 4.17
4.3.3- 素材原图像

图 4.18
偏冷色调的图像

资源文件：
4.3.3- 素材 .jpg

4.3.4 “渐变映射”命令

“渐变映射”命令的主要功能是将渐变效果作用于图像，它可以将图像中的灰度范围映射到指定的渐变填充色。例如，如果指定了一个双色渐变，则图像中的阴影区域映射到渐变填充的一个端点颜色，高光区域映射到渐变填充的另一个端点颜色，中间调区域映射到两个端点间的层次部分。

选择“图像”|“调整”|“渐变映射”命令，打开如图 4.19 所示的对话框。

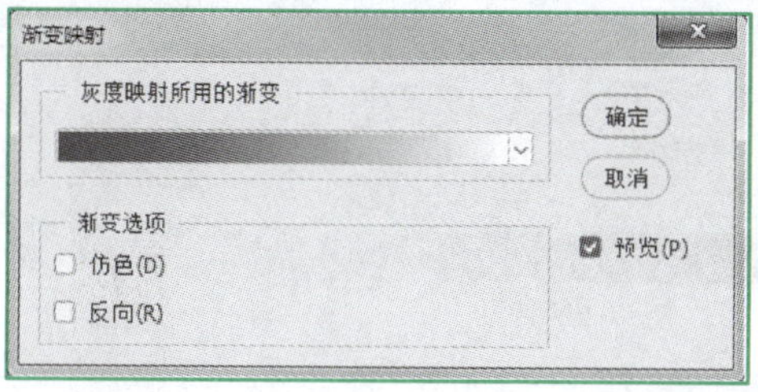

图 4.19
“渐变映射”对话框

“渐变映射”对话框中的各参数释义如下。

- 渐变显示条：单击该显示条，可在打开的“渐变编辑器”对话框中选择预设渐变或自定义渐变。
- 灰度映射所用的渐变：在该区域中单击渐变色条，打开“渐变编辑器”对话框，在其中自定义所要应用的渐变；也可以单击渐变色条右侧的按钮，在弹出的“渐变拾色器”面板中选择预设的渐变。
- 仿色：选择此选项，添加随机杂色以平滑渐变填充的外观，并减少宽带效果。
- 反向：选择此选项，会按反方向映射渐变。

以图 4.20 所示的照片为例，图 4.21 所示是此命令调整得到的金色夕阳效果，其渐变设置如图 4.22 所示。

图 4.20
4.3.4- 素材图像

图 4.21
4.3.4- 素材使用“渐变映射”后应用效果

资源文件：
4.3.4.psd
4.3.4- 素材 .jpg

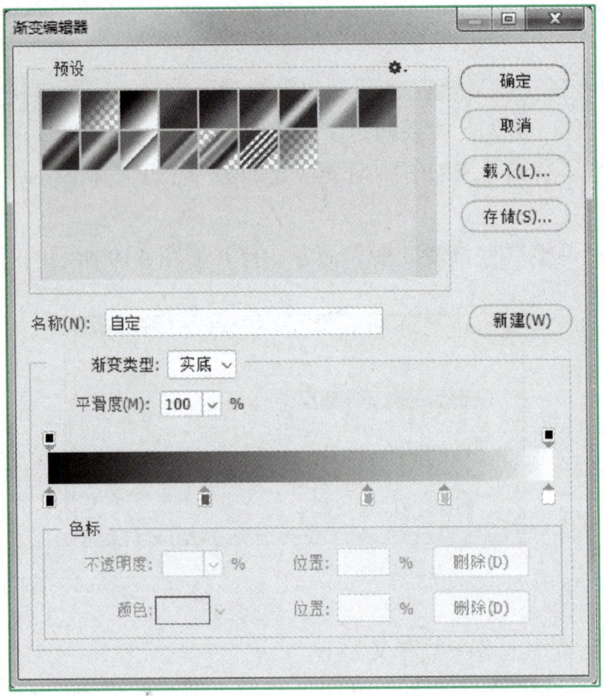

图 4.22
渐变设置

4.3.5　“阴影 / 高光”命令

微课 4-4
“阴影 / 高光”命令讲解

“阴影 / 高光”命令专门用于处理在拍摄中由于用光不当，而导致局部过亮或过暗的照片。选择“图像”|“调整”|“阴影 / 高光”命令，打开如图 4.23 所示的“阴影 / 高光”对话框。

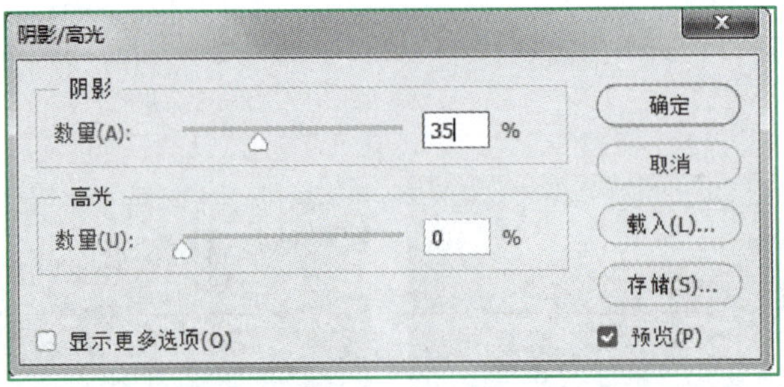

图 4.23
“阴影 / 高光”对话框

- 阴影：拖动“数量”滑块或者在文本框中输入相应的数值，可以改变暗部区域的明亮程度。其中，数值越大（即滑块的位置越偏向右侧），则调整后的图像暗部区域也会越亮。
- 高光：拖动“数量”滑块或者在文本框中输入相应的数值，可以改变高亮区域的明亮程度。其中，数值越大（即滑块的位置越偏向右侧），则调整后的图像高亮区域也会越暗。

资源文件：
4.3.5– 素材 .jpg

图 4.24 所示为原图像，图 4.25 所示为选择该命令后显示阴影区域图像的效果。

图 4.24
4.3.5- 素材图像

图 4.25
调整阴影区域后的效果

笔 记

4.3.6 “黑白”命令

“黑白”命令可以将照片处理为灰度或者单色调的效果，在人文类或需要表现特殊意境的照片中经常会用到此命令。

选择“图像”|“调整”|“黑白”命令，打开如图 4.26 所示的对话框。

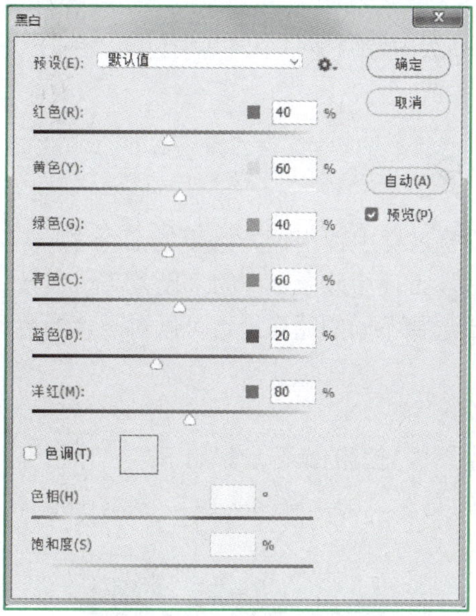

图 4.26
“黑白”对话框

“黑白”对话框中的各参数释义如下。

- 预设：在此下拉菜单中，可以选择 Photoshop 自带的多种图像处理选项，从而将图像处理为不同程度的灰度效果。
- 红色、黄色、绿色、青色、蓝色、洋红：分别拖动各颜色滑块，即可对原图像中对应颜色的区域进行灰度处理。
- 色调：选择此选项后，对话框底部的两个色条及右侧的色块将被激活。其中，两个色条分别代表了“色相”和“饱和度”参数，可以拖动其滑块，或在其数值框中输入数值以调整出要叠加到图像中的颜色；也可以直接单击右侧的色块，在打

资源文件：
4.3.6.psd
4.3.6- 素材 .jpg

开的“拾色器（色调颜色）”对话框中选择需要的颜色。

以图 4.27 所示的照片素材为例，图 4.28 所示是使用此命令进行调整后的效果。

图 4.27
4.3.6- 素材图像

图 4.28
执行“黑白”后的效果

4.4 色彩调整的高级方法

本节讲解 Photoshop 的高级图像调整命令，其中包括“色阶”命令、“曲线”命令以及“色相 / 饱和度”命令等。

4.4.1 “色阶”命令

微课 4-5
“色阶”命令讲解

“色阶”命令是图像调整过程中使用最为频繁的命令之一，它可以改变图像的明暗度、中间色和对比度。在调色时，常使用此命令中的“设置灰场工具”执行校正偏色处理。此外，在“通道”下拉列表中选择不同的通道，也可以对照片的色彩进行处理。下面来讲解其各项用法。

1. 调整图像亮度

使用“色阶”命令调整图像亮度的操作步骤如下：

01 打开本书配套资源中的文件“第 4 章 \4.4.1-1- 素材 .jpg”，如图 4.29 所示。

资源文件：
4.4.1-1.jpg
4.4.1-1- 素材 .jpg

图 4.29
4.4.1-1- 素材图像

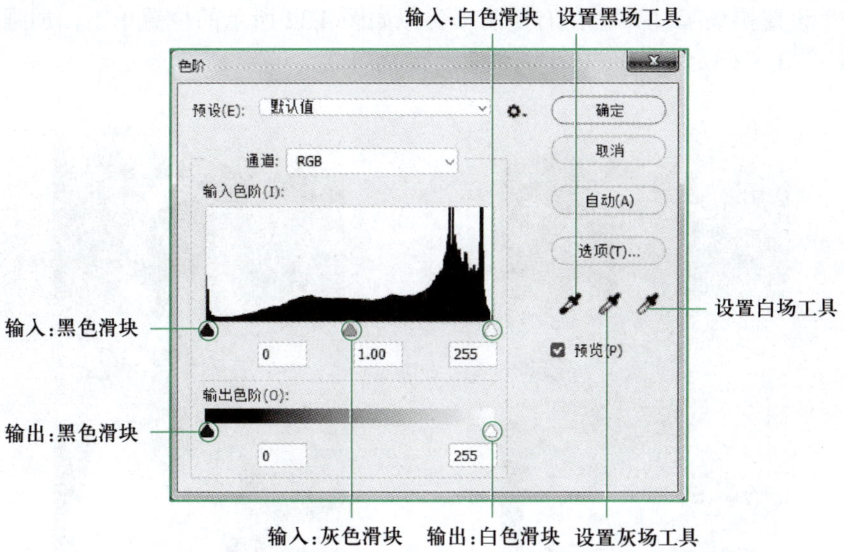

图 4.30
“色阶”对话框

02 按 Ctrl+L 键或选择“图像”|“调整”|“色阶”命令，打开如图 4.30 所示的对话框。

在“色阶”对话框中，拖动“输入色阶”直方图下面的滑块，或在对应文本框中输入值，以改变图像的高光、中间调或暗调，从而增加图像的对比度。

- 向左拖动“输入色阶”中的白色滑块或灰色滑块，可以使图像变亮。
- 向右拖动“输入色阶”中的黑色滑块或灰色滑块，可以使图像变暗。
- 向左拖动“输出色阶”中的白色滑块，可降低图像亮部对比度，从而使图像变暗。
- 向右拖动“输出色阶”中的黑色滑块，可降低图像暗部对比度，从而使图像变亮。

03 使用对话框中的各个吸管工具在图像中单击取样，可以通过重新设置图像的黑场、白场或灰点调整图像的明暗。

- 使用“设置黑场工具”在图像中单击，可以使图像基于单击处的色值变暗。
- 使用“设置白场工具”在图像中单击，可以使图像基于单击处的色值变亮。
- 使用“设置灰场工具”在图像中单击，可以在图像中减去单击处的色调，以减弱图像的偏色。

04 在此下拉列表中选择要调整的通道名称。如果当前图像是 RGB 颜色模式，“通道”下拉列表中包括 RGB、红、绿和蓝共 4 个选项；如果当前图像是 CMYK 颜色模式，“通道”下拉列表中包括 CMYK、青色、洋红、黄色和黑色共 5 个选项。在本实例中将对通道 RGB 进行调整。

为保证图像在印刷时的准确性，需要定义一下黑、白场的详细数值。

05 首先来定义白场。双击“色阶”对话框中的“设置白场工具”，在打开“拾色器（目标高光颜色）”对话框中设置数值为（R：244，G：244，B：244）。单击“确定”按钮关闭对话框，此时再定义白场时，则以该颜色作为图像中的最亮色。

06 下面来定义黑场。双击“色阶”对话框中的“设置黑场工具”，在打开的“拾色器（目标阴影颜色）”对话框中设置数值为（R：10，G：10，B：10）。单击“确定”按钮关闭对话框，此时再定义黑场时，则以该颜色作为图像中的最暗色。

07 使用“设置白场工具”在白色裙子类似如图 4.31 所示的位置单击，使裙子图像恢复为原来的白色，单击“确定”按钮关闭对话框。

笔 记

笔 记

08 使用“设置黑场工具”在右侧阴影类似如图4.32所示的位置单击，加强图像的对比度，单击“确定”按钮关闭对话框。

图4.31
校正白色裙子色彩

图4.32
增强阴影区域的对比度

09 至此，已经将图像的颜色恢复为正常，但为了保证印刷的品质，还需要使用“吸管工具”配合“信息”面板，查看图像中是否存在纯黑或纯白的图像，然后按照上面的方法继续使用“色阶”命令对其进行调整。

2. 调整照片的灰场以校正偏色

在使用素材照片的过程中，不可避免地会遇到一些偏色的照片，而使用“色阶”对话框中的“设置灰场工具”可以轻松地解决这个问题。“设置灰场工具”纠正偏色操作的方法很简单，只需要使用吸管单击照片中某种颜色，即可在照片中消除或减弱此种颜色，从而纠正照片中的偏色状态。

图4.33（a）所示为原照片，图4.33（b）所示为使用“设置灰场工具”在照片中单击后的效果，可以看出由于去除了部分蓝像素，照片中的人像面部呈现出红润的颜色。

资源文件：
4.4.1-2.psd
4.4.1-2-素材.jpg

图4.33
4.4.1-2-素材图像及其校正后的效果

提示

使用“设置灰场工具”单击的位置不同，得到的效果也不会相同，因此需要特别注意。

4.4.2 “曲线”命令

“曲线”命令是 Photoshop 中调整照片最为精确的一个命令，在调整照片时可以通过在对话框中的调节线上添加控制点并调整其位置，对照片进行精确的调整。使用此命令除了可以精确地调整照片亮度与对比度外，还常常会通过在“通道”下拉列表中选择不同的通道选项，以进行色彩调整。

微课 4-6
“曲线”命令讲解

1. 使用调节线调整图像

使用“曲线”命令调整图像的操作步骤如下：

01 打开本书配套资源中的文件“第 4 章 \4.4.2-1- 素材 .jpg”，如图 4.34 所示。

资源文件：
4.4.2-1.psd
4.4.2-1- 素材 .jpg

图 4.34
4.4.2-1- 素材图像

02 按 Ctrl+M 键或选择“图像”|“调整”|“曲线”命令，打开如图 4.35 所示的“曲线”对话框。

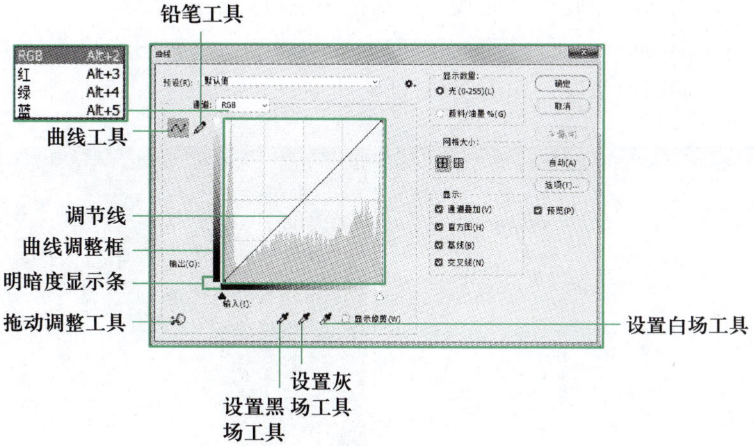

图 4.35
“曲线”对话框

“曲线”对话框中的参数解释如下。

- 预设：除了可以手动编辑曲线来调整图像外，还可以直接在“预设”下拉列表中选择一个 Photoshop 自带的调整选项。
- 通道：与“色阶”命令相同，在不同的颜色模式下，该下拉列表将显示不同的选项。

笔 记

- 曲线调整框：该区域用于显示当前对曲线所进行的修改，按住 Alt 键在该区域中单击，可以增加网格的显示数量，从而便于对图像进行精确的调整。

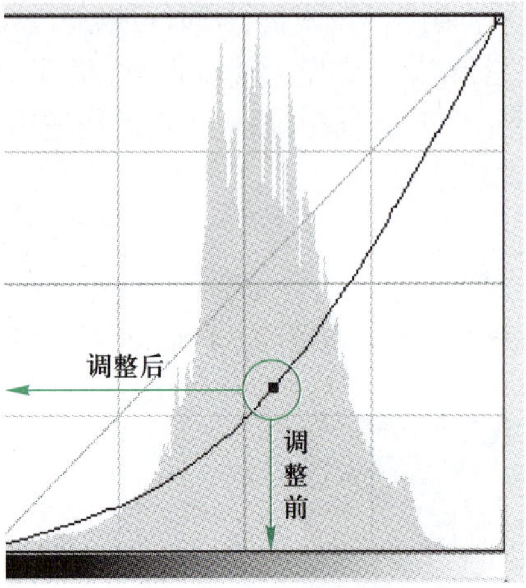

图 4.36
节点的对应关系

- 明暗度显示条：即曲线调整框左侧和底部的渐变条。横向的显示条为图像在调整前的明暗度状态，纵向的显示条为图像在调整后的明暗度状态。图 4.36 所示为分别向上和向下拖动节点时，该点图像在调整前后的对应关系。
- 调节线：在该直线上可以添加最多不超过 14 个节点，当鼠标指针置于节点上并变为✥状态时，就可以拖动该节点对图像进行调整。要删除节点，可以选中并将节点拖至对话框外部，或在选中节点的情况下，按 Delete 键即可。
- 曲线工具：使用该工具可以在调节线上添加控制点，将以曲线方式调整调节线。
- 铅笔工具：使用“曲线”对话框中的“铅笔工具”可以使用手绘方式在曲线调整框中绘制曲线。
- 平滑：当使用“曲线”对话框中的“铅笔工具”绘制曲线时，该按钮才会被激活，单击该按钮可以让所绘制的曲线变得更加平滑。

03 在“通道”下拉列表中选择要调整的通道名称。默认情况下，未调整前图像“输入”与“输出”值相同，因此在“曲线”对话框中表现为一条直线。

04 在直线上单击增加一个变换控制点，向上拖动此节点，如图 4.37（a）所示，即可调整图像对应色调的明暗度，如图 4.37（b）所示。

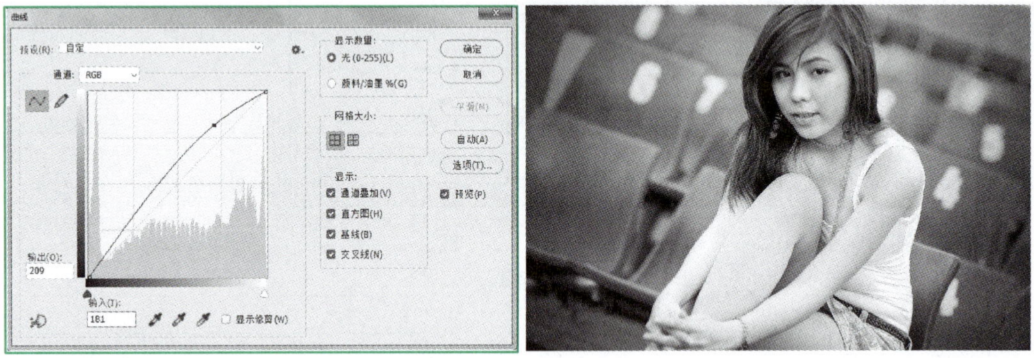

（a） （b）

图 4.37
“曲线”对话框中节点位置图及其调整后的效果 1

05 如果需要调整多个区域，可以在直线上单击多次，以添加多个变换控制点。对于不需要的变换控制点，可以按住 Ctrl 键单击此点将其删除。图 4.38（a）所示为添加另一个控制点并拖动时的状态，图 4.38（b）所示是调整后得到的图像效果。

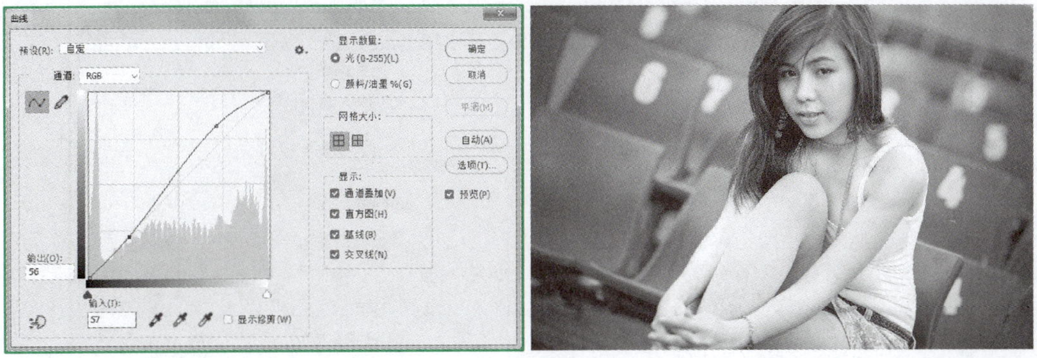

（a） （b）

图 4.38
“曲线”对话框中节点位置图及其调整后的效果 2

06 设置好对话框中的参数后，单击“确定”按钮，即可完成图像的调整操作。

2. 使用“拖动调整工具”调整图像

在“曲线”对话框中使用“拖动调整工具” ，可以在图像中通过拖动的方式快速调整图像的色彩及亮度。图 4.39（a）所示是使用“拖动调整工具” 后选择要调整的图像位置，图 4.39（b）所示为按住鼠标左键拖动时的状态。由于当前摆放鼠标的位置显得曝光不足，所以将向上拖动鼠标以提亮图像，此时的“曲线”对话框如图 4.39（c）所示。

资源文件：
4.4.2-2- 素材 .jpg

（a）所选择的位置 （b）按住鼠标左键时的状态

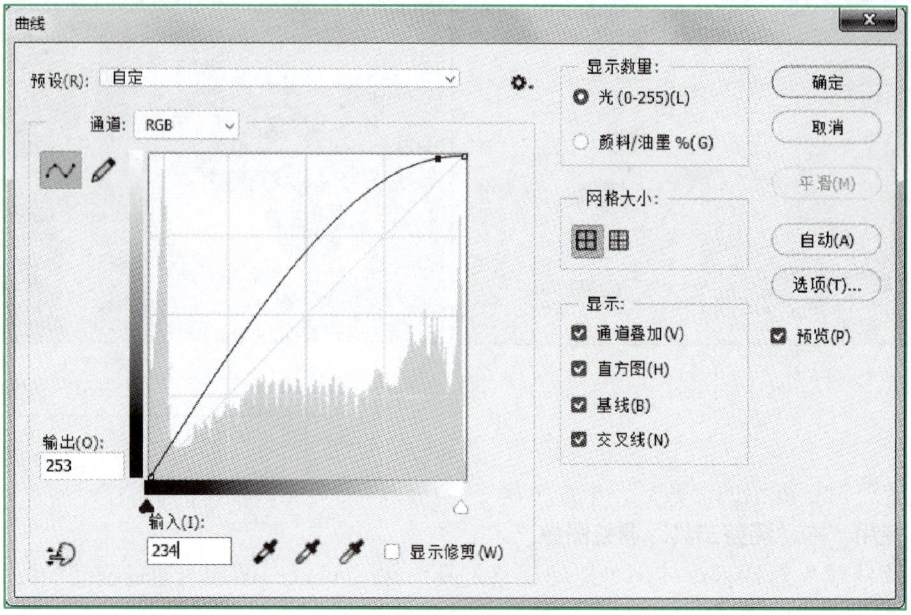

（c）对应的“曲线”对话框

图 4.39
首次使用“拖动调整工具”调整图像

在上面处理的图像的基础上，再将鼠标置于阴影区域要调整的位置，如图 4.40（a）所示。按照前面所述的方法，此时按住鼠标左键拖动以调整阴影区域，如图 4.40（b）所示。此时的“曲线”对话框如图 4.40（c）所示。

笔 记

通过上面的实例可以看出，“拖动调整工具”只不过是在操作的方法上有所不同，而在调整的原理上是没有任何变化的。如同刚才的实例中，利用了 S 形曲线增加图像的对比度，而这种形态的曲线也完全可以在“曲线”对话框中通过编辑曲线的方式创建得到，所以读者在实际运用过程中，可以根据自己的需要，选择使用某种方式来调整图像。

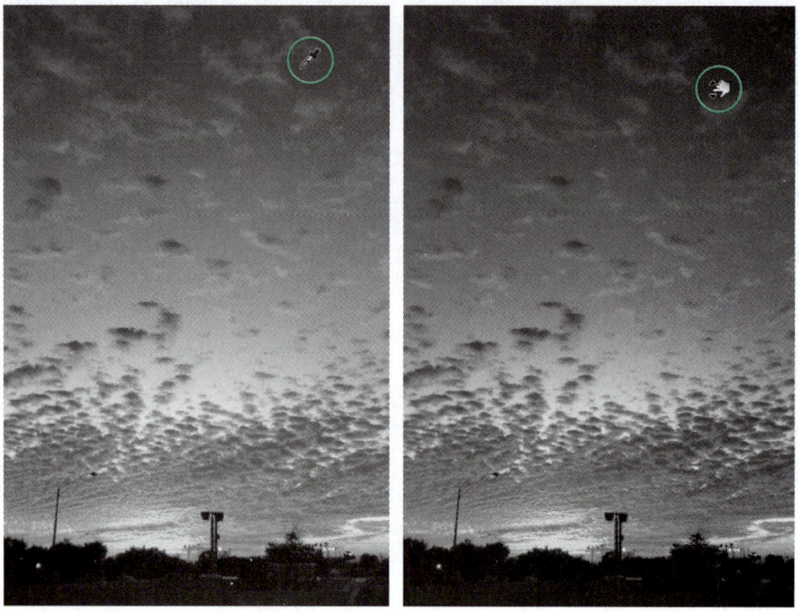

（a）所选择的位置　（b）按住鼠标左键向下拖动时的状态

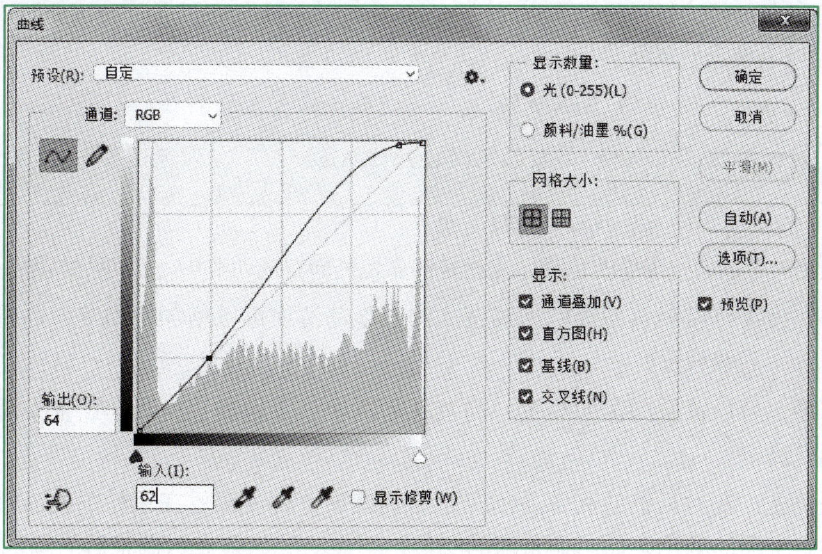

（c）对应的“曲线”对话框

图 4.40
再次使用“拖动调整工具”调整图像

4.4.3 “色相 / 饱和度”命令

“色相 / 饱和度”命令可以依据不同的颜色分类进行调色处理，常用于改变照片中某一部分图像颜色（如将绿叶调整为红叶、替换衣服颜色等）及其饱和度、明度等属性。另外，此命令还可以直接为照片进行统一的着色操作，从而制作得到单色照片效果。

按 Ctrl+U 键或选择“图像”|“调整”|“色相 / 饱和度”命令即可调出其对话框，如图 4.41 所示。

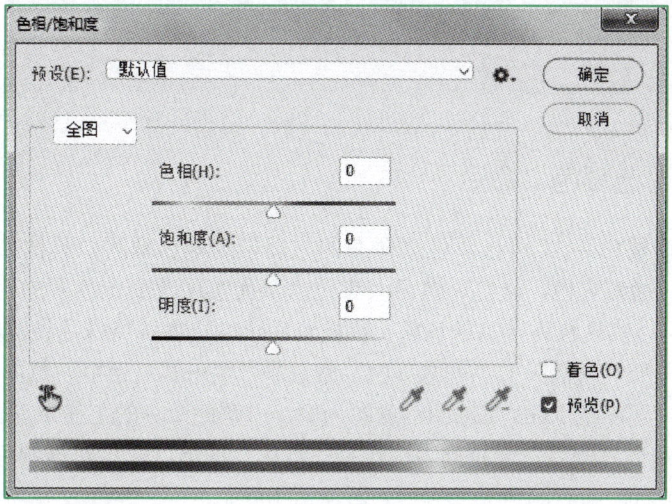

图 4.41
“色相 / 饱和度”对话框

在对话框顶部的下拉菜单中选择“全图”选项，可以同时调整图像中的所有颜色，或者选择某一颜色成分（如“红色”等）单独进行调整。

另外，也可以使用位于“色相 / 饱和度”对话框底部的“吸管工具”，在图像中吸取颜色并修改颜色范围。使用“添加到取样工具”可以扩大颜色范围；使用“从取样中减去工具”可以缩小颜色范围。

提示

可以在使用“吸管工具”时按住 Shift 键扩大颜色范围，按住 Alt 键缩小颜色范围。

资源文件：
4.4.3– 素材 .jpg

“色相 / 饱和度”对话框中各参数释义如下。

- 色相：可以调整图像的色调，无论是向左还是向右拖动滑块，都可以得到新的色相。
- 饱和度：可以调整图像的饱和度。向右拖动滑块可以增加饱和度，向左拖动滑块可以降低饱和度。
- 明度：可以调整图像的亮度。向右拖动滑块可以增加亮度，向左拖动滑块可以降低亮度。
- 颜色条：在对话框的底部显示有两个颜色条，代表颜色在色轮中的次序及选择范围。上面的颜色条显示调整前的颜色，下面的颜色条显示调整后的颜色。
- 着色：选中此选项时，可将当前图像转换为某一种色调的单色调图像。图 4.42 所示是将照片处理为单色前的效果对比。

拓展知识 4–1
“色相 / 饱和度”应用实例

（a） （b）

图 4.42
原图像及处理为单色后的效果对比

4.4.4 “可选颜色”命令

相对于其他调整命令，“可选颜色”命令的原理较为难以理解。具体来说，它是通过为一种选定的颜色，增减青色、洋红、黄色及黑色，从而实现改变该色彩的目的。在掌握了此命令的用法后，可以实现极为丰富的调整，因此常用于制作各种特殊色调的照片效果。

选择“图像” | “调整” | “可选颜色”命令即可调出其对话框，如图 4.43 所示。

下面将图 4.44 所示的 RGB 三原图示意图为例，讲解此命令的工作原理。

图 4.45 所示是在“颜色”下拉列表中选择“红色”选项，表示对该颜色进行调整，并在选中“绝对”选项时，向右侧拖动“青色”滑块至 100%。

由于红色与青色是互补色，当增加了青色时，红色就相应地变少，当增加青色至 100% 时，红色完全消失变为黑色，如图 4.46 所示。

虽然在使用时没有其他调整命令那么直观，但熟练掌握之后，就可以实现非常多样化的调整。图 4.47 所示是使用此命令进行色彩调整前后的效果对比。

微课 4–7
“可选颜色”命令讲解

资源文件：
4.4.4.psd
4.4.4– 素材 1.psd
4.4.4– 素材 2.jpg

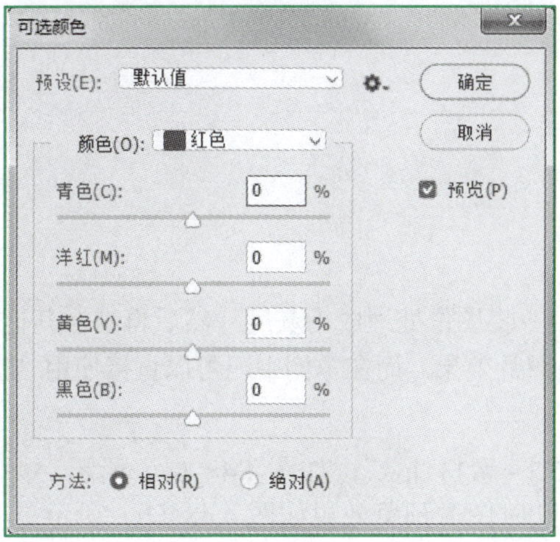

图 4.43
“可选颜色”对话框

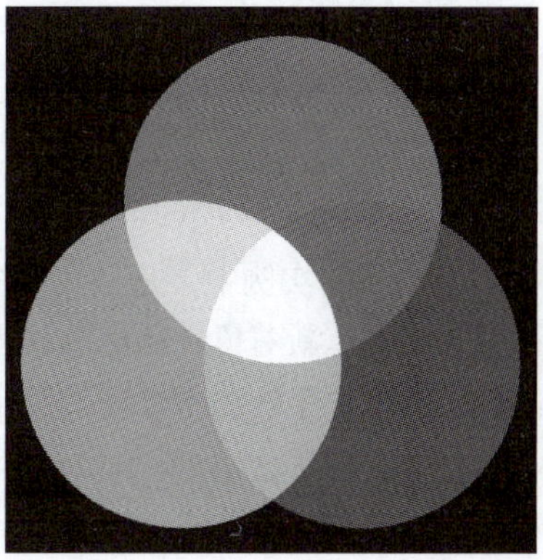

图 4.44
RGB 三原色示意图

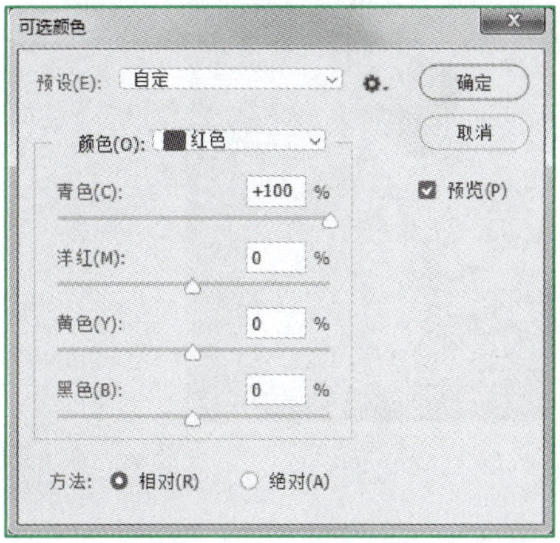

图 4.45
调整青色参数

图 4.46
调整青色为 100% 后的效果

（a）　（b）

图 4.47
原图像及调色后的效果对比

4.5 实战演练

4.5.1 制作艺术单色照片

在上面小节的实例中，是利用“去色”命令将图像处理成为灰度，然后再结合其他图像调整命令为图像重新着色，从而制作得到单色照片效果，而在本例中，可以直接使用“黑白”命令，来完成照片单色艺术处理的整个操作。

资源文件：
4.5.1.psd
4.5.1- 素材 .jpg

01 打开本书配套资源中的文件“第 4 章 \4.5.1- 素材 .jpg”，如图 4.48（a）所示。

02 选择“图像” | “调整” | “黑白”命令，此时图像预览效果如图 4.48（b）所示。

（a）（b）

图 4.48
4.5.1- 素材图像及应用“黑白”命令后的效果

提 示

观看图像有点灰蒙蒙的感觉，整体的层次感略显不足。由于图像的背景为黄色、绿色、青色和蓝色，我们希望灰度图像的背景稍暗一些，以突出其前景的人像，因此下面调整各颜色的滑块，将图像背景处理的稍黑些。

03 在“黑白”对话框中，直接在中间的颜色设置区域中拖动各个滑块，如图 4.49（a）所示，调整后的图像效果如图 4.49（b）所示。

提 示

至此，已经将图像完全的处理成为满意的灰度效果了，下面再继续在此基础上，为图像叠加一种艺术化的色彩。

04 选择对话框底部的“色调”选项，此时下面的颜色设置区域将被激活，分别拖动“色相”及“饱和度”滑块，同时预览图像的效果，直至满意为止，例如，图 4.50（a）所示是调整的颜色参数，图 4.50（b）是得到的图像效果。

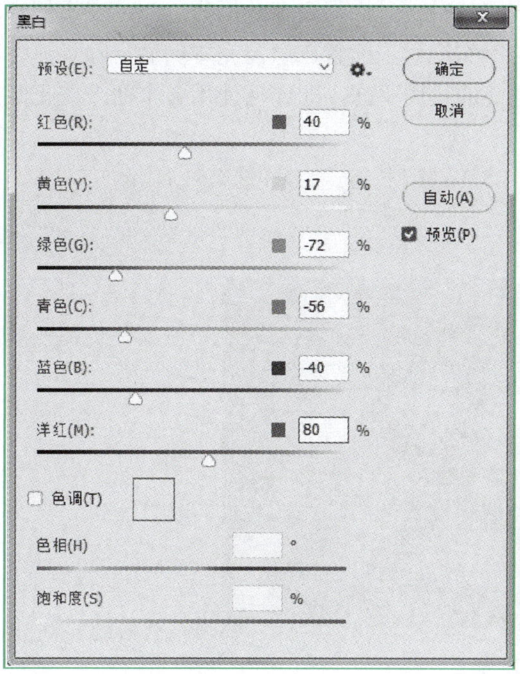

（a）

（b）

图 4.49
“黑白”对话框及应用“黑白”命令后的效果

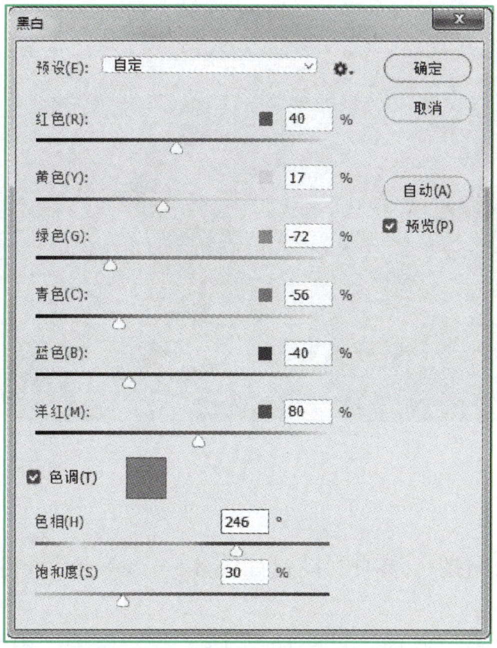

（a）

（b）

图 4.50
颜色参数设置及其调色后的效果

4.5.2　校正照片偏色

照片偏色的校正，一直都是在处理数码照片时被讨论得最多的操作之一。在本例中，将通过一个实例，来讲解一下校正照片偏色的操作流程。读者在学习完本例后，除了熟悉和掌握其中用到的技术外，更要了解各个调色功能的运用手法，即如何使用各个命令校正照片的偏色，从而达到举一反三的实用目的。

资源文件：
4.5.2.psd
4.5.2- 素材 .jpg

01 打开本书配套资源中的文件“第 4 章 \4.5.2- 素材 .jpg”，如图 4.51 所示。

图 4.51
4.5.2- 素材图像

02 按 Ctrl+B 键应用“色彩平衡”命令，在打开的对话框中选择“阴影”选项，设置其对话框中的参数如图 4.52（a）所示，得到的效果如图 4.52（b）所示。

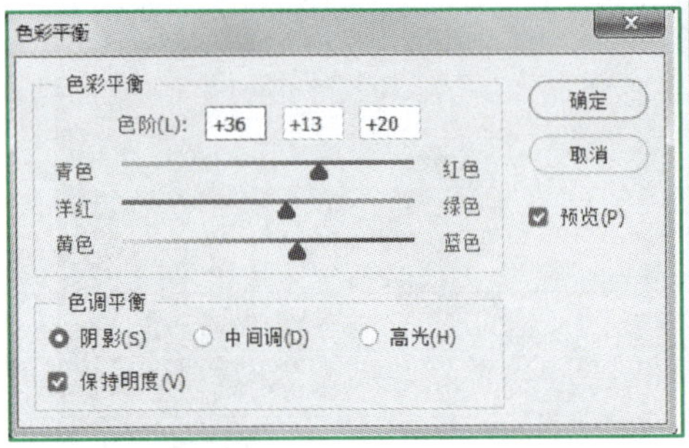

（a）

（b）

图 4.52
“色彩平衡”对话框“阴影”及调整阴影后的效果

03 继续在“色彩平衡”对话框中选择“中间调”选项，设置如图 4.53（a）所示，得到的效果如图 4.53（b）所示。

04 继续在“色彩平衡”对话框中选择“高光”选项，设置如图 4.54（a）所示，得到的最终效果如图 4.54（b）所示。

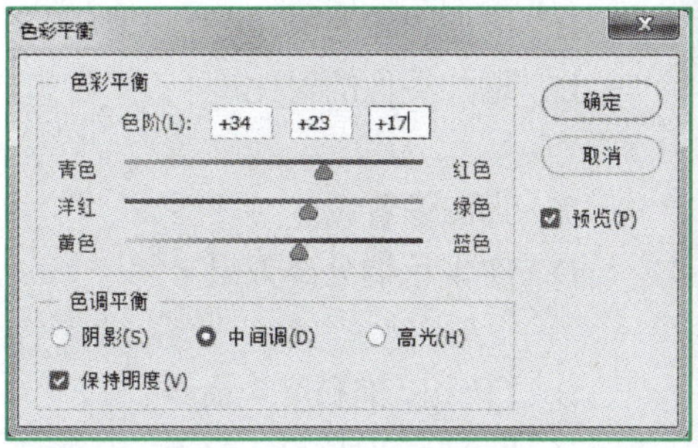

（a）

（b）

图 4.53
“色彩平衡”对话框“中间调”及调整中间调后的效果

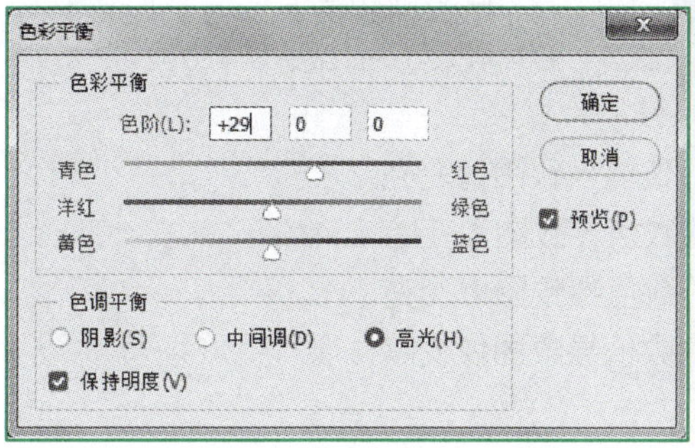

（a）

（b）

图 4.54
“色彩平衡”对话框“高光”及最终效果

习题

一、选择题

1. 下列可以去除图像颜色的有（　　）。

A.“去色”命令　　B. 减淡工具

C.“反相”命令　　D.“色相 / 饱和度”命令

2. 应用“色彩平衡”命令的快捷键是（　　）。

A. Ctrl+C　　B. Ctrl+Alt+B

C. Ctrl+Shift+F　　D. Ctrl+B

3. 下列可以提亮图像的有（　　）。

A. 减淡工具　　B. 加深工具

C.“亮度 / 对比度”命令　　D.“色阶”命令

4. 使用“色阶”命令可以（　　）。

A. 提高图像对比度　　B. 校正图像偏色

C. 为图像着色 D. 降低图像对比度

5. 使用“色相 / 饱和度”命令可以（ ）。

A. 调整图像颜色 B. 增加图像的饱和度

C. 降低图像的亮度 D. 增加图像的对比度

6. 使用“色彩平衡”命令可以（ ）。

A. 校正图像颜色 B. 为图像着色

C. 修复图像中的斑点 D. 实现色调分离效果

7. 下列可以制作单色照片的有（ ）。

A.“色彩平衡”命令 B.“色相 / 饱和度”命令

C.“黑白”命令 D.“亮度 / 对比度”命令

8. 下列可以去除图像颜色的有（ ）。

A. 海绵工具 B.“色相 / 饱和度”命令

C.“去色”命令 D.“反相”命令

9. 下列最适合调整风景照片色彩饱和度的是（ ）。

A. 色相 / 饱和度 B. 自然饱和度

C. 色彩平衡 D. 亮度 / 对比度

10. 下列对“色阶”命令的描述中，正确的是（ ）。

A. 减小色阶对话框中“输入色阶”最右侧的数值导致图像变亮

B. 减小色阶对话框中“输入色阶”最右侧的数值导致图像变暗

C. 增加色阶对话框中“输入色阶”最左侧的数值导致图像变亮

D. 增加色阶对话框中“输入色阶”最左侧的数值导致图像变暗

二、操作题

资源文件：
4.7-1.psd
4.7.1- 素材 .jpg

1. 打开本书配套资源中的文件“第 4 章 \4.7-1- 素材 .jpg”，如图 4.55(a) 所示，执行“色相 / 饱和度”命令将人物的泳衣调整为桔黄色，如图 4.55（b）所示。

（a） （b）

图 4.55
4.7-1- 素材图像及调整后的图像效果

2. 打开本书配套资源中的文件“第 4 章 \4.7-2- 素材 .jpg”，如图 4.56(a) 所示。执行“色彩平衡”命令，将照片调整为如图 4.56（b）所示的非主流黄绿色调效果。

（a）（b）

资源文件：
4.7-2.psd
4.7-2- 素材 .jpg

图 4.56
4.7-2- 素材图像及调整后的图像效果

3．打开本书配套资源中的文件“第 4 章\4.7-3- 素材 .jpg”，如图 4.57（a）所示。执行“色阶”命令调整其对比，直至得到类似如图 4.57（b）所示的效果。

资源文件：
4.7-3.psd
4.7-3- 素材 .jpg

（a）（b）

图 4.57
4.7-3- 素材图像及调整后的图像效果

4．打开本书配套资源中的文件“第 4 章\4.7-4- 素材 .tif”，如图 4.58（a）所示。结合本章的讲解，将绿色图像调整为红色图像，如图 4.58（b）所示。

资源文件：
4.7-4.psd
4.7-4- 素材 .tif

（a）（b）

图 4.58
4.7-4- 素材图像及调整后的图像效果

5．打开本书配套资源中的文件“第 4 章\4.7-5- 素材 .psd”，如图 4.59（a）所示。结合本章的讲解，使用至少 2 种方法将其处理成为如图 4.59（b）所示的灰度图像效果，其中有一

资源文件：
4.7–5.psd
4.7–5– 素材 . psd

种方法是必须使用“黑白”命令。

（a） （b）

图 4.59
4.7–5– 素材图像及转换为灰度后的效果

提 示

本章所用到的素材及效果文件位于本书配套资源中的“第 4 章”文件夹内，其文件名与章节号对应。

第5章 绘制或修饰图像

知识要点：

- 画笔工具
- “画笔”面板中的各参数
- 创建及绘制实色、透明渐变
- 填充及描边图像
- 橡皮擦工具
- 背景橡皮擦工具
- 魔术橡皮擦工具
- 仿制图章工具
- 修复画笔工具
- 污点修复画笔工具
- 修补工具
- 内容识别填充

课程导读：

除了图像的融合功能外，Photoshop 还提供了丰富且强大的绘图功能，如画笔、渐变、描边及填充等，以便于用户根据需要绘制出各种需要的图像内容。

另外，图像的修饰及修复功能，也是在处理数码照片或电修图像时必不可少的，本章将对这些常用的强大功能进行详细的讲解。

PPT：
第 5 章 绘制或修饰图像

5.1 画笔工具

使用“画笔工具”能够绘制边缘柔和的线条，此工具在绘制中使用最为频繁，另外，在很多合成作品中，它也是融合图像、编辑图层蒙版以及模拟物体间投影等多方面不可或缺的工具之一。

在使用“画笔工具”进行绘制工作时，除了需要选择正确的绘图前景色以外，还必须正确设置“画笔工具”选项。在工具箱中选择“画笔工具”，其工具选项栏如图 5.1 所示，在此可以选择画笔的笔刷类型并设置绘图透明度及其混合模式。

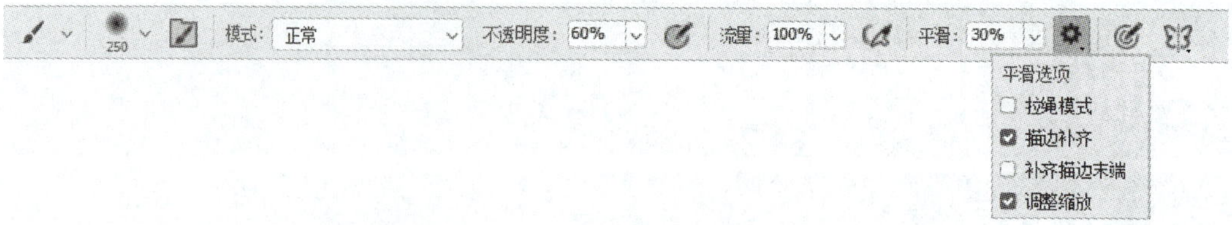

图 5.1
“画笔工具”选项栏

5.1.1 设置画笔基本参数

微课 5-1
画笔工具讲解

“画笔工具”选项栏中各参数释义如下。

- 画笔：在其弹出面板中选择合适的画笔笔尖形状。
- 模式：在其下拉菜单中选择用“画笔工具”绘图时的混合模式。
- 不透明度：此数值用于设置绘制效果的不透明度。其中，100% 表示完全不透明；0% 表示完全透明。设置不同“不透明度”数值的对比效果如图 5.2 所示。可以看出，数值越小，绘制时画笔的覆盖力越弱。

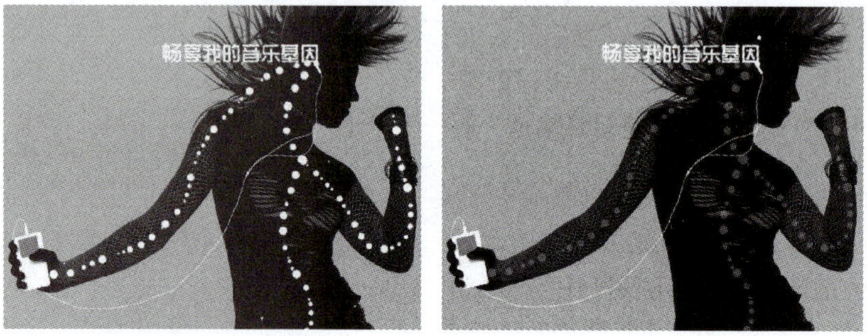

（a）设置“不透明度”数值为 100%　（b）设置“不透明度”数值为 30%

图 5.2
“不透明度”不同设置的效果对比

- 流量：此参数可以设置绘图时的速度。数值越小，绘图的速度越慢。
- “喷枪”按钮：如果在工具选项栏中单击“喷枪”按钮，可以用“喷枪”模式工作。
- “绘图板压力控制画笔尺寸”按钮：在使用绘图板进行涂抹时，选中此按钮后，

笔 记

将可以依据给予绘图板的压力控制画笔的尺寸。

- “绘图板压力控制画笔透明”按钮：在使用绘图板进行涂抹时，选中此按钮后，将可以依据给予绘图板的压力控制画笔的不透明度。

5.1.2 设置画笔平滑选项

在 Photoshop CC 2019 之前的版本中，无论是使用鼠标或绘图板控制“画笔工具”绘制图像，都可能由于使用时不经意间的抖动，导致绘制出的图像不够平滑。在 Photoshop CC 2019 中，新增了专门用于解决此问题的平滑选项，其中包含了“平滑”参数及通过单击“设置”按钮，在弹出的面板中设置平滑选项，下面分别介绍其作用。

- 平滑：此参数可以控制绘画时得到图像的平滑度，其数值越大，则平滑度越高。例如，图 5.3（a）所示为设置“平滑”数值为 0 时，使用鼠标绘制的结果，图 5.3（b）所示为设置“平滑”数值为 20 时的结果，可以看出，图 5.3（b）的图像明显更加平滑。

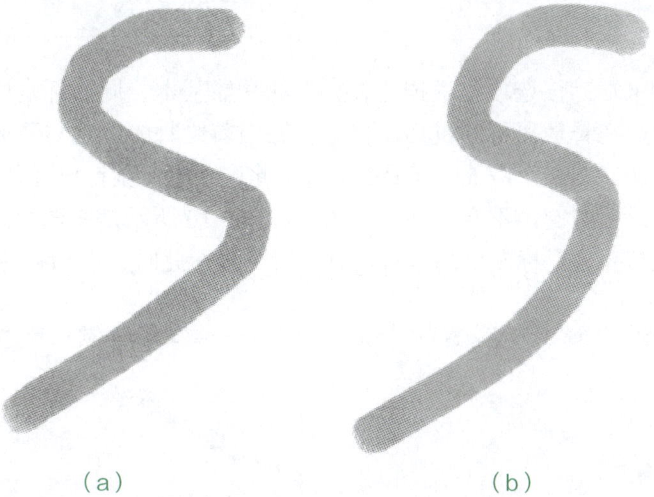

图 5.3
不同“平滑”设置的效果对比

- 拉绳模式：选中此选项后，绘制时会在画笔中心显示一个紫色圆圈，该圆圈表示当前设置的“平滑”半径，即“平滑”参数越大，则紫色圆圈越大。此外，紫色圆圈内部显示一条拉绳，随着画笔的移动，只有该拉绳被拉直时，才会执行绘图操作。例如，在图 5.4 中，拉绳没有拉直，所以画笔移动时没有绘图；在图 5.5 中，拉绳刚刚被拉直，因此也没有绘图；在图 5.6 中，拉绳被拉直，此时才会执行绘图操作。

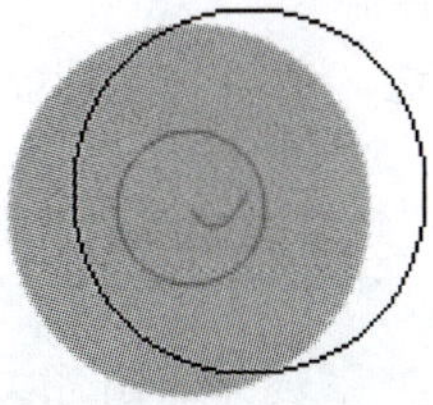

图 5.4
拉绳未拉直的状态

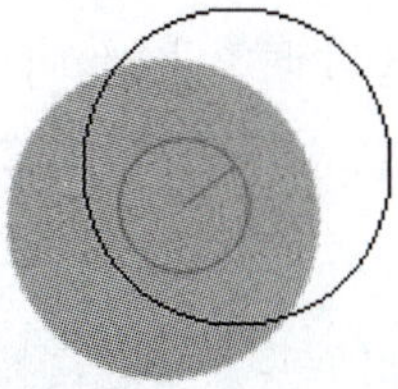

图 5.5
拉绳刚拉直的状态

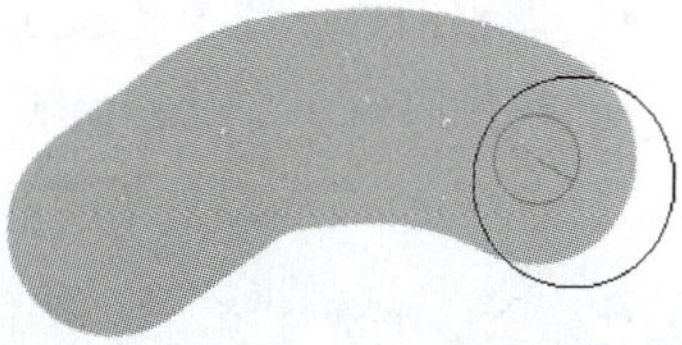

图 5.6
拉绳被拉直的状态

笔 记

- 描边补齐：在设置了“平滑”参数时，绘制的图像往往慢于鼠标移动的速度，且“平滑”数值越高、移动速度越快，该问题就越严重，导致当从一点至另外一点绘图时，往往鼠标指针已经移至另一点，但绘制的图像还没有到达另一点，此时可以通过此选项自动进行补齐。例如，图 5.7 所示是未选中此选项时，从 A 向 B 点绘图，此时指针已经移至 B 点（保持按住鼠标左键不动），但只绘制了不到一半的图像；图 5.8 所示是选中此选项后，在按住鼠标左键的情况下，会继续绘制图像，直至图像也到达 B 点，或指针再次移动、释放鼠标左键为止。

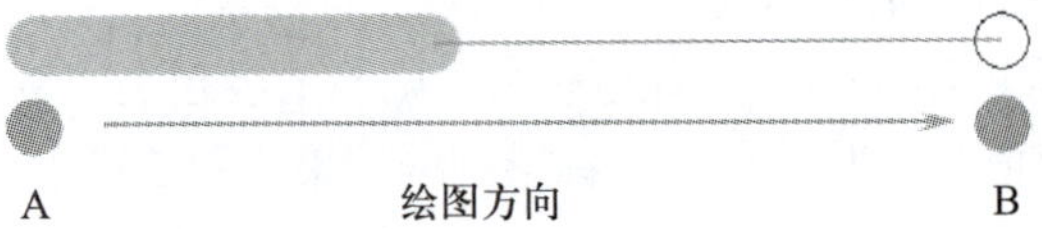

图 5.7
未启用“描边补齐”的绘制效果

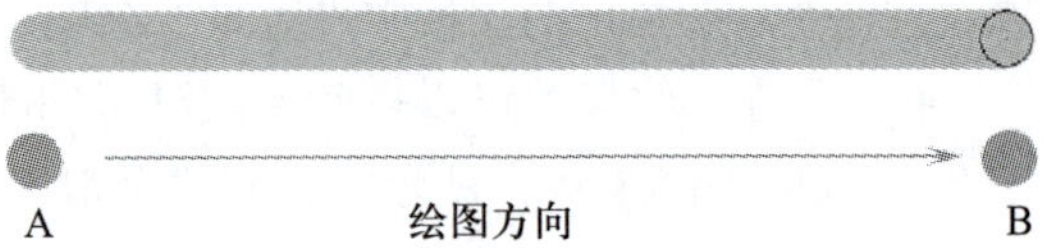

图 5.8
启用“描边补齐”的绘制效果

- 补齐描边末端：该选项与“描边补齐”的功能基本相同，都是用于补齐绘图，只是该选项是在释放鼠标左键后，自动补齐当前绘制的位置与释放鼠标左键的位置之间的图像。例如，图 5.9 所示在未选中此选项时，指针已经移动到左下方的点，此时释放鼠标左键，不会自动补齐图像；图 5.10 所示是在选中此选项时，当前绘制的图像与释放鼠标左键的位置还有一段空白，此时会自动补齐图像。

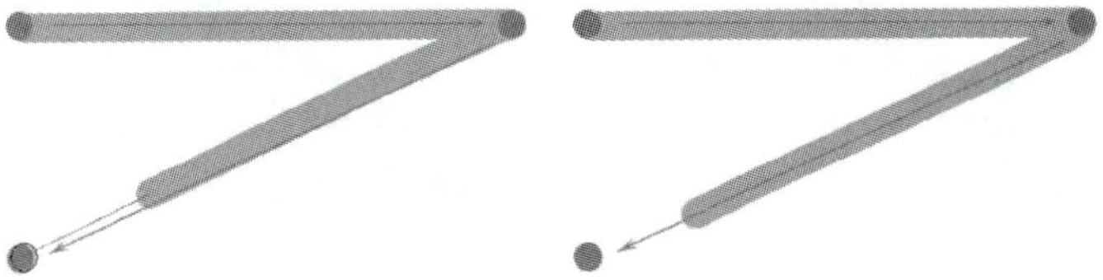

图 5.9
未启用“补齐描边末端”的绘制效果

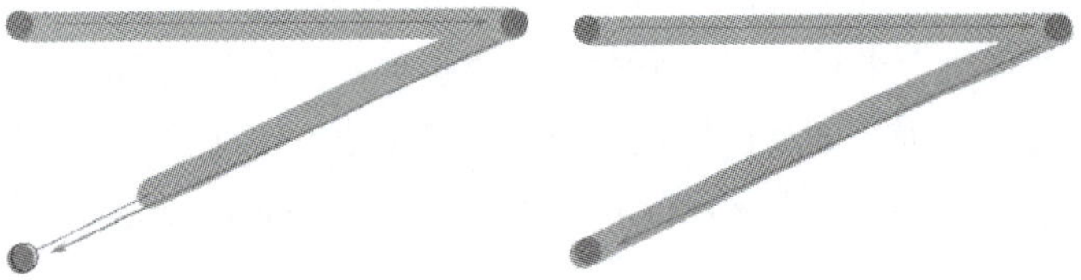

图 5.10
启用“补齐描边末端”的绘制效果

- 调整缩放：选中此选项时，可以通过调整平滑，防止抖动描边。在放大文档显示比例时减小平滑；在缩小文档显示比例时增加平滑。

提 示

除“画笔工具”外，上述平滑选项也适用于“铅笔工具”、“橡皮擦工具”及“混合器画笔工具”等。

5.1.3 对称绘画

在 Photoshop CC 2018 中，新增了一项测试性的对称绘画功能，该功能在 Photoshop CC 2019 中正式启用，可以使用“画笔工具”、“铅笔工具”、“橡皮擦工具”等绘制对称图形，如图 5.11 所示。

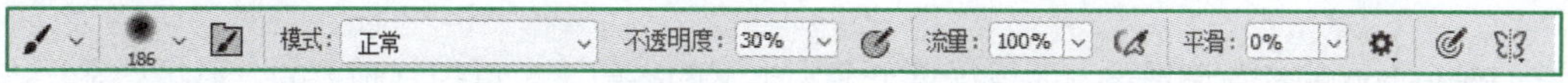

图 5.11
“画笔工具”选项栏

单击工具选项栏中的“对称绘画”按钮，在弹出的下拉列表中可以选择对称绘画的模式，如图 5.12 所示。

在选中任意一个对称类型后，将显示对称控件变换控制框，用于调整对称控件的位置、大小等属性，如图 5.13 所示。

笔 记

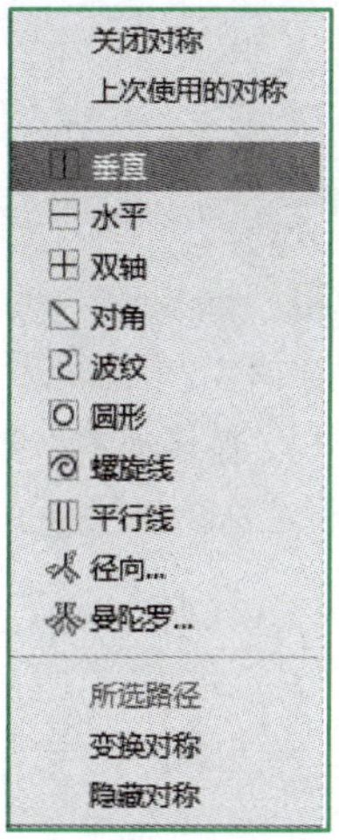

图 5.12
可用的绘画对称类型

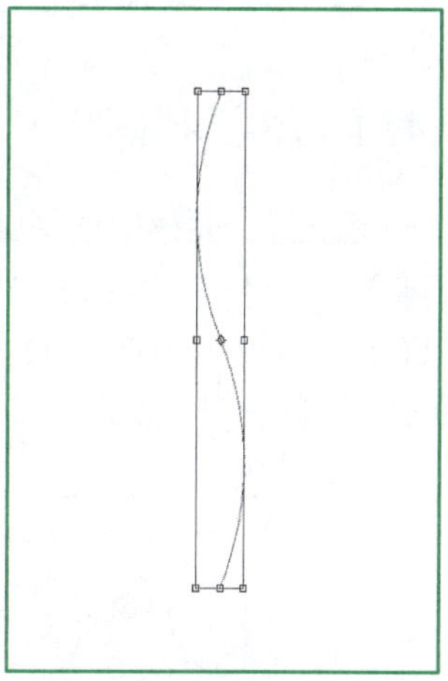

图 5.13
对称控件变换控制框

用户可以像编辑自由变换控制框那样，改变对称控件的大小及位置，然后按 Enter 键确认，即可以此为基准绘制对称图像。

在绘制过程中，图像将在对称控件周围实时显示出来，从而可以更加轻松地绘制人脸、汽车、动物或花纹图案等具有对称性质的图像。图 5.14 所示是结合绘图板及绘画对称功能绘制的艺术图案。

图 5.14
利用“对称绘画”绘制的图案

微课 5-2
“画笔”面板讲解

5.2 “画笔”面板

5.2.1 认识“画笔”面板

Photoshop 的“画笔设置”面板提供了非常丰富的参数，可以控制画笔的“形状动态”“散布”“颜色动态”“传递”“杂色”“湿边”等数种动态属性参数，组合这些参数，可以得到千变万化的效果。

提示

在 Photoshop CC 2019 中，原来用于设置画笔参数的“画笔”面板改名为“画笔设置”面板；原来用于管理画笔预设的“画笔预设”面板改名为“画笔”面板。

5.2.2 在面板中选择画笔

若要在“画笔设置”面板中选择画笔，可以单击“画笔设置”面板的“画笔笔尖形状”选项，此时在画笔显示区将显示当前“画笔设置”面板中的所有画笔，单击需要的画笔即可。

在图像中右击，在弹出的画笔选择器中，可以选择画笔，并设置其基本参数，此外，还可以选择最近使用过的画笔，如图 5.15 所示。此功能同样适用于“画笔”面板。

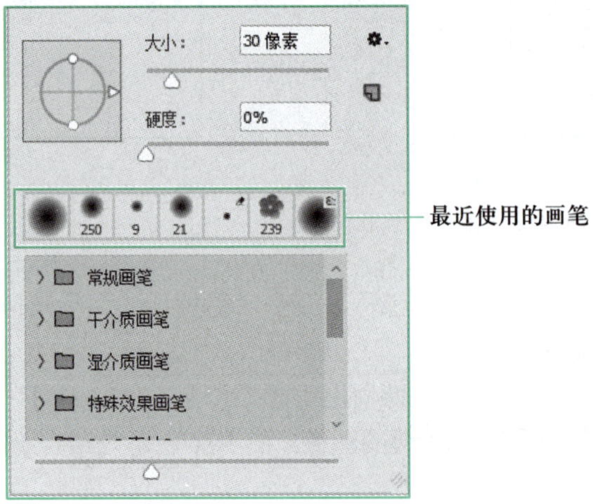

图 5.15
画笔选择器

5.2.3 “画笔笔尖形状”参数

1. 画笔笔尖形状

在“画笔设置”面板中单击“画笔笔尖形状”选项，其参数界面如图 5.16 所示。在此可以设置当前画笔的基本属性，包括画笔的“大小”“圆度”“间距”等。

- 大小：在此数值框中输入数值或者调整滑块，可以设置画笔笔尖的大小。数值越大，画笔笔尖的直径越大，绘制的对比效果如图 5.17 所示

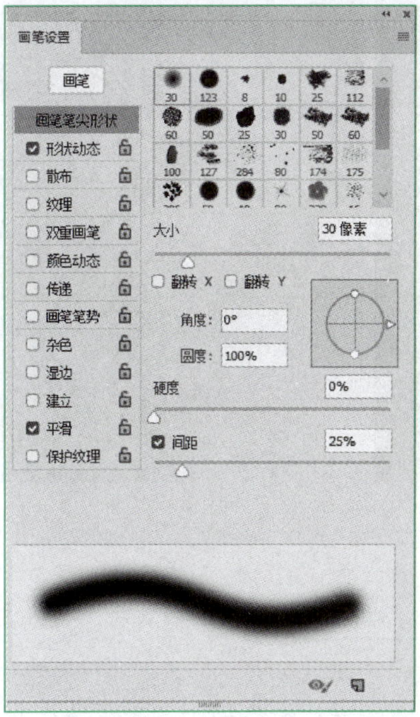

图 5.16
“画笔笔尖形状”参数界面

（a） （b）

图 5.17
笔刷大小示例

- 翻转 X、翻转 Y：这两个选项可以令画笔进行水平方向或者垂直方向上的翻转。如图 5.18 所示为原画笔状态。图 5.19 所示是结合这两个选项进行水平和垂直翻转后，分别在图像四角添加的艺术效果。

图 5.18
未翻转 X、Y 时原画笔状态

图 5.19
翻转 X、Y 后的效果

资源文件：
5.2.3-1 素材 1.jpg
5.2.3-1 素材 2.jpg
5.2.3-1 应用效果 1.psd

- 角度：在该数值框中输入数值，可以设置画笔旋转的角度。图 5.20 所示是原画笔状态，图 5.21 所示是在分别设置不同“角度”数值的情况下，在图像中添加星光的对比效果。

资源文件：
5.2.3-1- 素材 3.jpg
5.2.3-1- 素材 4.jpg
5.2.3-1 应用效果 2.psd

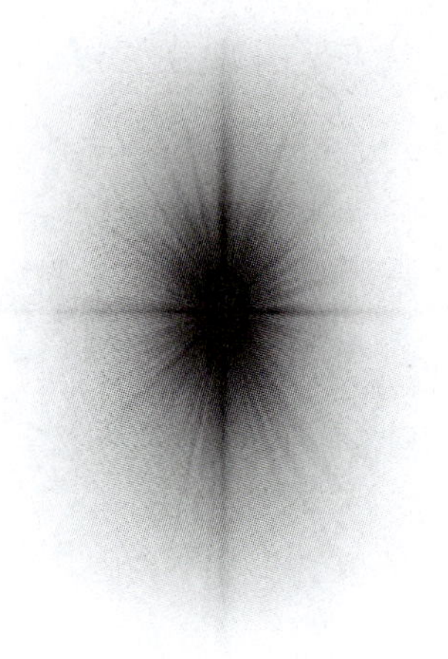

图 5.20
未修改角度时原画笔状态

（a） （b）

图 5.21
添加星光前后的对比效果

- 圆度：在此数值框中输入数值，可以设置画笔的圆度。数值越大，画笔笔尖越趋向于正圆或者画笔笔尖在定义时所具有的比例。例如，在“画笔设置”面板进行参数设置后，分别修改“圆度”数值及工具选项栏中的“不透明度”数值，然后在图像中添加类似镜面反光的效果。图 5.22 所示为处理前后的对比效果。

资源文件：
5.2.3-1- 素材 5.jpg
5.2.3-1 应用效果 3.psd

（a）处理前 （b）处理后

图 5.22
不同“圆度”处理前后的对比效果

- 硬度：当在画笔笔尖形状列表框中选择椭圆形画笔笔尖时，此选项才被激活。在此数值框中输入数值或者调整滑块，可以设置画笔边缘的硬度。数值越大，笔尖的边缘越清晰；数值越小，笔尖的边缘越柔和。图 5.23 所示为在画笔工具选项栏中设置“模式”为“叠加”的情况下，分别使用“硬度”数值为 100% 和 0% 的画笔笔尖进行涂抹的效果。

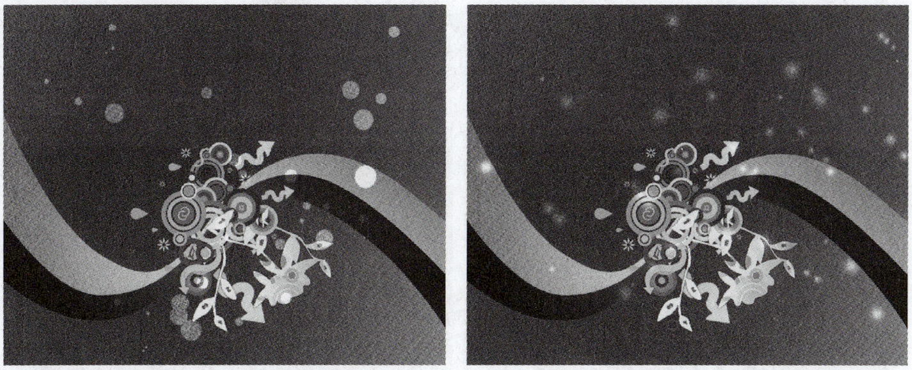

（a）设置“硬度”数值为 100%　　（b）设置“硬度”数值为 0%

图 5.23
不同“硬度”画笔笔尖的涂抹效果

资源文件：
5.2.3–1 素材 6.jpg
5.2.3–1 应用效果 4.psd

- 间距：在此数值框中输入数值或者调整滑块，可以设置绘图时组成线段的两点间的距离。数值越大，间距越大。将画笔的“间距”数值设置得足够大时，则可以得到点线效果。图5.24所示为分别设置“间距”数值为100%和300%时得到的点线效果。

（a）设置“间距”数值为 100%　　（b）设置“间距”数值为 300%

图 5.24
不同“间距”的绘制效果

资源文件：
5.2.3–1 素材 7.jpg
5.2.3–1 应用效果 5.psd

2. 形状动态

“画笔设置”面板选项区的选项包括“形状动态”“散布”“纹理”“双重画笔”“颜色动态”“传递”以及“画笔笔势”，配合各种参数设置即可得到非常丰富的画笔效果。在“画笔设置”面板中选择“形状动态”选项，其参数界面如图 5.25 所示。

- 大小抖动：此参数控制画笔在绘制过程中尺寸的波动幅度。数值越大，波动的幅度越大。图 5.26 所示为设置不同数值时的笔刷效果。

在进行路径描边时，此处将“画笔工具”选项栏中的“模式”设置为“颜色减淡”。

- 控制：在此下拉菜单中包括 5 种用于控制画笔波动方式的参数，即“关”“渐隐”“钢笔压力”“钢笔斜度”“光笔轮”等。选择“渐隐”选项，将激活其右侧的数值框，在此可以输入数值以改变画笔笔尖渐隐的步长。数值越大，

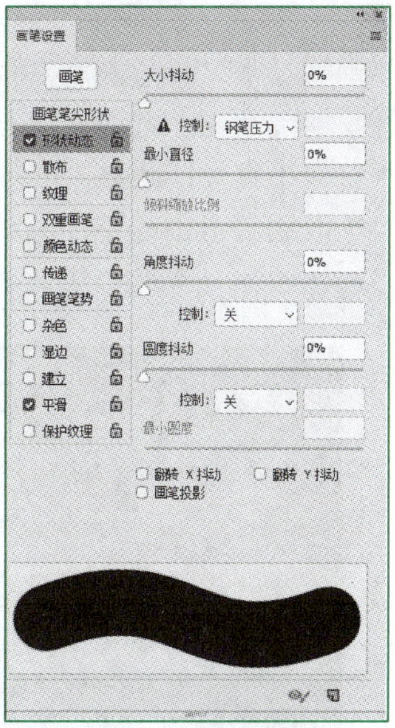

图 5.25
“形状动态”参数界面

画笔消失的速度越慢，其描绘的线段越长。图 5.27 所示是将“大小抖动”数值设置为 0%，然后分别设置“渐隐”数值为 600 和 1200 时得到的描边效果。

资源文件：
5.2.3-2- 素材 1.jpg
5.2.3-2 应用效果 1.psd

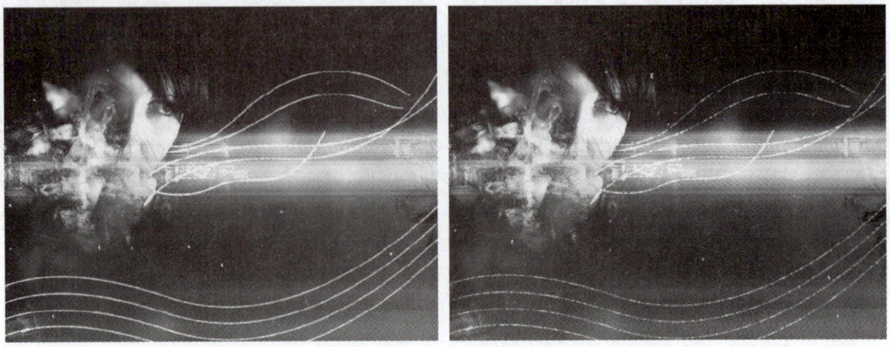

图 5.26
不同“大小抖动”数值的对比效果

（a） （b）

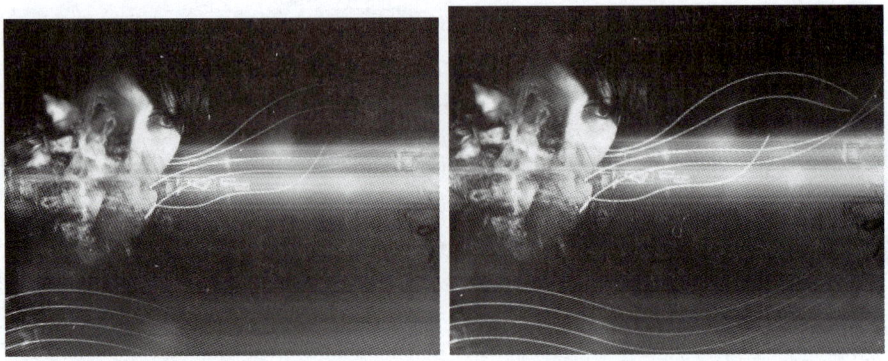

图 5.27
不同“渐隐”的对比效果

（a）设置“渐隐”数值为 600 （b）设置“渐隐”数值为 1200

“钢笔压力”“钢笔斜度”和“光笔轮”这 3 种方式都需要压感笔的支持，如果没有安装此硬件，当选择这些选项时，在“控制”参数左侧将显示标记。

- 最小直径：此数值控制在尺寸发生波动时画笔笔尖的最小尺寸。数值越大，发生波动的范围越小，波动的幅度也会相应变小，画笔的动态达到最小时尺寸最大。图 5.28 所示为设置此数值为 0% 和 80% 时进行绘制的对比效果。

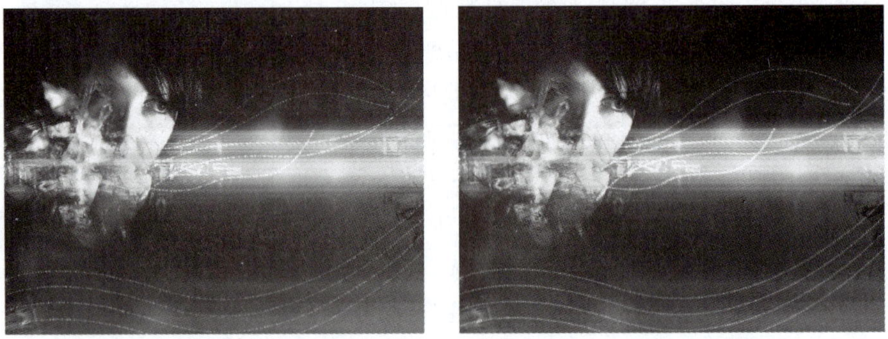

图 5.28
不同“最小直径”的对比效果

（a）设置“最小直径”数值为 0% （b）设置“最小直径”数值为 80%

- 角度抖动：控制画笔在角度上的波动幅度。数值越大，波动的幅度也越大，画笔显得越紊乱。图 5.29 所示为将画笔的“圆度”数值设置为 50%，然后分别设置“角度抖动”数值为 100% 和 0% 时的描边对比效果。

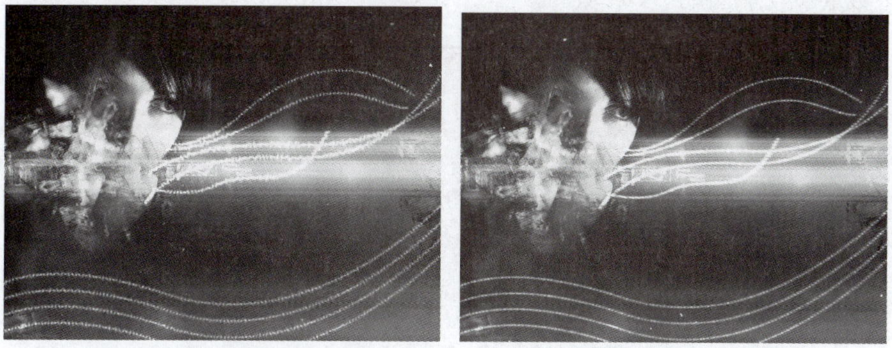

（a）设置“角度抖动”数值为 100%　　（b）设置“角度抖动”数值为 0%

图 5.29
不同“角度抖动”的对比效果

- 圆度抖动：控制画笔在圆度上的波动幅度。数值越大，波动的幅度也越大。图 5.30 所示为设置此数值为 0% 和 100% 时的对比效果。

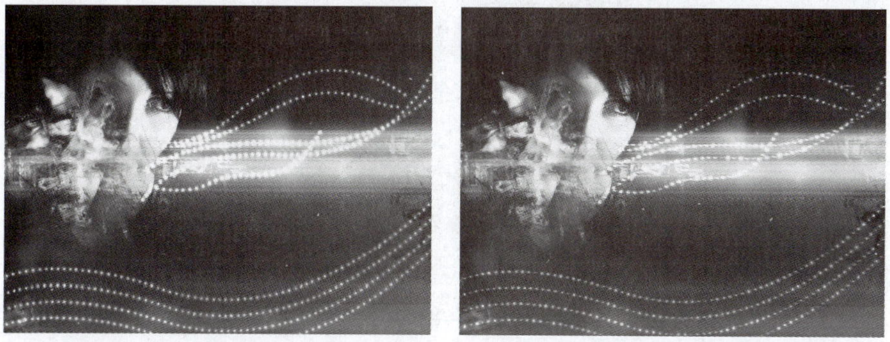

（a）设置“圆度抖动”数值为 0%　　（b）设置“圆度抖动”数值为 100%

图 5.30
不同“圆度抖动”的对比效果

- 最小圆度：控制画笔在圆度发生波动时其最小圆度尺寸值。数值越大，则发生波动的范围越小，波动的幅度也会相应变小。
- 画笔投影：在选中此选项后，并在“画笔笔势”选项中设置倾斜及旋转参数，可以在绘图时得到带有倾斜和旋转属性的笔尖效果。图 5.31 所示为未选中“画笔投影”选项时的描边效果，图 5.32 所示是在选中了“画笔投影”选项，并在“画笔笔势”选项中设置了“倾斜 x”和“倾斜 y”为 100% 时的描边效果。

资源文件：
5.2.3-2 素材 2.jpg
5.2.3-2 应用效果 2.psd

图 5.31
未选中“画笔投影”时的描边效果

图 5.32
选中“画笔投影”时的描边效果

5.2.4 分散度属性参数

在“画笔设置”面板中选择“散布”选项，其参数界面如图 5.33 所示，在其中可以设置“散布”“数量”“数量抖动”等参数。

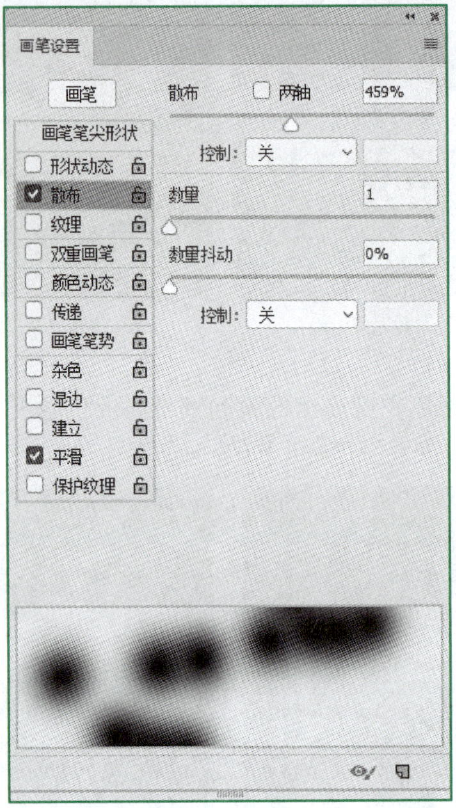

图 5.33
“散布”参数界面

- 散布：此参数控制在画笔发生偏离时绘制的笔划的偏离程度。数值越大，则偏离的程度越大。图 5.34 所示为在其他参数相同的情况下，设置不同“散布”值时的不同绘画效果。

资源文件：
5.2.4.psd

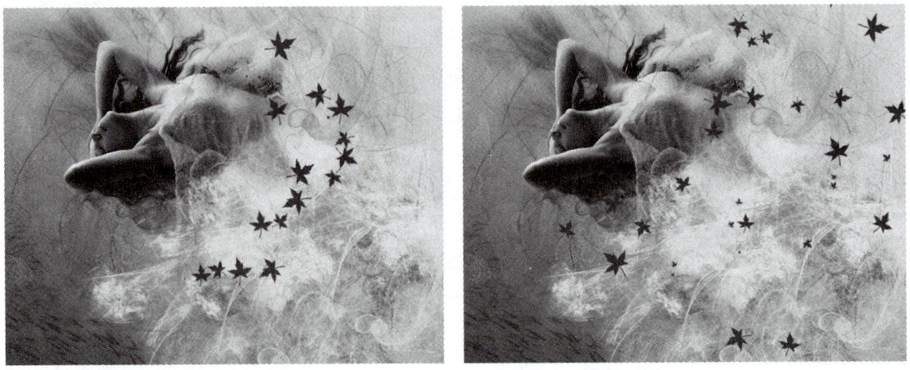

（a） （b）

图 5.34
设置不同的“散布”值得到的效果

- 两轴：选择此选项，画笔点在 X 和 Y 两个轴向上发生分散；不选择此选项，则只在 X 轴向上发生分散。

- 数量：此参数控制笔划上画笔点的数量。数值越大，构成画笔笔划的点越多。图 5.35 所示为其他参数相同的情况下，使用较小“数量”值与较大“数量”值时所得到的绘画效果。

（a）

（b）

图 5.35
设置不同的“数量”值得到的效果

- 数量抖动：此参数控制在绘制的笔划中画笔点数量的波动幅度。数值越大，得到的笔划中画笔的数量抖动幅度越大。

笔 记

5.2.5 颜色动态参数

在“画笔设置”面板中选择“颜色动态”选项，其参数界面如图 5.36 所示。选择此选项，可以动态地改变画笔的颜色效果。

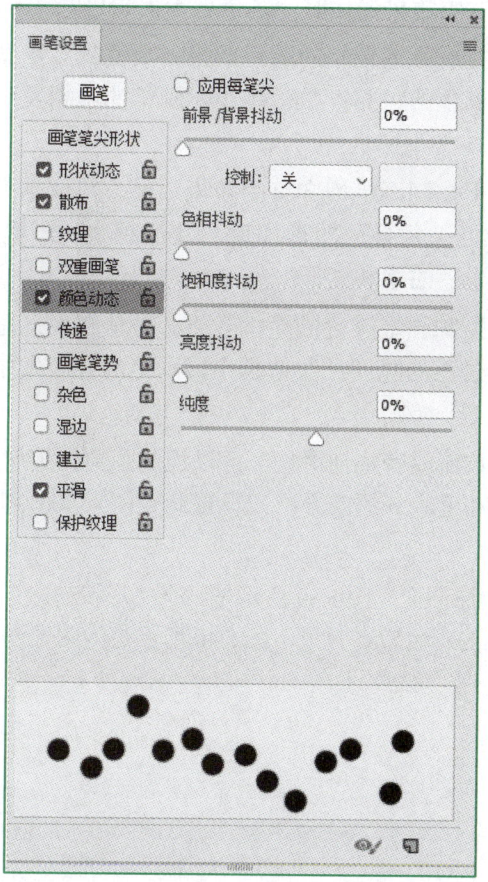

图 5.36
“颜色动态”参数界面

- 应用每笔尖：选择此选项后，将在绘画时，针对每个画笔进行颜色动态变化；反之，则仅使用第一个画笔的颜色。图 5.37 所示是选中此选项前后的描边效果对比。

资源文件：
5.2.5-1.psd

（a）

（b）

图 5.37
选中“应用每笔尖”前后的描边效果对比

笔记

- 前景 / 背景抖动：在此输入数值或者拖动滑块，可以在应用画笔时控制画笔的颜色变化情况。数值越大，画笔的颜色发生随机变化时，越接近于背景色；数值越小，画笔的颜色发生随机变化时，越接近于前景色。
- 色相抖动：用于控制画笔色相的随机效果。数值越大，画笔的色相发生随机变化时，越接近于背景色的色相；数值越小，画笔的色相发生随机变化时，越接近于前景色的色相。
- 饱和度抖动：用于控制画笔饱和度的随机效果。数值越大，画笔的饱和度发生随机变化时，越接近于背景色的饱和度；数值越小，画笔的饱和度发生随机变化时，越接近于前景色的饱和度。
- 亮度抖动：用于控制画笔亮度的随机效果。数值越大，画笔的亮度发生随机变化时，越接近于背景色的亮度；数值越小，画笔的亮度发生随机变化时，越接近于前景色的亮度。
- 纯度：在此键入数值或者拖动滑块，可以控制画笔的纯度。当设置此数值为 -100% 时，画笔呈现饱和度为 0 的效果；当设置此数值为 100% 时，画笔呈现完全饱和的效果。

例如，图 5.38 所示为原图像，图 5.39 所示是结合“形状动态”“散布”以及“颜色动态”等参数设置后，绘制得到的彩色散点效果，图 5.40 所示是为图像设置了图层的混合模式后的效果。

图 5.38
5.2.5- 素材原图像

图 5.39
制作的彩色散点效果

图 5.40
设置混合模式后的效果

资源文件：
5.2.5-2.psd

5.2.6 传递参数

在“画笔设置”面板中选择“传递”选项，其参数界面如图 5.41 所示，其中“湿度抖动”与“混合抖动”参数主要是针对“混合器画笔工具”使用的。

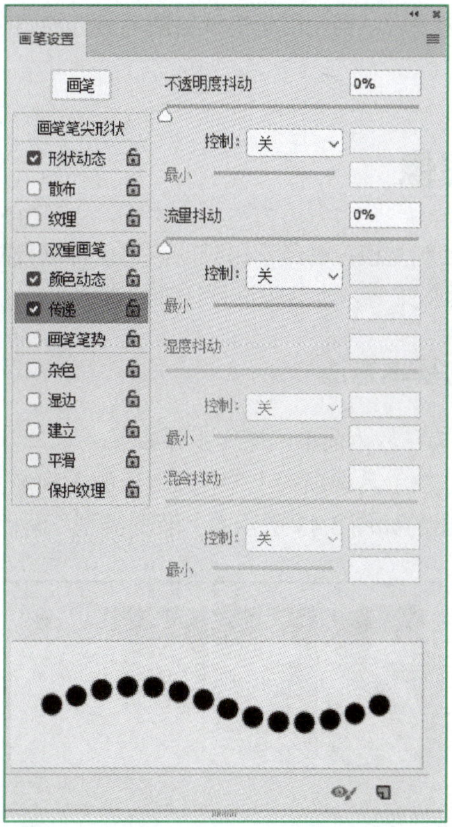

图 5.41
“传递”参数界面

- 不透明度抖动：在此输入数值或拖动滑块，可以在应用画笔时控制画笔的不透明变化情况，图 5.42 所示为数值分别设置为 10% 和 100% 时的效果。

资源文件：
5.2.6– 素材 .psd

（a）　　（b）

图 5.42
设置不同的“不透明度抖动”值得到的效果

- 流量抖动：用于控制画笔速度的变化情况。
- 湿度抖动：在“混合器画笔工具”选项栏上设置了“潮湿”参数后，在此处可以控制其动态变化。
- 混合抖动：在“混合器画笔工具”选项栏上设置了“混合”参数后，在此处可以控制其动态变化。

在选择“画笔笔势”选项后，当使用光笔或绘图笔进行绘画时，在此选项中可以设置相关的笔势及笔触效果。

拓展知识 5-1
创建自定义画笔和管理画笔预设

5.3 绘制渐变图像

渐变工具是在图像的绘制与模拟时经常用到的，它也可以帮助用户绘制作品的基本背景色彩及明暗、模拟图像立体效果等，本节将进行详细的讲解。

5.3.1 绘制渐变的基本方法

微课 5-3
渐变工具讲解

“渐变工具”的使用方法较为简单，操作步骤如下：

01 选择“渐变工具”，在工具选项栏上所示的 5 种渐变类型中选择合适的类型。

02 在图像中右击，在弹出的如图 5.43 所示的“渐变类型”面板中选择合适的渐变效果。

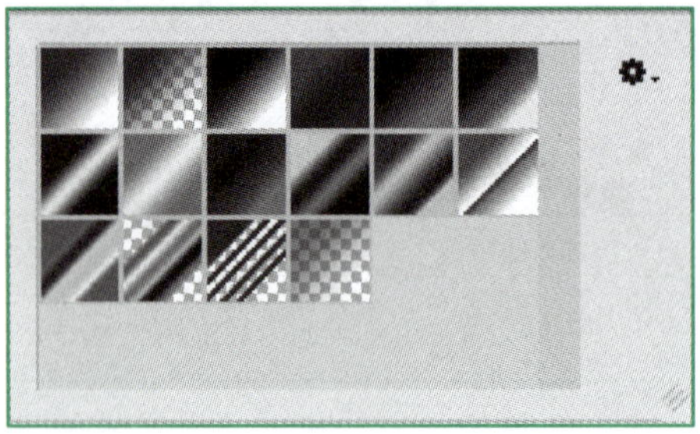

图 5.43
“渐变类型”面板

03 设置“渐变工具”选项栏中的其他选项。

04 使用“渐变工具”在图像中拖动，即可创建渐变效果。拖动过程中，拖动的距离越长，渐变过渡越柔和，反之过渡越急促。

5.3.2 创建实色渐变

虽然 Photoshop 自带的渐变方式足够丰富，但在某些情况下，还是需要自定义新的渐变以配合图像的整体效果。要创建实色渐变，其步骤如下：

01 在“渐变工具”选项栏中选择任意一种渐变方式。

02 单击渐变显示条，如图 5.44 所示，打开如图 5.45 所示的“渐变编辑器”对话框。

图 5.44
渐变显示条

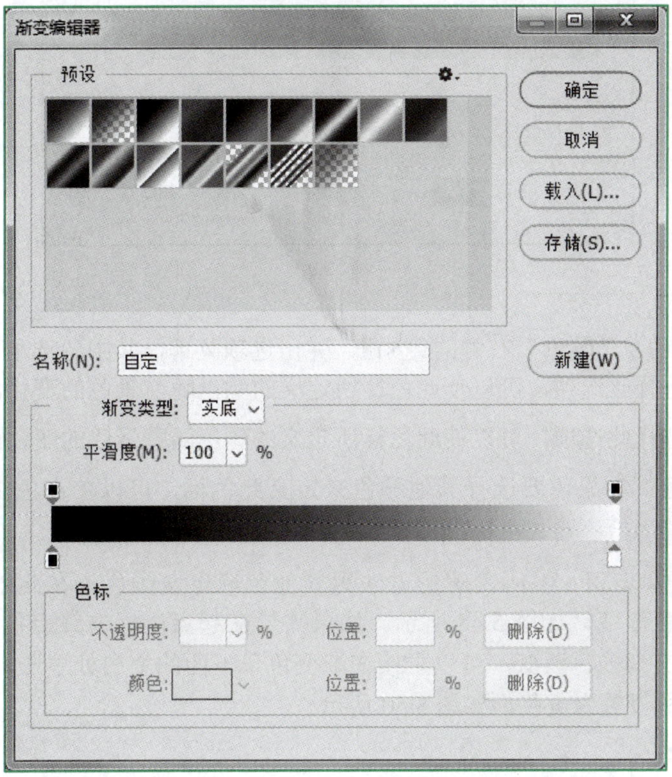

图 5.45
“渐变编辑器”对话框

03 单击“预设”区域中的任意渐变，基于该渐变来创建新的渐变，如在本例中选择的是“蓝，红，黄渐变”预设。

04 在“渐变类型”下拉列表中选择“实底”选项，如图 5.46 所示。

05 单击渐变色条起点处的颜色色标将其选中，如图 5.47 所示。

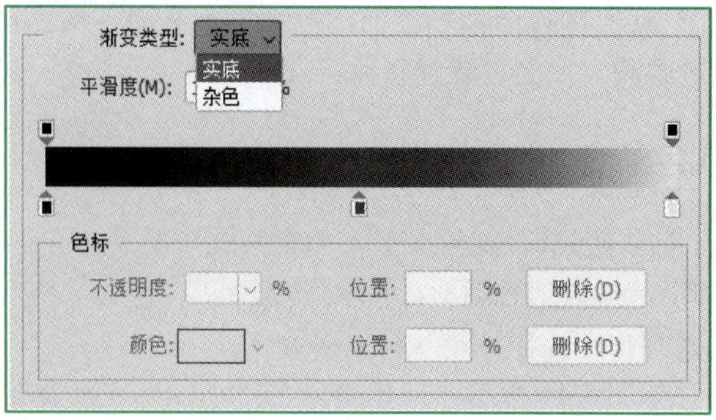

图 5.46
选择渐变类型

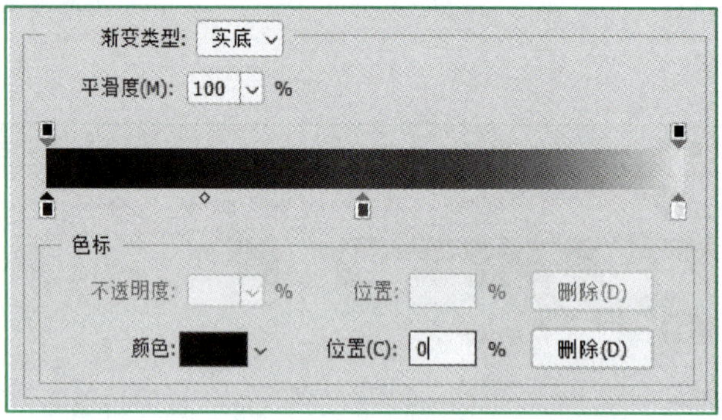

图 5.47
定义起点颜色

06 单击对话框底部“颜色”右侧的按钮，弹出选项菜单，其中各选项释义如下。

- 前景：选择此选项，可以使此色标所定义的颜色随前景色的变化而变化。
- 背景：选择此选项，可以使此色标所定义的颜色随背景色的变化而变化。
- 用户颜色：如果需要选择其他颜色来定义此色标，可以单击色块或者双击色标，在打开的“拾色器（色标颜色）”对话框中选择颜色。

07 按照步骤 5 和步骤 6 中所讲解的方法为其他色标定义颜色，在此创建的是一个黑、红、白的三色渐变，如图 5.48 所示。如果需要在起点色标与终点色标中添加色标以将该渐变定义为多色渐变，可以直接在渐变色条下面的空白处单击，如图 5.49 所示，在此将该色标设置为黄色，如图 5.50 所示。

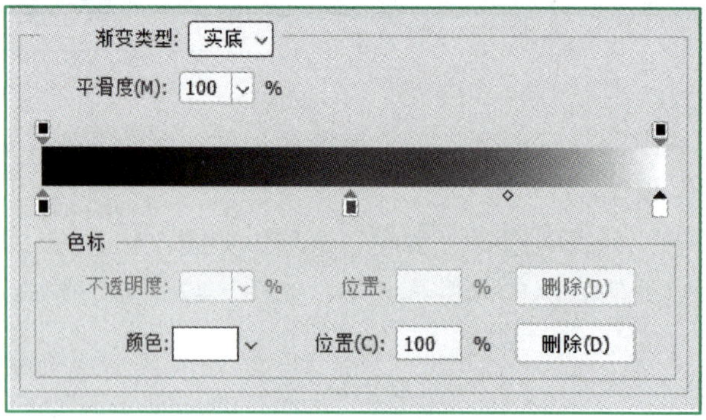

图 5.48
定义其他色标颜色

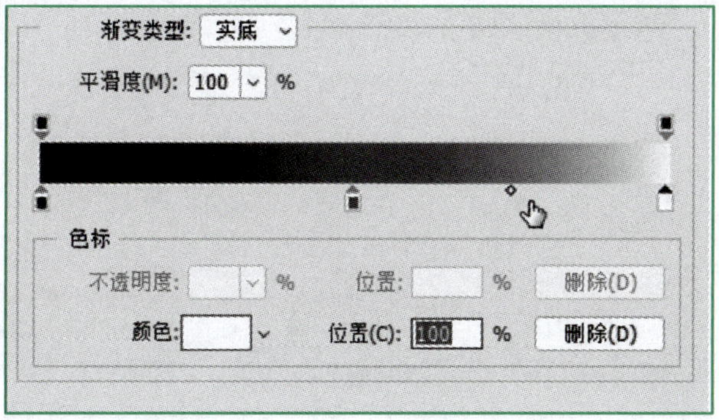

图 5.49
添加颜色色标

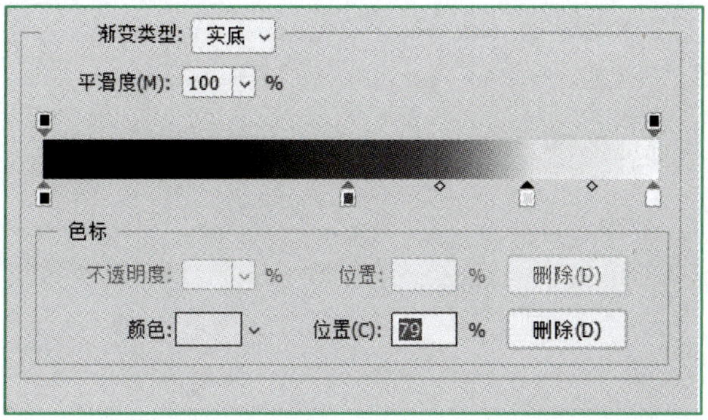

图 5.50
定义新色标的颜色

08 要调整色标的位置，可以按住鼠标左键将色标拖动到目标位置，或者在色标被选中的情况下，在“位置”数值框中输入数值，以精确定义色标的位置。图 5.51 所示为改变色标位置后的状态。

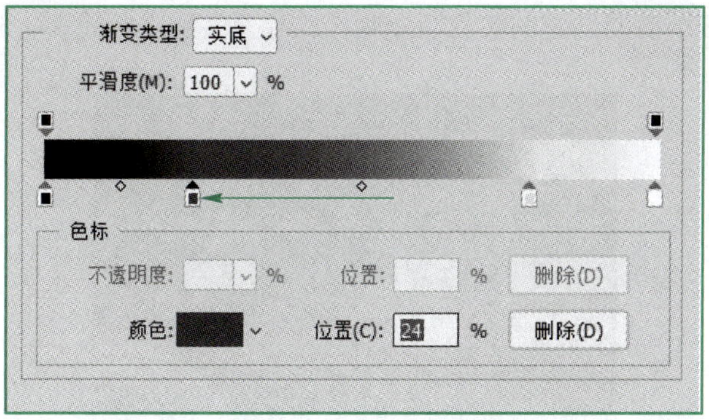

图 5.51
改变色标位置

09 如果需要调整渐变的急缓程度，可以单击两个色标中间的菱形滑块并拖动。图 5.52 所示为向右侧拖动菱形滑块后的状态。

10 如果要删除处于选中状态下的色标，可以直接按 Delete 键，或者按住鼠标左键向下拖动，直至该色标消失为止。图 5.53 所示为将最右侧的白色色标删除后的状态。

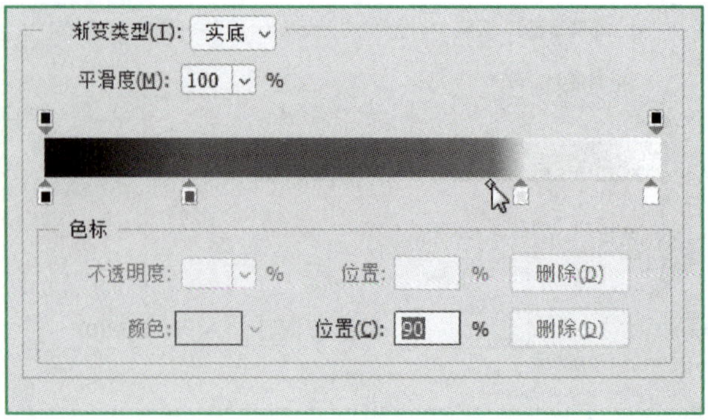

图 5.52
拖动菱形滑块

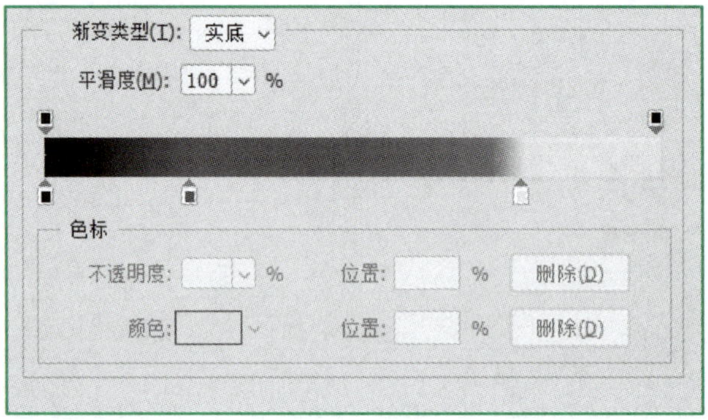

图 5.53
删除色标后的状态

11 完成渐变颜色设置后，在“名称”文本框中输入该渐变的名称。

12 如果要将渐变存储在“预设”区域中，可以单击“新建”按钮。

13 单击“确定”按钮，退出“渐变编辑器”对话框，新创建的渐变自动处于被选中的状态。

图 5.54 所示为应用前面创建的实色渐变制作的渐变文字“彩铃”。

图 5.54
实色渐变制作的案例

5.3.3　创建透明渐变

在 Photoshop 中除了可以创建不透明的实色渐变外，还可以创建具有透明效果的实色渐变。要创建具有透明效果的实色渐变，其步骤如下：

01 创建渐变，如图 5.55 所示。

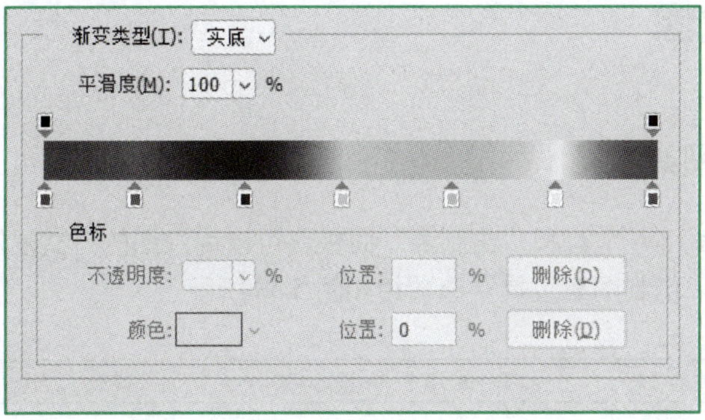

图 5.55
创建渐变

02 在渐变色条需要产生透明效果的位置处的上方单击，添加一个不透明度色标。

03 在该不透明度色标处于被选中的状态下，在“不透明度”数值框中输入数值，如图 5.56 所示。

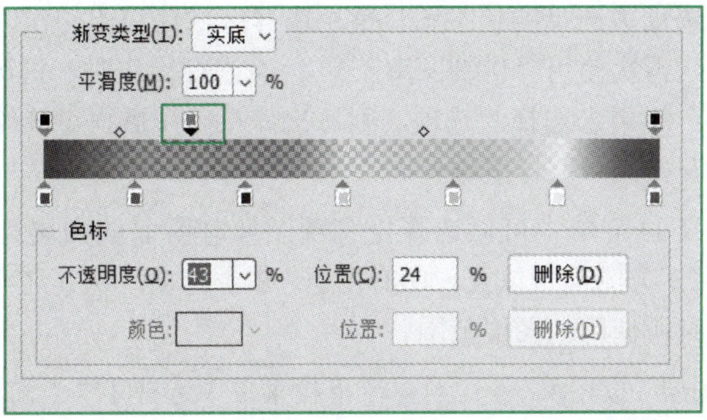

图 5.56
编辑“不透明度”

04 如果需要在渐变色条的多处位置产生透明效果，可以在渐变色条上方多次单击，以添加多个不透明度色标。

05 如果需要控制由两个不透明度色标所定义的透明效果间的过渡效果，可以拖动两个不透明度色标中间的菱形滑块。

图 5.57 所示为一个非常典型的具有多个不透明度色标的透明渐变。

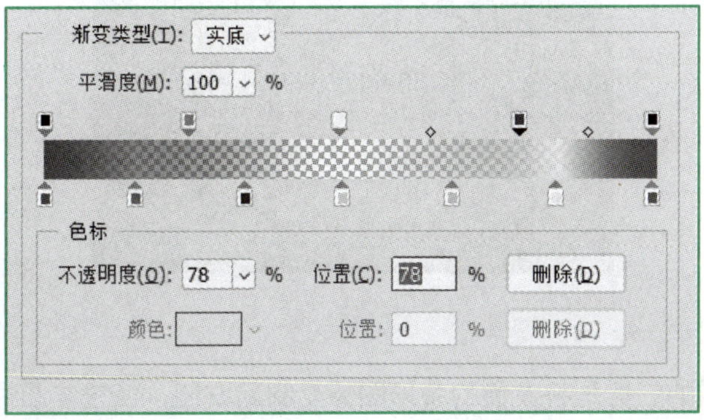

图 5.57
多个不透明度色标的透明渐变

拓展知识 5-2
选区的填充绘画

拓展知识 5-3
选区的描边绘画

拓展知识 5-4
自定义规则图案

拓展知识 5-5
擦除像素

5.4 修复图像

5.4.1 仿制图章工具

使用“仿制图章工具”和“仿制源”面板，可以用做图的方式复制图像的局部，并十分灵活地仿制图像。“仿制图章工具”选项栏如图 5.58 所示。

图 5.58
“仿制图章工具”选项栏

在使用“仿制图章工具”进行复制的过程中，图像参考点位置将显示一个十字准心，而在操作处将显示代表笔刷大小的空心圆，在“对齐”选项被选中的情况下，十字准心与操作处显示的图标或空心圆间的相对位置与角度不变。

微课 5-4
仿制图章工具讲解

“仿制图章工具”选项栏中的重要参数解释如下。

- 对齐：在此选项被选择的状态下，整个取样区域仅应用一次，即使操作由于某种原因而停止，再次使用“仿制图章工具”进行操作时，仍可从上次操作结束时的位置开始；如果未选择此选项，则每次停止操作后再继续绘画时，都将从初始参考点位置开始应用取样区域。
- 样本：在此下拉菜单中可以选择定义源图像时所取的图层范围，包括“当前图层”“当前和下方图层”以及“所有图层”3 个选项，从其名称上便可以轻松理解在定义样式时所使用的图层范围。
- “忽略调整图层”按钮：在“样本”下拉菜单中选择了“当前和下方图层”或“所有图层”选项时，该按钮将被激活，按下以后将在定义源图像时忽略图层中的调整图层。

使用“仿制图章工具”复制图像的操作步骤如下所述：

资源文件：
5.4.1.psd
5.4.1– 素材 .jpg

01 打开本书配套资源中的文件“第 5 章 /5.4.1– 素材 .jpg”，如图 5.59 所示。在本例中，将修除人物面部的光斑。

图 5.59
5.4.1– 素材图像

本实例将要完成的任务是将左侧的装饰图像复制到右侧，使整体图像更加美观。

02 选择“仿制图章工具”，并设置其工具选项栏，如图 5.60 所示。按住 Alt 键，在左下方没有光斑的面部图像上单击以定义源图像，如图 5.61 所示。

图 5.60
“仿制图章工具”选项栏

03 将鼠标置于右侧的目标位置，如图 5.62 所示，单击鼠标左键以复制上一步定义的源图像。

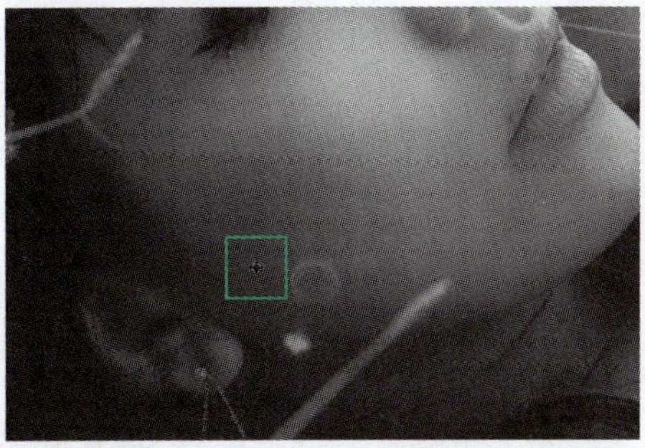

图 5.61
定义源图像

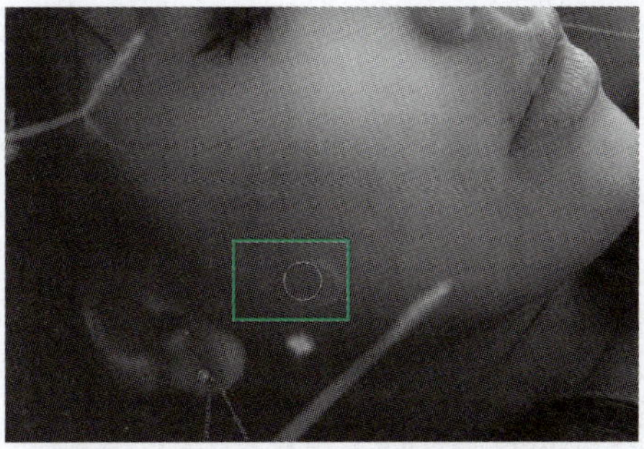

图 5.62
复制定义的源图像

提 示

由于要复制的花朵图像为一个类似半圆的图形，所以在复制第一笔的时候一定要将位置把握适当，以免在复制操作的过程中，出现重叠或残缺的现象。

04 按照步骤 2 和步骤 3 的方法，根据需要，适当调整画笔的大小、不透明度等参数，直至将该光斑修除，如图 5.63 所示。

图 5.63
光斑修除后的效果

5.4.2 修复画笔工具

“修复画笔工具”的最佳操作对象是有皱纹或雀斑等的照片，或者有污点、划痕的图像，因为该工具能够根据要修改点周围的像素及色彩将其完美无缺地复原，而不留任何痕迹。

使用“修复画笔工具”的具体操作步骤如下：

01 打开本书配套资源中的文件“第 5 章 \5.4.2– 素材 .jpg”。

02 选择“修复画笔工具”，在工具选项栏中设置其选项，如图 5.64 所示。

资源文件：
5.4.2.psd
5.4.2– 素材 .jpg

图 5.64
“修复画笔工具”选项栏

“修复画笔工具”选项栏中的重要参数解释如下。

- 取样：用取样区域的图像修复需要改变的区域。
- 图案：用图案修复需要改变的区域。

微课 5-5
修复画笔工具讲解

03 在“画笔”下拉列表中选择合适大小的画笔。画笔的大小取决于需要修补的区域大小。

04 在工具选项栏中选中“取样”单选按钮，按住 Alt 键，在需要修改的区域单击取样，如图 5.65 所示。

05 释放 Alt 键，并将鼠标放置在复制图像的目标区域，按住鼠标左键拖动此工具，即可修复此区域，如图 5.66 所示。

图 5.65
取样

图 5.66
使用“修复画笔工具”修复后的效果

5.4.3 污点修复画笔工具

微课 5-6
污点修复画笔工具讲解

“污点修复画笔工具”用于去除照片中的杂色或者污斑。此工具与“修复画笔工具”非常相似，不同之处在于使用此工具时不需要进行取样，只需要用此工具在图像中有需要的位置单击，即可去除该处的杂色或者污斑，如图 5.67 所示。图 5.68 所示是修复多处斑点后的效果。

资源文件：
5.4.3.psd
5.4.3- 素材 .jpg

图 5.67
对有污点的区域单击

图 5.68
修复多处斑点后的效果

5.4.4 修补工具

“修补工具” 的操作原理是先选择图像中的某一个区域，然后使用此工具拖动选区至另一个区域以完成修补工作。“修补工具”选项栏如图 5.69 所示。

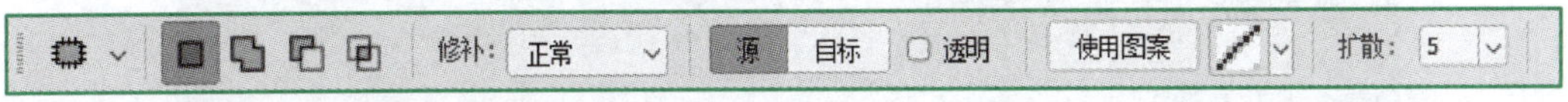

图 5.69
“修补工具”选项栏

工具选项栏中各参数释义如下。

- 修补：在此下拉列表中，选择“正常”选项时，将按照默认的方式进行修补；选择“内容识别”选项时，Photoshop 将自动根据修补范围周围的图像进行智能修补。
- 源：选中“源”单选按钮，则需要选择要修补的区域，然后将鼠标指针放置在选区内部，拖动选区至无瑕疵的图像区域，选区中的图像被无瑕疵区域的图像所替换。
- 目标：如果选中“目标”单选按钮，则操作顺序正好相反，需要先选择无瑕疵的图像区域，然后将选区拖动至有瑕疵的图像区域。
- 透明：选择此选项，可以将选区内的图像与目标位置处的图像以一定的透明度进行混合。
- 使用图案：在图像中制作选区后，在其“图案拾色器”面板中选择一种图案，并单击“使用图案”按钮，则选区内的图像被应用为所选择的图案。

微课 5-7
修补工具讲解

若在“修补”下拉列表中选择“内容识别”选项，则其工具选项栏变为如图 5.70 所示的状态。

图 5.70
“修补工具”选项栏“内容识别”选项

- 结构：此数值越大，则修复结果的形态会更贴近原始选区的形态，边缘可能会略显生硬；反之，则修复结果的边缘会更自然、柔和，但可能会出现过度修复的问题。以图 5.71 所示的选区为例，图 5.72 所示是将选区中的图像向左侧拖动以进行修复时的状态，图 5.73 所示是分别将此数值设置 1 和 7 时的修复结果。

资源文件：
5.4.4– 素材 .jpg

图 5.71
5.4.4– 素材图像

图 5.72
向左拖动修复时的状态

图 5.73
设置不同“结构”时的修复状态

（a）“结构”数值为 1　（b）“结构”数值为 7

- 颜色：此参数用于控制修复结果中，可修改源色彩的强度。此数值越小，则保留更多被修复图像区域的色彩；反之，则保留更多源图像的色彩。

值得一提的是，在使用“修补工具”以“内容识别”方式进行修补后，只要不取消选区，即可随意设置“结构”及“颜色”参数，直至得到满意的结果为止。

5.4.5 内容识别填充

在 Photoshop CS5 中，“填充”命令中已经增加了“内容识别”选项，用于智能修复图像。在 Photoshop CC 2019 中，该功能进一步升级为“内容识别填充”命令。使用它可以实时预览修复的结果并自定义参考的源图像范围，以及更多可控的参数，从而实现更精确的修复处理。

资源文件：
5.4.5.psd
5.4.5–素材 .jpg

图 5.74
5.4.5–素材图像

在使用“内容识别填充”命令时，需要先创建一个选区，以初步确定要修复的范围，然后选择“编辑”|“内容识别填充”命令，此时将进入一个新的工作区，用以显示和处理图像。图 5.74 所示为原图，此时已经将要修除的人物选中，选择“编辑”|“内容识别填充”命令后，工作区将显示为如图 5.75 所示的状态。

可以看出，左侧显示的是原图，右侧分别显示了预览的结果及“内容填充识别”面板，以设置修复参数并实时查看修复结果。

另外，在原图中，选区是要修除的区域，此外大部分区域都被半透明的绿色覆盖，表示修复的取样范围。下面分别介绍工作区中各部分的功能。

1. 工具箱

在进入“内容识别填充”工作区后，左侧会显示几个常用工具，其中较为特殊的就是“取样画笔工具”，可用于增加或减少取样的范围。

例如，在图 5.75 所示的工作区中，被修复的区域明显使用了一部分人物肩膀的图像作为参考，因此可以选择“取样画笔工具”并在其工具选项栏中单击“从叠加区域减去”按钮，然后在人物肩膀处涂抹，以擦除绿色区域，即表示这部分图像不作为取样范围，如图 5.76 所示。

图 5.75
“内容识别填充”工作区

图 5.76
减少取样范围的状态

若得到的结果仍不满意，显示了其他多余的图像，则可以继续使用“取样画笔工具”进行调整，直至满意为止。

另外，若对当前的选区不满意，也可以使用工具箱中的“套索工具”或“多边形套索工具”进行调整。

笔 记

2. 显示取样区域

若选中“显示取样区域”复选框，默认会以半透明的绿色显示用于取样的图像范围，并可以在下面设置颜色的不透明度及颜色等参数。

在设置了取样区域的显示效果后，若单击其后面的“复位到默认取样区域”按钮，可以将该区域的参数恢复至默认值。

3. 填充设置

此区域主要用于设置对图像进行填充修复时的相关参数。

- 颜色适应：在此下拉列表中，可以选择修复后的图像适应周围颜色的幅度。
- 旋转适应：在此下拉列表中，可以设置修复后的图像的角度变化幅度。
- 缩放：选中此复选框后，将允许调整图像的大小，以得到更好的修复结果。
- 镜像：选中此复选框后，将允许调整对图像进行翻转，以得到更好的修复结果。

另外，若要重新设置填充参数，可单击其后面的“复位到默认填充设置”按钮，可以将该区域的参数恢复至默认值。

4. 输出设置

在此区域的“输出到”下拉列表中，可以选择将修复后的图像输出到哪种图层上。

- 当前图层：将修复的图像结果输出到当前图层中。
- 新建图层：将修复的图像结果输出到新的图层中。
- 复制图层：复制当前图层，并将修复的图像结果输出到复制的图层中。

确认得到满意的结果后，单击“确定”按钮即可。

5.5　实战演练

01 按 Ctrl+N 键新建一个文件，在打开的对话框中，设置如图 5.77 示。

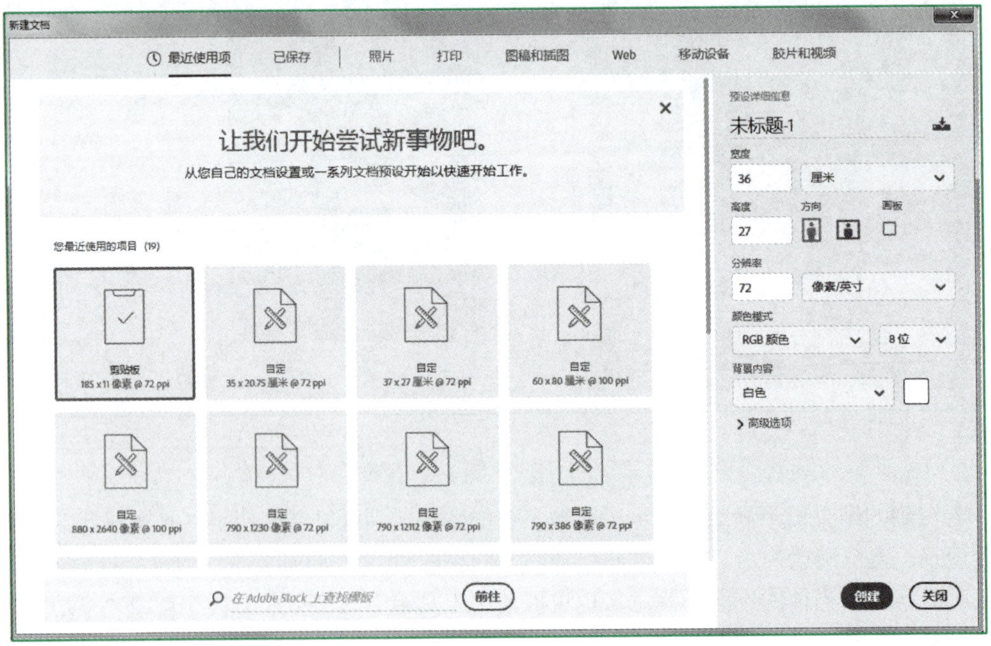

图 5.77
“新建文档”对话框设置文件参数

02 设置前景色的颜色值为5b87d7，背景色的颜色值为b7d6ff，选择“线性渐变工具” 并设置渐变类型为“前景色到背景色渐变”，从上到下绘制渐变，得到类似如图5.78所示的效果。

图5.78
绘制渐变后的效果

03 打开本书配套资源中的文件“第5章\5.5-素材1.psd”，如图5.79所示。使用“移动工具” 将其移动到新建的文件中央，得到“图层1”。按Ctrl+T键调出自由变换控制框，按Shift键将其缩小，按Enter键确认变换操作，得到如图5.80所示的效果。

资源文件：
5.5.psd
5.5-素材1.psd
5.5-素材2.psd

图5.79
5.5-素材1图像

图5.80
调整大小和位置后的效果

04 打开本书配套资源中的文件“第5章\5.5-素材2.psd”，如图5.81所示。选择“编辑”|“定义画笔预设”命令，在打开的对话框中单击“确定”按钮，将素材定义为画笔。

05 选择第1步新建的文件，在“背景”图层上方新建一个图层得到“图层2”。

06 设置前景色的颜色为白色，选择“画笔工具” ，按F5键调出“画笔”面板，选择上一步定义的画笔，设置其“画笔笔尖形状”选项如图5.82所示。再设置“形状动态”和“散布”选项如图5.83和图5.84所示。在新建文件中单击绘制，得到类似如图5.85所示的效果。

图5.81
5.5-素材2图像

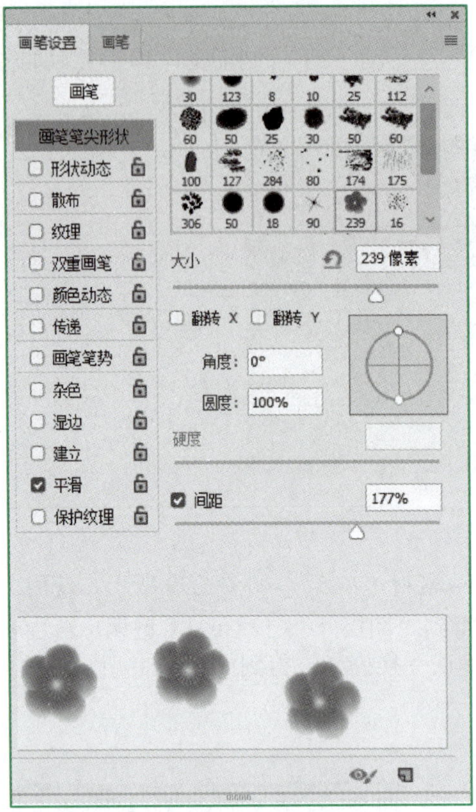

图 5.82

画笔“笔尖形状”选项

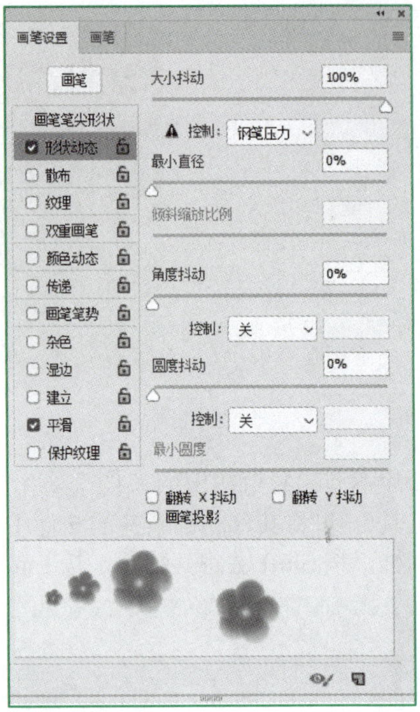

图 5.83

“形状动态”选项 1

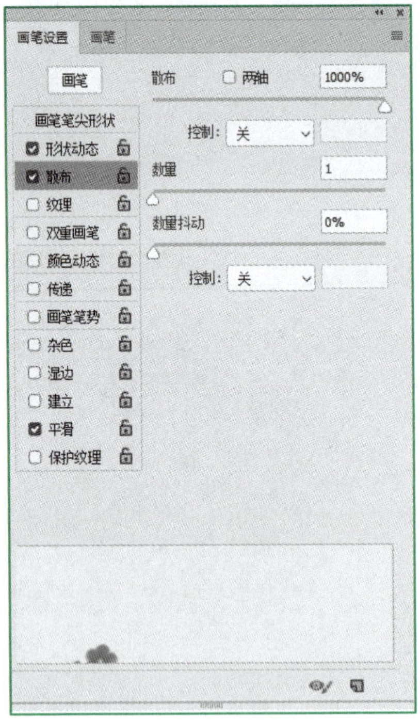

图 5.84

“散布”选项 1

图 5.85

使用画笔涂抹后的效果 1

07 新建一个图层得到“图层 3”，设置前景色的颜色为白色。选择“画笔工具”，在“画笔”面板中选择画笔“柔角 21”，设置其“画笔笔尖形状”选项如图 5.86 所示。再设置“形状动态”和“散布”选项如图 5.87 和图 5.88 所示，在小猫的周围使用画笔涂抹，得到类似如图 5.89 所示的效果。

08 新建一个图层得到“图层 4”。选择“画笔工具”，在“画笔”面板中选择上一步设置的画笔，修改其“散布”选项如图 5.90 所示。按 Shift 键在小猫周围及背景上绘制类似直线的散点，得到如图 5.91 所示的效果。

09 设置前景色的颜色为白色，选择“横排文字工具”T并在其工具选项栏上设置适当的字体和字号，在小猫下方输入文字“HelloKitty”，得到相应的文本图层，最终效果如图 5.92 所示。

笔 记

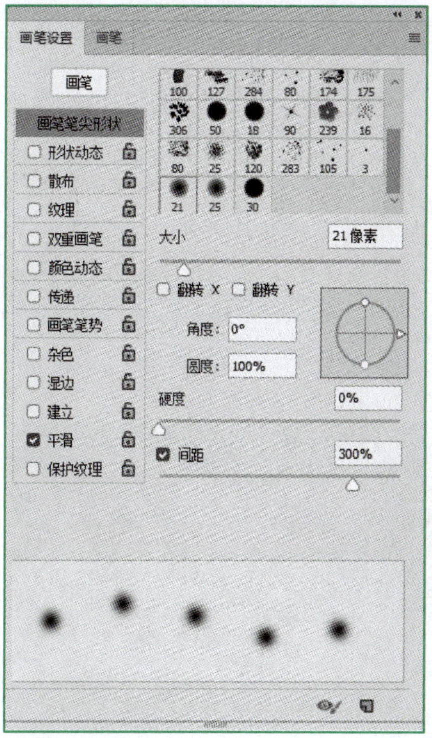

图 5.86
“画笔笔尖形状”选项

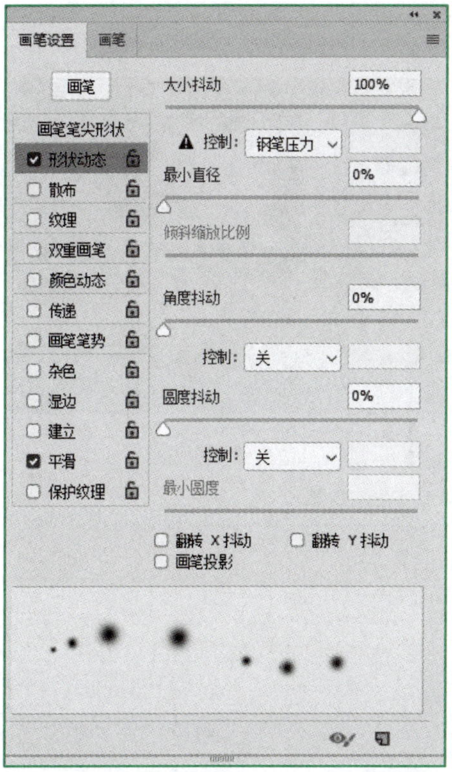

图 5.87
“形状动态”选项 2

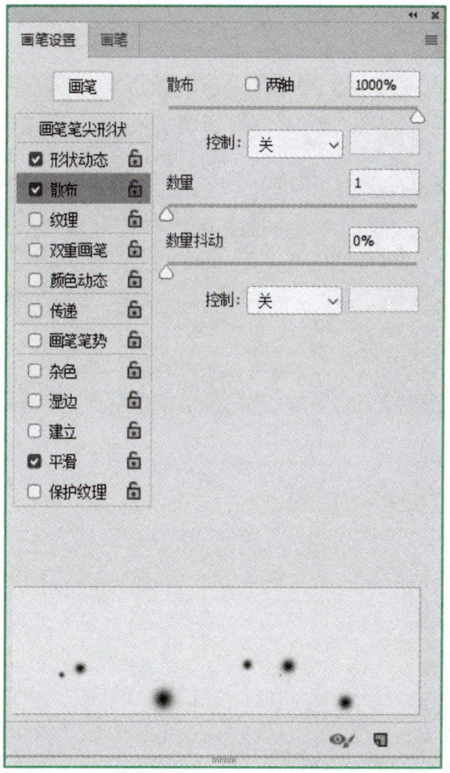

图 5.88
“散布”选项 2

图 5.89
使用画笔涂抹后的效果 2

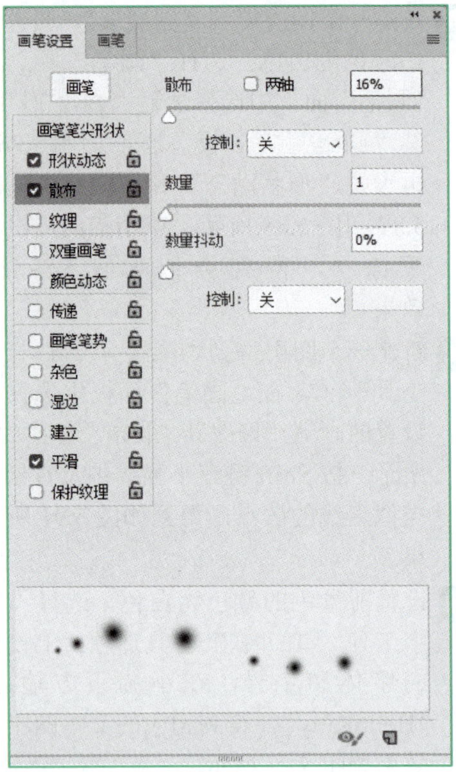

图 5.90
修改“散布”选项

图 5.91
使用画笔涂抹后的效果 3

图 5.92
输入文字后的效果

拓展知识 5-6
修除乱发

习题

一、选择题

1. 显示“画笔”面板的快捷键是（　　）。

A. F5 键　　B. F4 键
C. F2 键　　D. F6 键

2. 下列属于“画笔设置”面板的是（　　）。

A. 形状动态　　B. 颜色动态
C. 传递　　D. 散布动态

3. 使用渐变工具可以绘制出（　　）类型的渐变。

A. 3 种　　B. 4 种
C. 5 种　　D. 6 种

4. 以下可以通过“填充”命令实现的是（　　）。

A. 为选区填充单色
B. 对选区中的图像进行智能修复
C. 为选区填充渐变
D. 为选区填充图案

5. 下列工具中，以复制图像的方式进行图像修复处理的是（　　）。

A. 修复画笔工具
B. 修补工具
C. 污点修复画笔工具
D. 仿制图章工具

6. 在使用“仿制图章工具”时，按住（　　）并单击可以定义源图像。

A. Alt 键　　B. Ctrl 键
C. Shift 键　　D. Alt+Shift 键

7. 下列关于“仿制图章工具”的说法中，正确的是（　　）。

A. 选中“对齐”选项时，整个取样区域仅应用一次，反复使用此工具进行操作时，仍可从上次操作结束时的位置开始

B. 未选中“对齐”选项时，每次停止操作后再继续绘画，都将从初始参考点位置开始应用取样区域

C. 选中“当前图层”选项时，则取样和复制操作，都只在当前图层及其下方图层中生效

D. 单击“忽略调整图层”按钮时，可以在定义源图像时忽略图层中的调整图层

8. 下列关于“修复画笔工具”和“污点修复画笔工具”的说法中，不正确的是（　　）。

A.“修复画笔工具”可以基于选区进行修复
B.“修复画笔工具”在使用前需要定义源图像
C.“污点修复画笔工具”在使用前需要定义源图像
D.“污点修复画笔工具”可以在目标图像上涂抹，以修复不规则的图像

二、操作题

1. 打开本书配套资源中的文件“第 5 章 \5.7–1– 素材 .tif”素材图像，如图 5.93 所示。结合本章讲解的各种修复工具，将该图像修复成为如图 5.94 所示的效果。

资源文件：
5.7-1.psd
5.7-1- 素材 . tif

图 5.93
5.7-1- 素材原图像

图 5.94
5.7-1- 素材修复后的效果

资源文件：
5.7-2.psd
5.7-2- 素材 1. tif
5.7-2- 素材 2. tif

2. 打开本书配套资源中的文件“第 5 章 \5.7-2- 素材 1.tif”和“第 5 章 \5.7-2- 素材 2.tif”，如图 5.95 所示。结合本章讲解的擦除图像功能，在不使用图层蒙版及混合模式功能的情况下，试制作出如图 5.96 所示的图像效果（注意水面上的倒影）。

（a）

（b）

图 5.95
5.7-2 素材图像

3. 打开本书配套资源中的文件“第 5 章 \5.7-3- 素材 1.psd”和“第 5 章 \5.7-3- 素材 2.psd”，如图 5.97 和图 5.98 所示，将其定义成为画笔，然后再结合本章中讲解的关于画笔工具的讲解，尝试绘制得到类似如图 5.99 所示的星光效果。

资源文件：
5.7-3.psd
5.7-3- 素材 1. psd
5.7-3- 素材 2. psd

图 5.96
5.7-2- 素材 1 和 5.7-2- 素材 2 混合效果

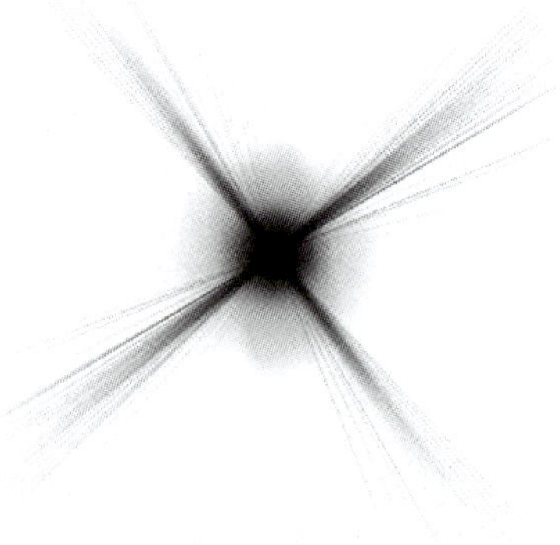

图 5.97
画笔素材

图 5.98
5.7-3- 素材 2 图像

图 5.99
绘制后的星光效果

提 示

本章所用到的素材及效果文件位于本书配套资源中的“第 5 章”文件夹内，其文件名与章节号对应。

第6章

绘制路径和形状

知识要点：

- 钢笔工具
- 自由钢笔工具
- 添加和删除锚点
- 选择路径和锚点
- 新建和删除路径操作
- 填充和描边路径操作
- 将路径转换为选区操作
- 将选区转换为路径操作
- 使用图形工具绘制图形
- 为形状设置填充与描边
- 创建自定义形状操作

课程导读：

路径是 Photoshop 中的各项强大功能之一，它是基于贝塞尔曲线建立的矢量图形，所有使用矢量绘图软件或矢量绘图工具制作的线条，原则上都可以称为路径。

在 Photoshop 中路径主要是以两种形式体现出来的，其中一种是路径线，而另外一种就是带有实色填充内容的形状。在本章中，将对这两种路径形式的创建及编辑等操作进行讲解。

PPT：
第 6 章 绘制路径和形状

6.1 认识路径

6.1.1 路径的基本组成

路径是基于贝塞尔（Bezier）曲线建立的矢量图形，所有使用矢量绘图软件或矢量绘图工具制作的线条，原则上都可称为路径。

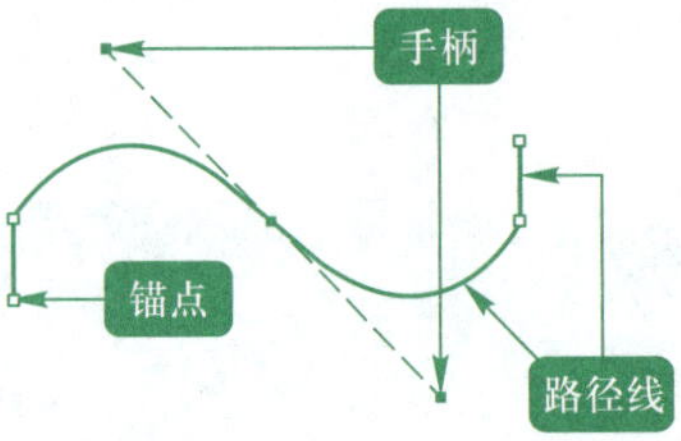

图 6.1
路径的组成

一条完整的路径由锚点、控制句柄、路径线构成，如图 6.1 所示。

路径可能表现为一个点、一条直线或者是一条曲线，除了点以外的其他路径均由锚点、锚点间的线段构成。如果锚点间的线段曲率不为零，锚点的两侧还有控制手柄。锚点与锚点之间的相对位置关系，决定了这两个锚点之间路径线的位置，锚点两侧的控制手柄控制该锚点两侧路径线的曲率。

微课 6–1
路径讲解

6.1.2 路径的分类

在 Photoshop 中经常会使用以下几类路径。

01 开放型路径：起始点与结束点不重合，如图 6.2 所示。

02 闭合型路径：起始点与结束点重合，从而形成封闭线段，如图 6.3 所示。

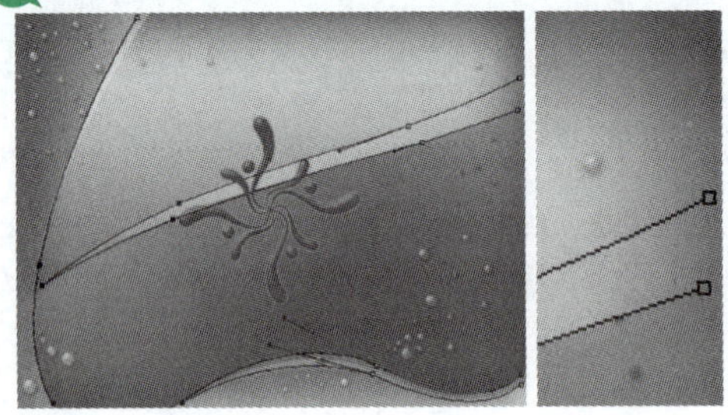

图 6.2
开放型路径

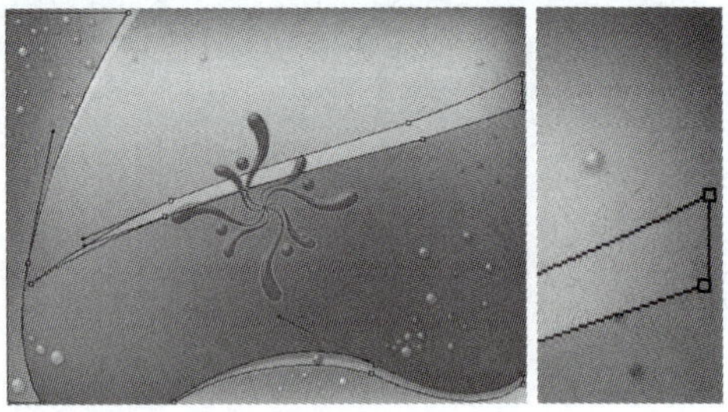

图 6.3
闭合型路径

03 直线型路径：两侧没有控制手柄，锚点两侧的线条曲率为零，表现为直线段通过锚点，如图 6.4 所示。

04 曲线型路径：线条曲率有角度，两侧最少有一个控制手柄，如图 6.5 所示。

图 6.4
直线型路径

图 6.5
曲线型路径

笔 记

6.1.3 设置路径的显示选项

在 Photoshop CC 2019 中，用户可以自定义路径的显示选项，以便于更直观地绘制路径。

在任意一个路径绘制工具的工具选项栏上，用户可以单击“设置”按钮，在弹出的面板中设置路径的显示属性，如图 6.6 所示。

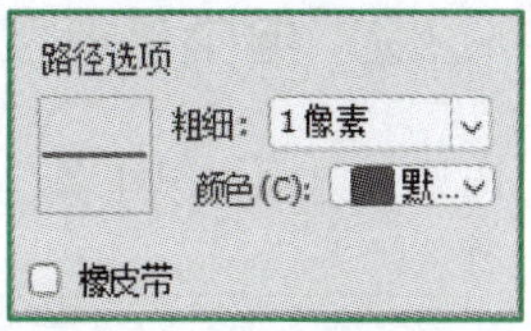

图 6.6
路径的“属性”面板

其中，“粗细”参数可设置路径显示的粗细，在“颜色”下拉列表中可选择路径的颜色。对习惯使用旧版路径显示效果的，将路径的颜色设置为“黑色”即可。

6.2 绘制路径

6.2.1 钢笔工具

创建路径最常用的是“钢笔工具”。用“钢笔工具”在页面中单击确定第一点，然后在另一位置单击，两点之间创建一条直线路径；如果在单击另一点时拖动鼠标，则可以得到一条曲线路径。

选择“钢笔工具”后，工具选项栏如图 6.7 所示。

图 6.7
“钢笔工具”选项栏

在绘制类型下拉列表中，选择“形状”“路径”或“像素”选项，可以绘制得到相应的对象。

在“钢笔工具”选项栏中单击图标按钮，将弹出小面板 橡皮带，在此可以选择“橡皮带”选项。在“橡皮带”选项被选中的情况下，绘制路径时可以依据节点与鼠标间的线段，判断下一段路径线的走向。

如果要创建闭合路径，将鼠标放在第一个节点上，当鼠标指针下面显示一个小圆时，如图 6.8 所示，单击即可得到闭合的路径。

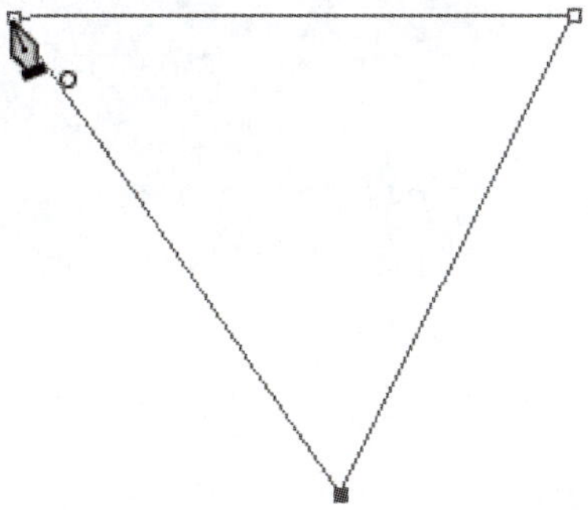

图 6.8
绘制闭合路径

在路径绘制结束后，如果要创建开放的路径，在工具箱中选择“直接选择工具”，然后在工作页面上单击一下，放弃对路径的选择，也可以在绘制过程中按 Esc 键退出路径的绘制状态以得到开放的路径。

6.2.2 自由钢笔工具

选择“自由钢笔工具”后，其工具选项栏显示如图 6.9 所示。

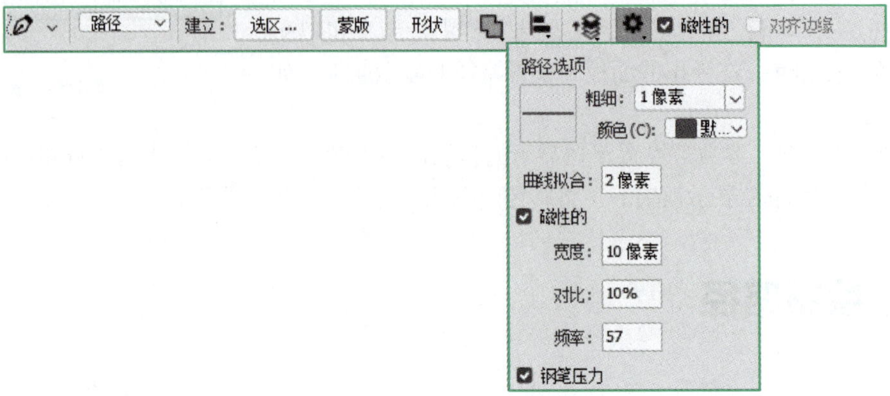

图 6.9
“自由钢笔工具”选项栏

在使用方法上,“自由钢笔工具”与“铅笔工具”有几分相似，不同的只是经过“自由钢笔工具”描绘过的路径，可以进行编辑从而形成一条比较精确的路径。

“曲线拟合”参数控制了路径对鼠标移动的敏感性，在此可以输入一个数值，数值越高创建的路径锚点越少，路径越光滑。

6.2.3 添加锚点工具

要在一条路径上添加锚点，就可以使用“添加锚点工具”来完成该操作。

在路径被激活的状态下，选用“添加锚点工具”，直接单击要增加锚点的位置，即可以增加一个锚点，如图 6.10 所示。

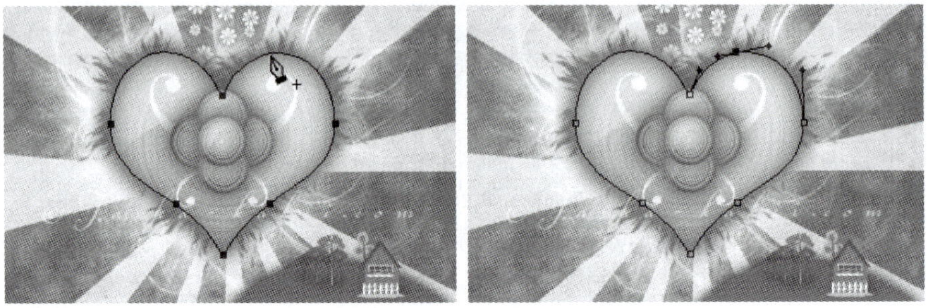

(a) (b)

图 6.10
使用添加锚点工具实例

提示

如果“钢笔工具”选项栏中“自动添加/删除”选项处于被选中状态，则利用“钢笔工具”也可以直接添加锚点。首先选定路径，再将“钢笔工具”移动到路径上需要增加锚点的位置,“钢笔工具”将自动改变为“添加锚点工具”，单击即可以添加一个锚点。

6.2.4 删除锚点工具

与“添加锚点工具”刚好相反，“删除锚点工具”的作用就是删除路径上的锚点，其操作方法非常简单，只需要将鼠标置于一个锚点上，单击即可删除此锚点。

图 6.11（a）所示为原路径，如图 6.11（b）所示为删除多个锚点后的效果，可见当删除关键的定位点时路径的形状会发生变化。

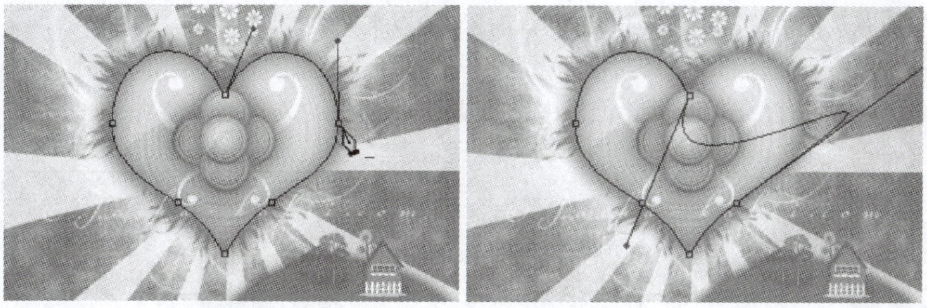

（a）（b）

图 6.11
原路径和删除锚点后的路径

提示

如果“钢笔工具”选项栏中“自动添加 / 删除”选项处于被选中状态，则可以利用“钢笔工具”直接删除锚点；首先应该将包含此锚点的路径选中，然后将“钢笔工具”移动到欲删除的锚点上，此时“钢笔工具”自动改变为“删除锚点工具”，单击欲删除的锚点即可。

6.2.5 转换点工具

利用“转换点工具”可以将直角型节点、光滑型节点与拐角节点进行互相转换。

将光滑节点转换为直线型节点时，用“转换点工具”单击此节点即可。

要将直线型节点转换为光滑节点，可以用“转换点工具”单击并拖动此节点，如图 6.12 所示。

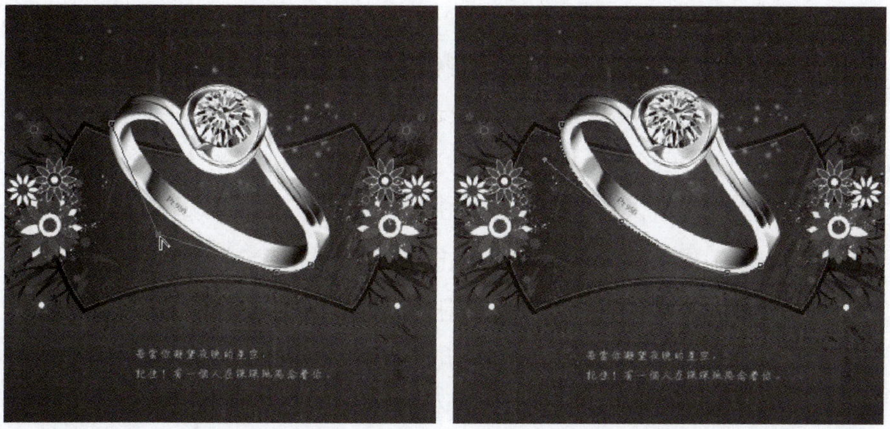

（a）（b）

图 6.12
将直线型节点转换为光滑节点

拓展知识 6–1
选择路径

如果要删除路径线段，用“直接选择工具”选择要删除的线段，然后按 Backspace 或 Delete 键即可。

6.3 “路径”面板

可以这么说，除了选择路径（即选择路径线、锚点等）以外，从简单的保存、删除路径，到复杂的填充及描边路径，都可以通过“路径”面板来完成。

默认情况下，创建的每一条路径都会显示在该面板中，如图 6.13 所示，而对于形状，当选择了一个形状图层时，在“路径”面板中也会显示出一个与之对应的路径项，如图 6.14 所示。

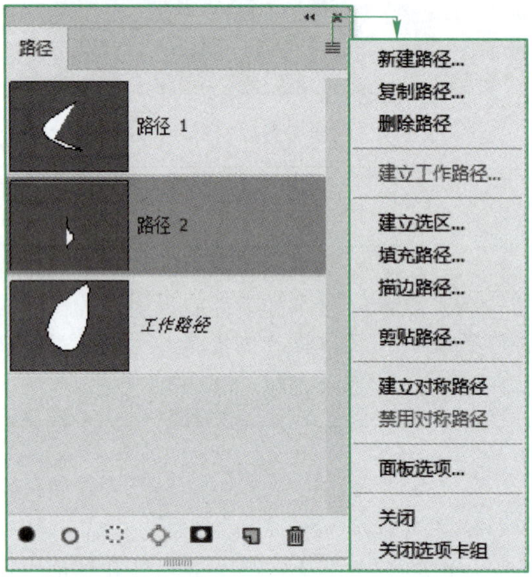

图 6.13
显示路径时的“路径”面板

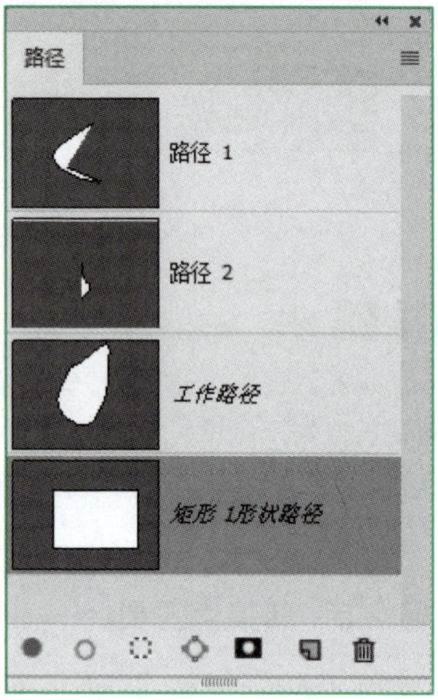

图 6.14
选择形状图层时的“路径”面板

笔 记

“路径”面板中各个按钮的含义如下。

- “用前景色填充路径”按钮：单击此按钮可以用前景色填充路径。如果当前所选路径是属于某个形状图层时，则此按钮呈灰色不可用状态。
- “用画笔描边路径”按钮：单击此按钮可以用前景色和默认的画笔大小描边路径。如果当前所选路径是属于某个形状图层时，则此按钮呈灰色不可用状态。
- “将路径作为选区载入”按钮：单击此按钮可以将当前选择的路径转换为选区。
- “从选区生成工作路径”按钮：单击此按钮可以将当前选区存储为工作路径。
- “添加矢量蒙版”按钮：单击该按钮，可以为当前路径添加矢量蒙版。
- “创建新路径”按钮：单击此按钮可以新建一条路径。
- “删除当前路径”按钮：单击此按钮，在弹出的提示对话框中单击“是”按钮可以删除选中的路径。如果当前所选路径是属于某个形状图层时，单击“是”按钮，则该形状图层会因为没有任何路径的限制，而使用本身的颜色填满整个画布。

6.3.1 新建路径

这里所说的新建路径并非前面所说的绘制路径线。在"路径"面板中新建的路径，是用于装载路径线的一个载体，其操作方法就是单击"路径"面板底部的"创建新路径"按钮，即可建立空白路径。

另外使用"路径绘制工具"绘制路径时，如果当前没有在"路径"面板中选择任何一个路径，则 Photoshop 会自动创建一个"工作路径"。

注意

在没有保存路径的情况下，绘制的新路径会替换原来的"工作路径"。

如果需要在新建路径时为其命名，可以按住 Alt 键并单击"创建新路径"按钮，在打开的对话框中输入新路径的名称，单击"确定"按钮即可。

提示

在"路径"面板中没有改变路径名称的命令，但可以通过双击路径的名称，待其名称变为可输入状态时，重新输入文字以改变路径的名称。

6.3.2 保存"工作路径"

每次绘制新路径时，Photoshop 中都会自动创建一个"工作路径"，当再次绘制新的路径时，该"工作路径"中的内容就会被新内容所替代，要永久保存"工作路径"中的内容，就必须将其保存起来。

要保存工作路径可以双击该路径的名称，在弹出的对话框中单击"确定"按钮即可。

6.3.3 隐藏路径线

在默认状态下，路径以黑色线显示于当前图像中。这种显示状态在某些情况下，将影响用户所做的其他大多数操作。

要隐藏路径，可以在"路径选择工具"、"直接选择工具"及"钢笔工具"等任意一种工具被选中的情况下，按 Esc 键。

要隐藏路径，还可以单击"路径"面板的空白处。

提示

在选择"钢笔工具"、"路径选择工具"、"直接选择工具"等工具的情况下，也可以按 Enter 键隐藏路径。

6.3.4 选择路径

在 Photoshop CC 中，新增了选择多个路径的功能，用户可以像选择多个图层一样，在"路径"面板中选择多个路径层。其实用价值就在于，在过往的版本中，若要对多条路径进行

笔 记

编辑，就必须将它们置于同一个路径层中，但在选择和编辑时，路径越多，则越容易出现差错。而在 Photoshop CC 中，用户则可以将这些路径分置于多个路径层中，这样就可以在需要编辑多个路径时，直接在“路径”面板中将其选即可，使得工作的条理更为清晰。

图 6.15 所示就是选择 2 个不连路径层时的状态，图 6.16 所示则是选择多个连续路径层时的状态。

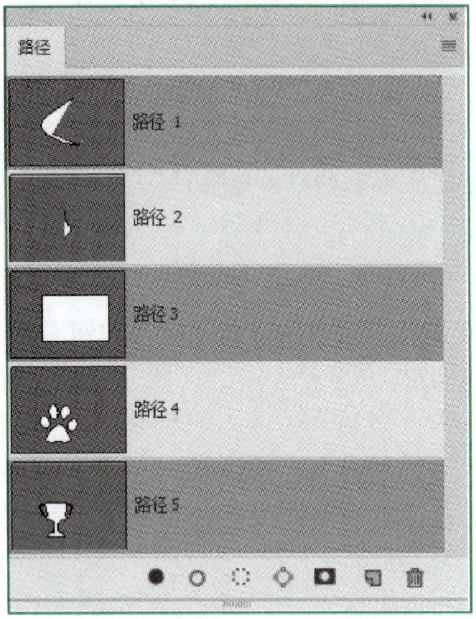

图 6.15
选择非连续路径

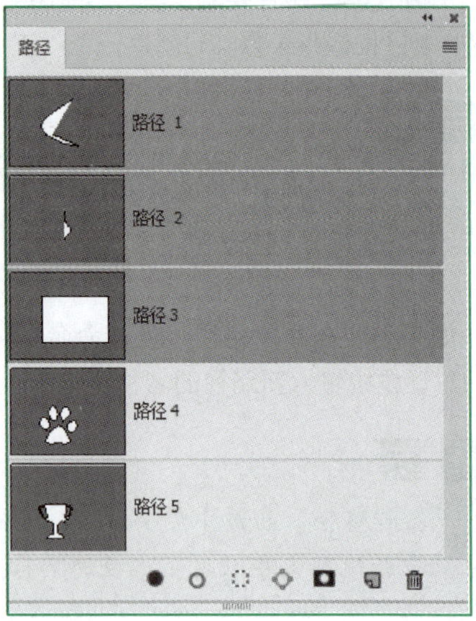

图 6.16
选择连续路径

在选中多个路径层后，用户仍可以使用“路径选择工具”、“直接选择工具”或“钢笔工具”等，对它们进行选择和编辑。若按 Delete 键执行删除操作，则选中的路径层及其中的路径，都会被删除。

6.3.5 删除路径

对于不需要的路径，可以将其删除。利用“路径选择工具”选择要删除的路径，然后按 Delete 键。

如果需要删除某路径中所包含的所有路径组件，可以将该路径拖动到“删除当前路径”按钮上，如图 6.17 所示；也可以在该路径被选中的状态下，单击“路径”面板中的“删除当前路径”按钮，在弹出的信息提示对话框中单击“是”按钮。

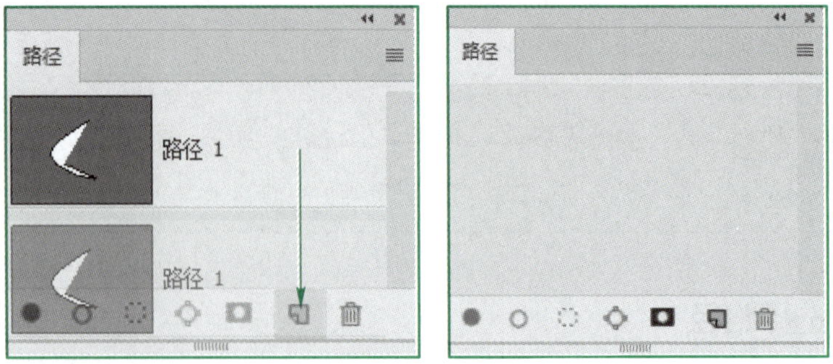

（a）将路径拖动到“删除当前路径”按钮上　（b）复制路径后的“路径”面板

图 6.17
删除路径示意

提示

如果不希望在删除路径时弹出信息提示对话框，可以在按住 Alt 键时单击“删除当前路径”按钮 。

在 Photoshop CC 中，用户还可以像复制图层一样，在“路径”面板按住 Alt 键拖动路径层，以实现复制路径层的操作。

6.3.6 复制路径

要复制路径，可以将“路径”面板中要复制的路径拖动至“创建新路径”按钮 上，如图 6.18 所示。如果要将路径复制到另一个图像文件中，选中路径并在另一个图像文件可见的情况下，直接将路径拖动到另一个图像文件中即可。

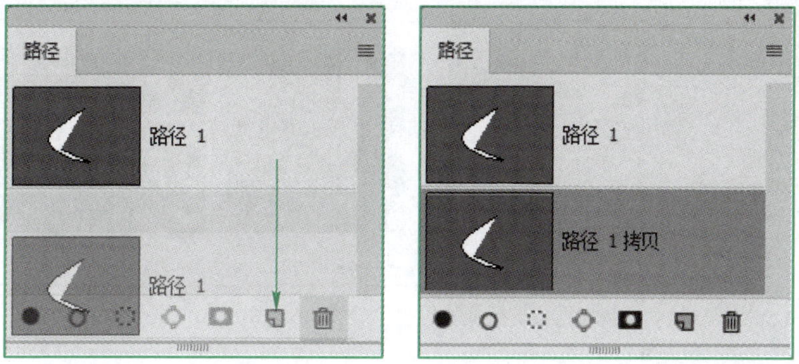

（a）将路径拖动至“创建新路径”按钮上　（b）复制路径后的“路径”面板

图 6.18 复制路径

如果要在同一图像文件内复制路径组件，可以使用“路径选择工具” 选中路径组件，然后按 Alt 键拖动被选中的路径组件。

拓展知识 6-2 转换路径

6.4 绘制规则形状图像

6.4.1 几何图形工具组

利用 Photoshop 中的形状工具，可以非常方便地创建各种几何形状或路径。在工具箱中的形状工具组上右击，将弹出隐藏的形状工具。使用这些工具都可以绘制各种标准的几何图形。如图 6.19 所示为矩形 、圆形、多边形以及自定义图形等。

用户可以在图像处理或设计的过程中，根据实际需要选用这些工具。图 6.20 所示就是一些采用形状工具绘制得到的图形，并应用于设计作品后的效果。

在 Photoshop CC 2019 中，对于“矩形工具” 和“圆角矩形工具” ，用户还可以直接在“属性”面板中设置其圆角属性，如图 6.21 所示。这是一个非常实用的功能，用户可以很方便地修改其圆角属性。

（a） （b）

图 6.19
自定义图形

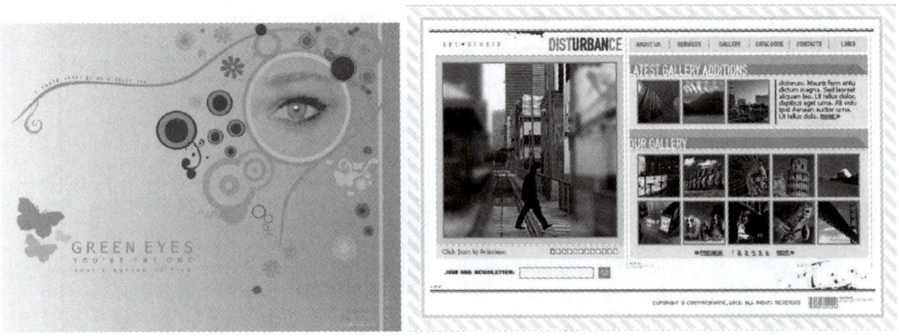

（a） （b）

图 6.20
设计效果

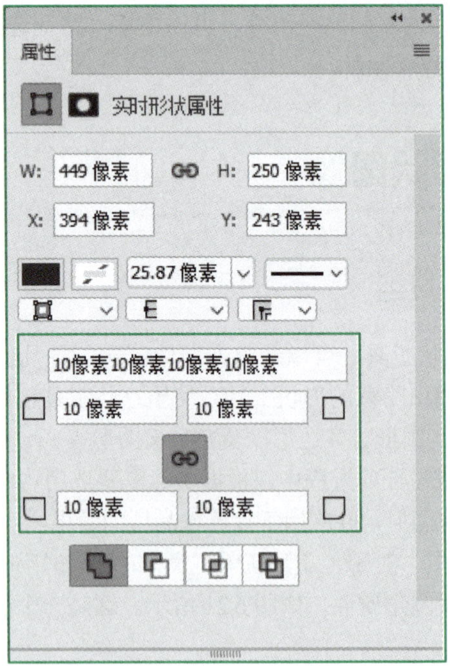

图 6.21
在“属性”面板中设置参数

若选中中间的“链接”按钮，则修改其中任意一个数值时，其他的数值也会发生相应的变化；若取消选中该按钮，则可以任意修改四角的圆角数值。

6.4.2 精确创建图形

使用“矩形工具”、“椭圆工具”、“自定形状工具”等图形绘制工具时，可以在画布中单击，此时会弹出一个相应的对话框。以使用“椭圆工具”在画布中单击为例，将弹出如图 6.22 所示的参数设置对话框，在其中设置适当的参数并选择选项，然后单击“确定”按钮，即可精确创建圆角矩形。

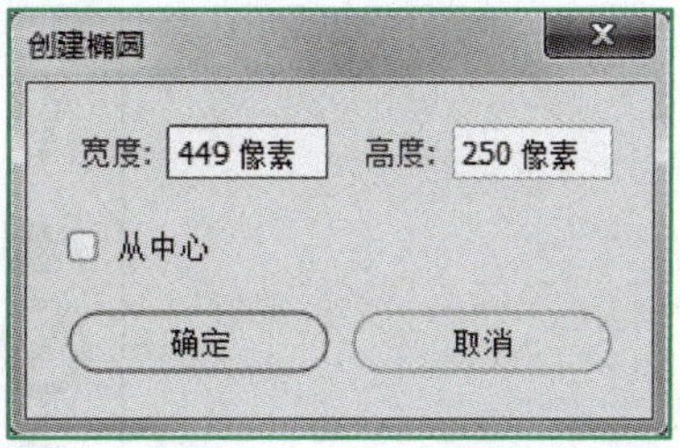

图 6.22
“创建椭圆”对话框

6.4.3 调整形状大小

对于形状图层中的路径，可以在工具选项栏上精确调整其大小。使用“路径选择工具”选中要改变大小的路径后，在工具选项栏中的 W 和 H 数值输入框中输入具体的数值，即可改变其大小。

若是选中 W 与 H 之间的链接形状的“宽度和高度”按钮，则可以等比例调整当前选中路径的大小，如图 6.23 所示。

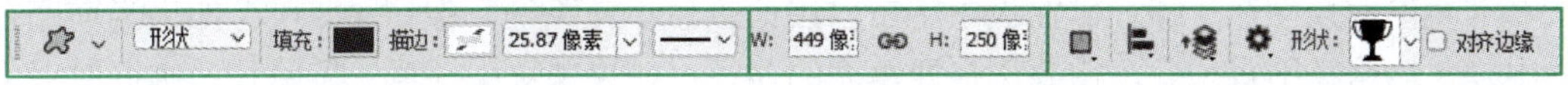

图 6.23
W 和 H 参数

6.4.4 创建自定义形状

资源文件：
6.4.4– 素材 .psd

如果形状面板中没有合适的形状，可以根据需要创建新的自定义形状。要创建自定义形状，可以按下述步骤操作：

01 选择并使用“钢笔工具”创建所需要的形状的外轮廓路径，如图 6.24 所示。

02 选择“路径选择工具”，将路径全部选中。

03 选择“编辑”|“定义自定形状”命令，在打开的如图 6.25 所示的对话框中输入新形状的名称，然后单击“确定”按钮确认。

图 6.24
“钢笔工具”所绘路径

04 单击“自定形状工具”，显示形状列表框，即可选择自定义的形状，如图 6.26 所示。

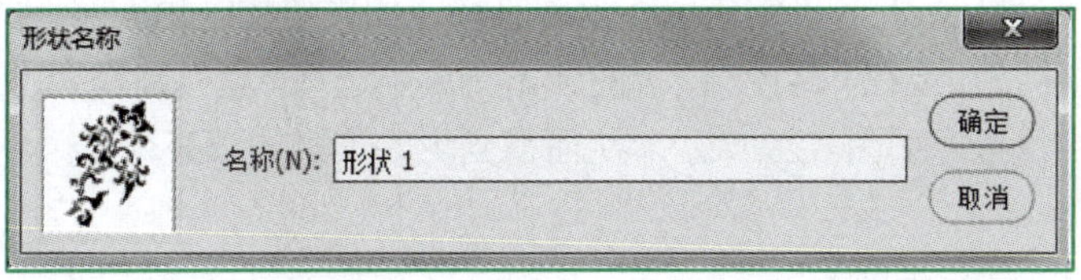

图 6.25
“形状名称”对话框

图 6.26
形状列表框

6.5 为路径设置填充与描边

6.5.1 填充路径

笔 记

Photoshop 允许用户直接以当前的路径作为限制，来填充颜色或图案至路径中，其操作方法非常简单，只须在“路径”面板中单击“用前景色填充路径”按钮 即可。如果当前路径项中包含的路径不止一条，需要选择要填充的路径；如果未选中任意一条路径，则同时对当前所有的路径执行填充操作。

图 6.27 所示为使用“钢笔工具” 绘制的路径，图 6.28 所示是为路径填充实色并描边后的效果。

图 6.27
使用钢笔工具绘制的路径

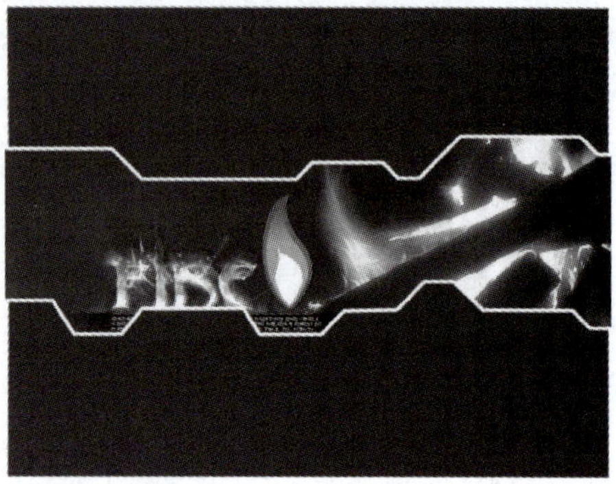

图 6.28
填充路径后的效果

在默认情况下，Photoshop 以实色填充当前路径，如果要控制填充路径的参数选项，可以按住 Alt 键并单击 按钮或在“路径”面板的弹出菜单中选择“填充路径”命令，在打开的“填充路径”对话框中设置，如图 6.29 所示，从而得到更为丰富的填充效果。

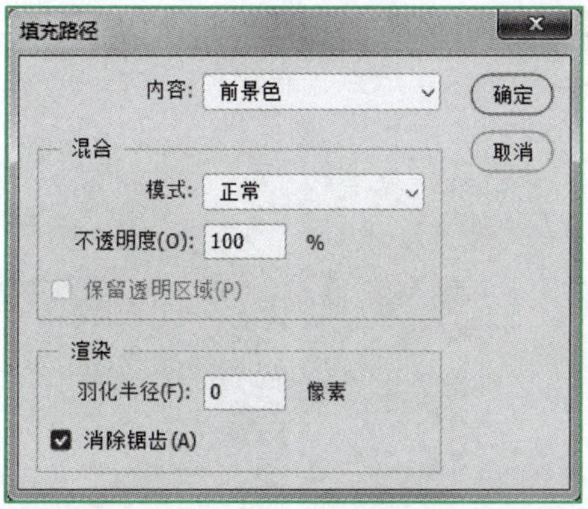

图 6.29
“填充路径”对话框

6.5.2 描边路径

默认情况下，单击“路径”面板底部的“用画笔描边路径”按钮后，就会以当前选择的绘图工具进行描边路径操作，如果按住 Alt 键单击该按钮会弹出如图 6.30 所示的对话框。

由“描边路径”对话框的“工具”下拉菜单中，列举出了所有可用于描边路径的工具。选择适当的工具后，单击“确定”按钮即可沿当前路径进行描边路径了。如果选中了“模拟压力”选项，并在“画笔”面板的“形状动态”选项中的“大小抖动”下方选择“钢笔压力”选项，如图 6.31 所示，那么在描边时会模拟压感笔绘图时的效果，在起点与终点都会出现拖尾效果。

笔 记

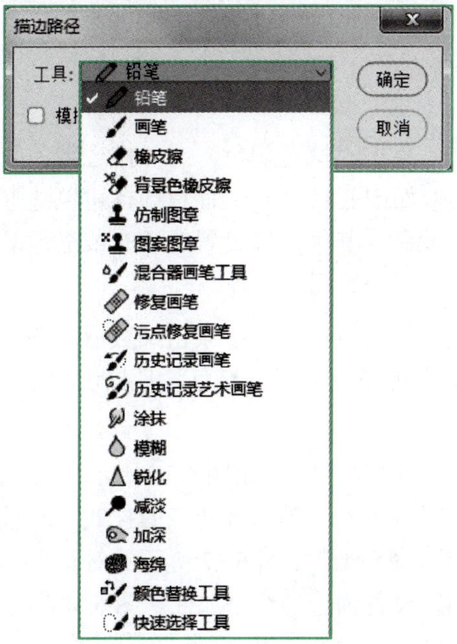

图 6.30
“描边路径”对话框

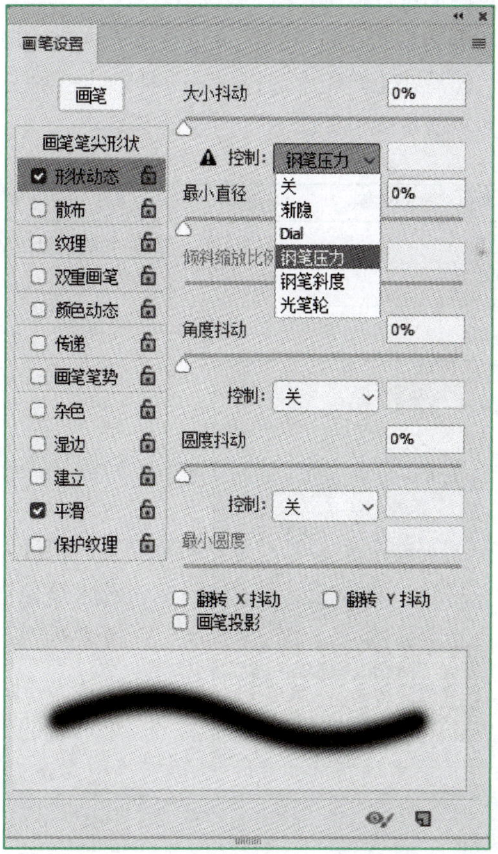

图 6.31
选择“钢笔压力”选项

图 6.32（a）所示为原路径，图 6.32（b）为应用圆形画笔进行描边后的效果，由于画笔设置有一定的散布属性，因此所描绘出散点状的效果。

资源文件：
6.5.2- 素材 .psd

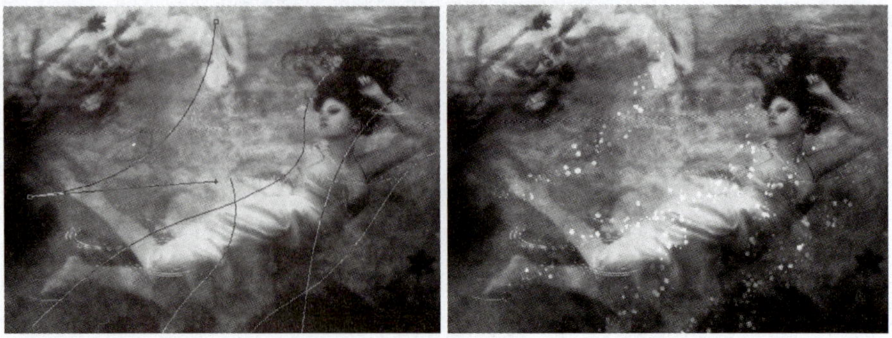

（a） （b）

图 6.32
原路径及其描边路径后的效果

6.6 为形状设置填充与描边

在前面的讲解中，介绍了使用各个工具可以绘制“路径”或“形状”对象，当绘制形状时，可以直接为形状图层设置多种渐变及描边的颜色、粗细、线型等属性，从而更加方便对矢量图形进行控制。

要为形状图层中的图形设置填充或描边属性，可以在“图层”面板中选择相应的形状图层，然后在工具箱中选择任意一种形状绘制工具或“路径选择工具”，然后在工具选项栏中即可显示类似如图 6.33 所示的参数。

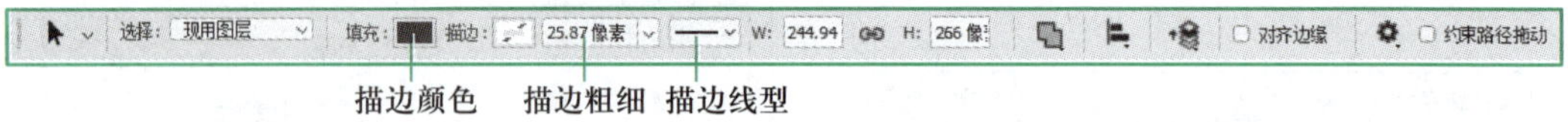

图 6.33
用于设置形状填充及描边色的参数

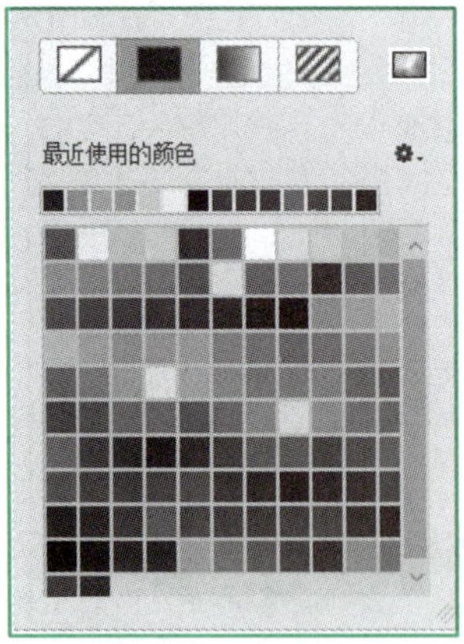

图 6.34
选择颜色

- 填充或描边颜色：单击“填充颜色”或“描边颜色”按钮，在弹出的类似如图 6.34 所示的面板中，可以选择形状的填充或描边颜色，其中可以设置的填充或描边颜色类型为无、纯色、渐变和图案 4 种。
- 描边粗细：在此可以设置描边的线条粗细数值。图 6.35 所示是原图及将描边颜色设置为橙色，且描边粗细为 2 像素时得到的效果。
- 描边线型：在此下拉列表中，如图 6.36 所示，可以设置描边的线型、对齐方式、端点及角点的样式。若单击“更多选项”按钮，将弹出如图 6.37 所示的对话框，在其中可以更详细地设置描边的线型属性。图 6.38 所示是将描边设置为不同虚线时的效果。

资源文件：
6.6– 素材 . psd

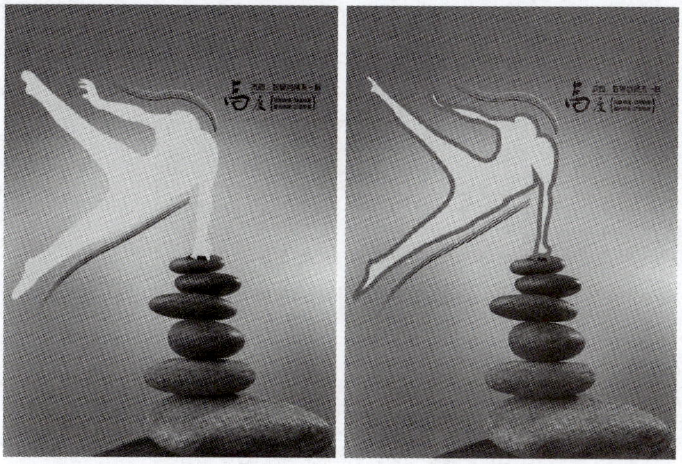

（a）（b）

图 6.35
设置颜色前后的效果对比

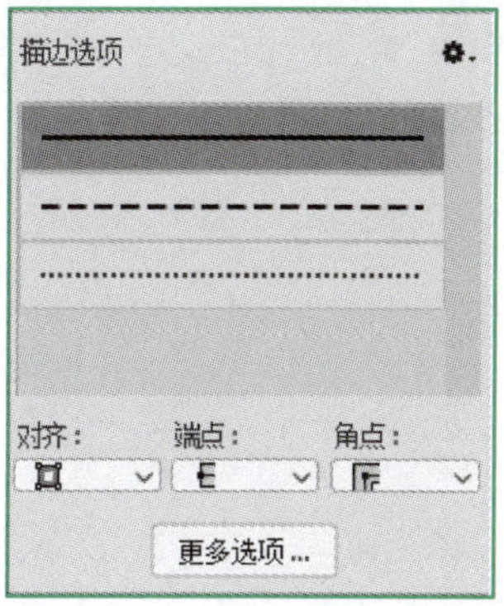

图 6.36
“描边选项”面板

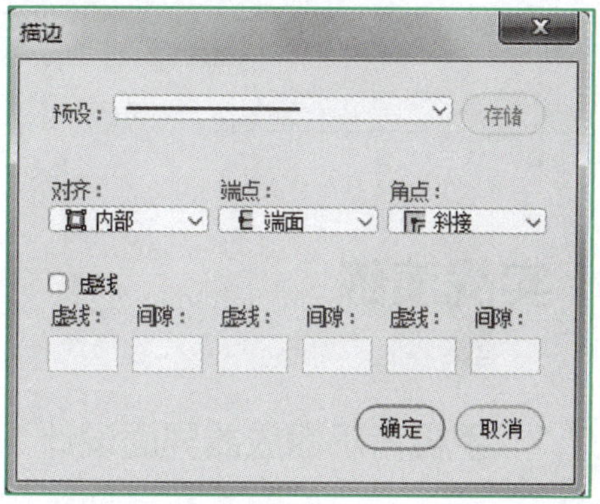

图 6.37
“描边”对话框

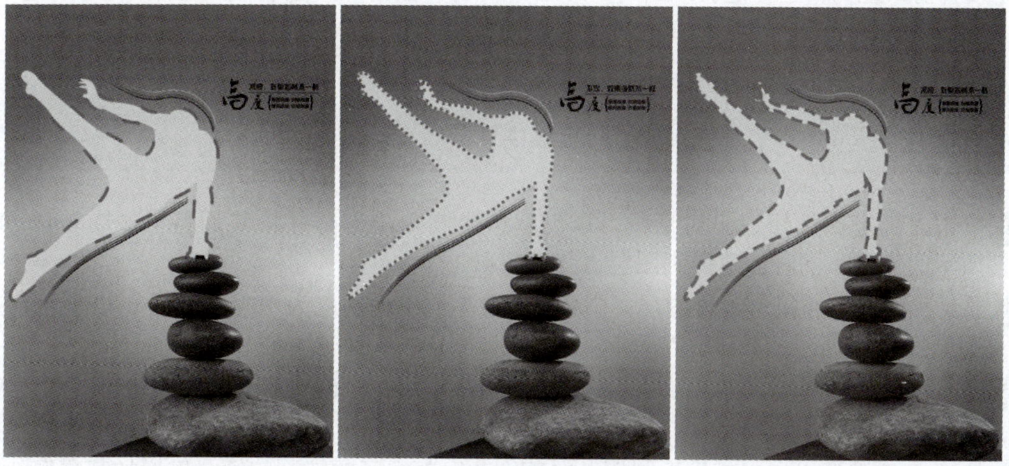

（a）（b）（c）

图 6.38
设置不同描边时的效果

另外，在 Photoshop CC 2019 中，用户也可以在“属性”面板中设置上述参数，如图 6.39 所示。

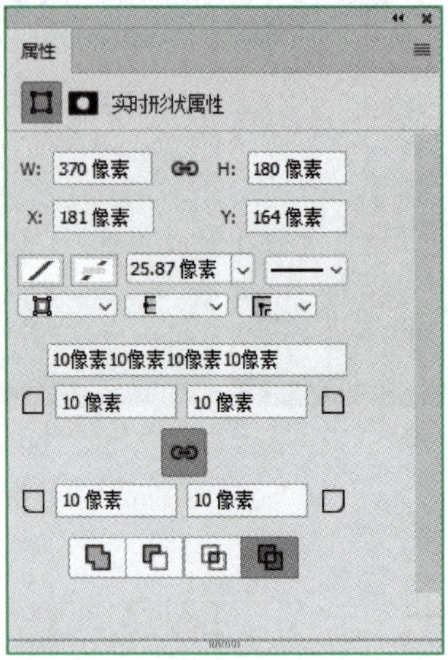

图 6.39
形状设置“属性”面板

拓展知识 6-3
路径运算

6.7 实战演练

6.7.1 手机音乐播放器界面设计

在本例中，将结合图形绘制、格式化处理、复制与变换对象等操作，设计一款手机上的音乐播放器界面，其操作步骤如下：

01 打开本书配套资源中的文件“第 6 章 \6.7.1– 素材 1.jpg”，如图 6.40 所示。

02 设置前景色为白色，选择“圆角矩形工具”，并在其工具选项栏上选择“形状”选项，然后在图像上单击，在打开的对话框设置如图 6.41（a）所示。

提示

在下面的操作中，如无特殊说明，都是选择“形状”选项进行绘制。

03 单击“确定”按钮退出对话框，以创建一个圆角矩形，并将其调整至如图 6.41（b）所示的位置，同时创建得到图层“圆角矩形 1”。

04 显示“图层”面板，设置图层“圆角矩形 1”的不透明度为 70%，如图 6.42 所示，得到如图 6.43 所示的效果。

05 使用移动工具按住 Alt+Shift 键向下拖动圆角矩形，以创建得到“圆角矩形 1 拷贝”，如图 6.44 所示。

06 按 Ctrl+T 键调出自由变换控制框，向下拖动底部中间的控制句柄，以增加其高度，如图 6.45 所示。调整完成后，按 Enter 键确认变换。

资源文件：
6.7.1.psd
6.7.1– 素材 1. jpg
6.7.1– 素材 2. jpg

图 6.40
6.7.1- 素材文档

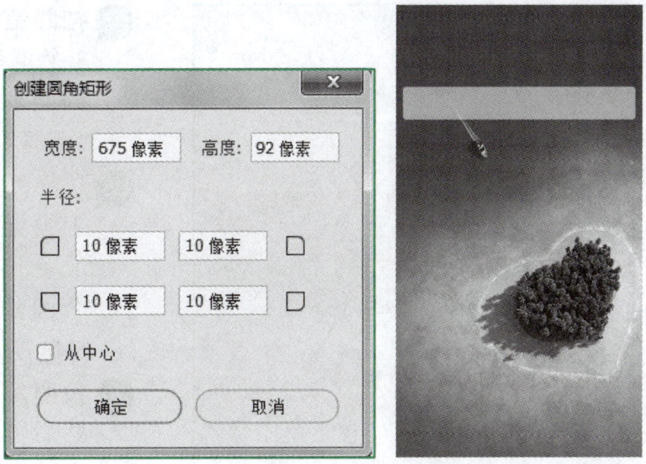

（a）（b）

图 6.41
“创建圆角矩形”对话框及其创建得到的圆角矩形

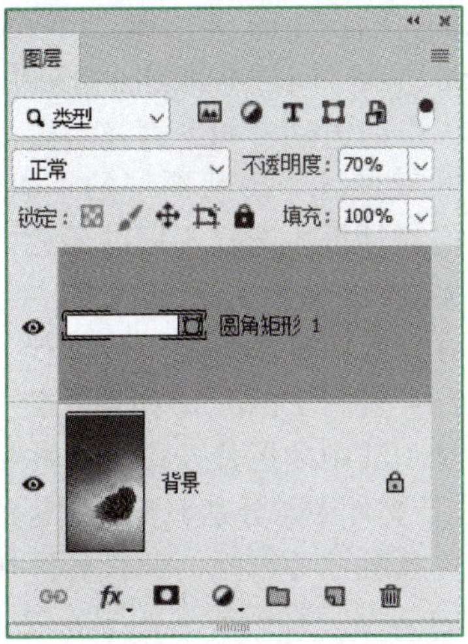

图 6.42
设置不透明度为 70%

图 6.43
设置不透明度后的效果

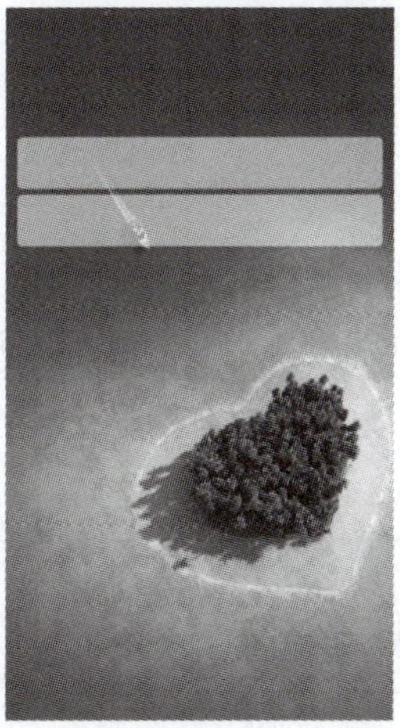

图 6.44
向下复制图形

图 6.45
选中下半部分的锚点

图 6.46
移动锚点后的效果

笔 记

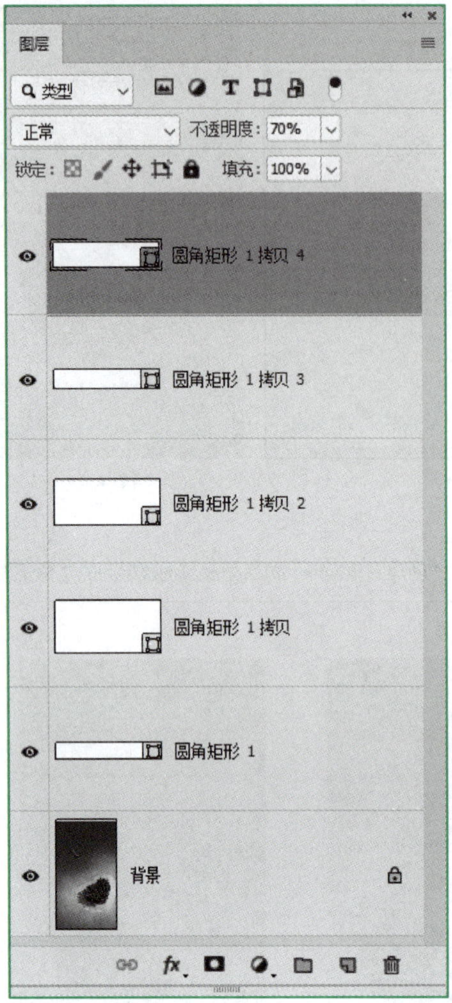

图 6.47
复制得到其他图形后的效果

07 按照第 5~6 步的方法，再继续向下复制 3 个矩形，并分别调整其大小，直至得到类似如图 6.46 所示的效果，此时的“图层”面板如图 6.47 所示。

08 选择“直线工具”，在其工具选项栏上设置“粗细”为 1px，设置填充色的颜色值为 656565，按住 Shift 键在第 2 个圆角矩形中绘制水平线，得到如图 6.48 所示的效果。

09 按照第 5 步的方法向下复制横向线条，然后再按照上一步的方法，继续绘制 2 个垂直线条，得到如图 6.49 所示的分割线条效果。

10 下面来继续绘制用于标识功能的按钮。选择“椭圆工具”，设置前景色为 29ABE2，按住 Shift 键绘制一个正圆，如图 6.50 所示，同时得到图层“椭圆 1”。

11 按照第 5 步的方法，向下方及右侧复制圆形，并双击各个形状图层的缩略图，在弹出的对话框中选择不同的颜色，直至得到类似如图 6.51 所示的效果。

12 最后，打开本书配套资源中的文件“第 6 章 \6.7.1– 素材 2.psd”，如图 6.52（a）所示，复制其中的图片及图标，并粘贴到 UI 设计文件中，分别调整各图标的大小、位置及颜色等属性，并在各区域输入相应的文字，直至得到如图 6.52（b）所示的最终效果。

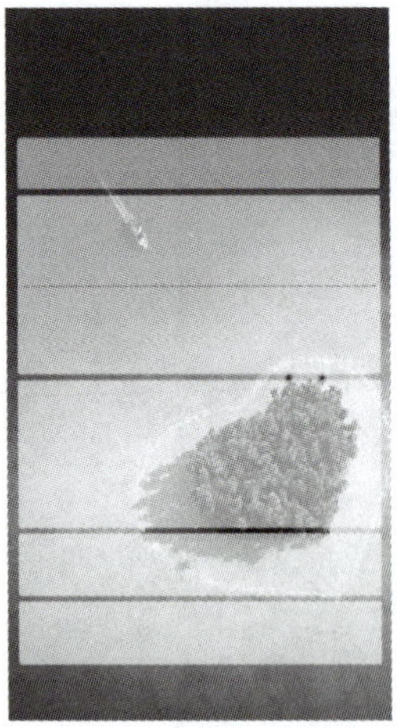

图 6.48
绘制线条

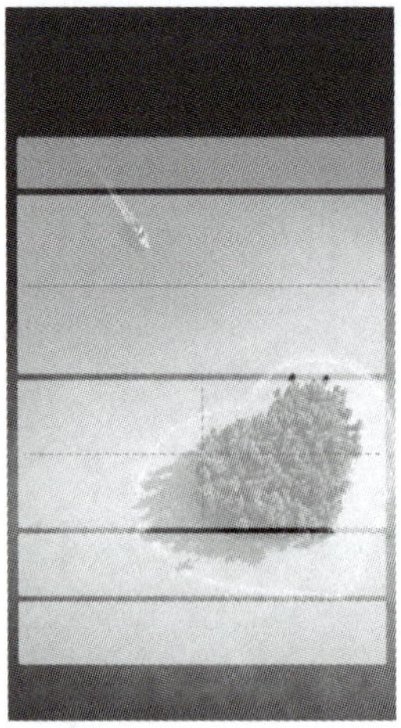

图 6.49
复制并编辑线条

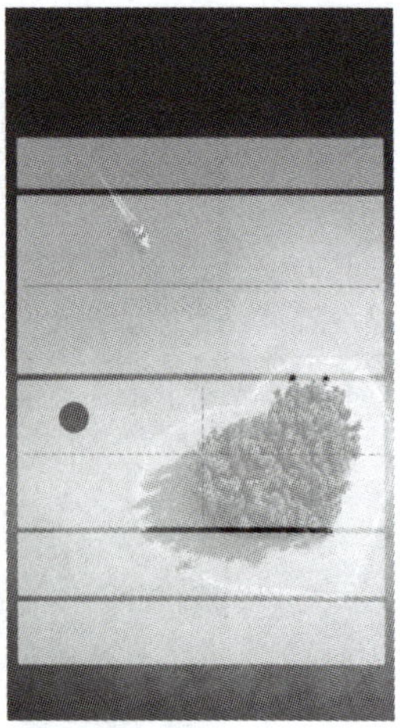

图 6.50
绘制正圆

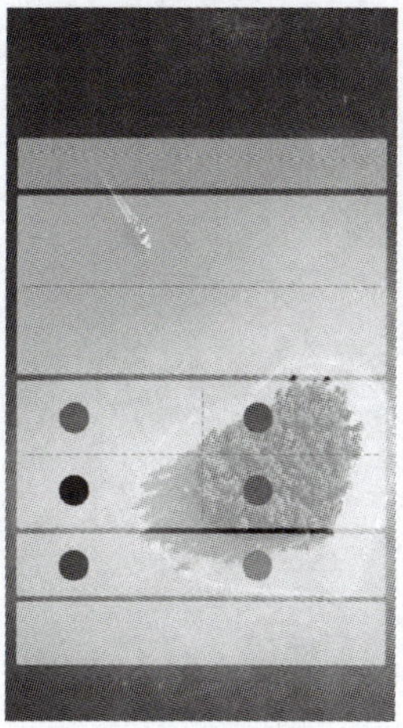

图 6.51
复制并改变圆形填充色后的效果

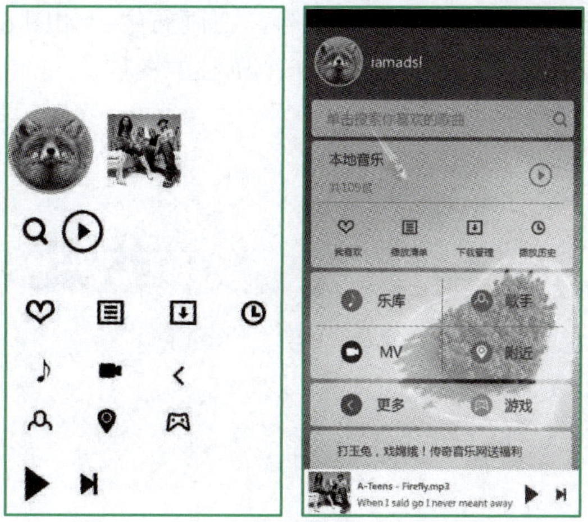

（a） （b）

图 6.52
6.7.1- 素材 2 图形 1 及其最终效果

笔 记

6.7.2 连体特效文字——变形连合

“老北京”是一家以传统北京风味菜肴为主的百年老店，其店招的设计以古典的花纹作为装饰，勾起了人们对传统的美好回忆。

01 设置背景色的颜色值为 77181c，按 Ctrl+N 键新建一个文件，在打开的对话框设置，如图 6.53 所示，单击“确定”按钮退出对话框，以创建一个新的空白文件。

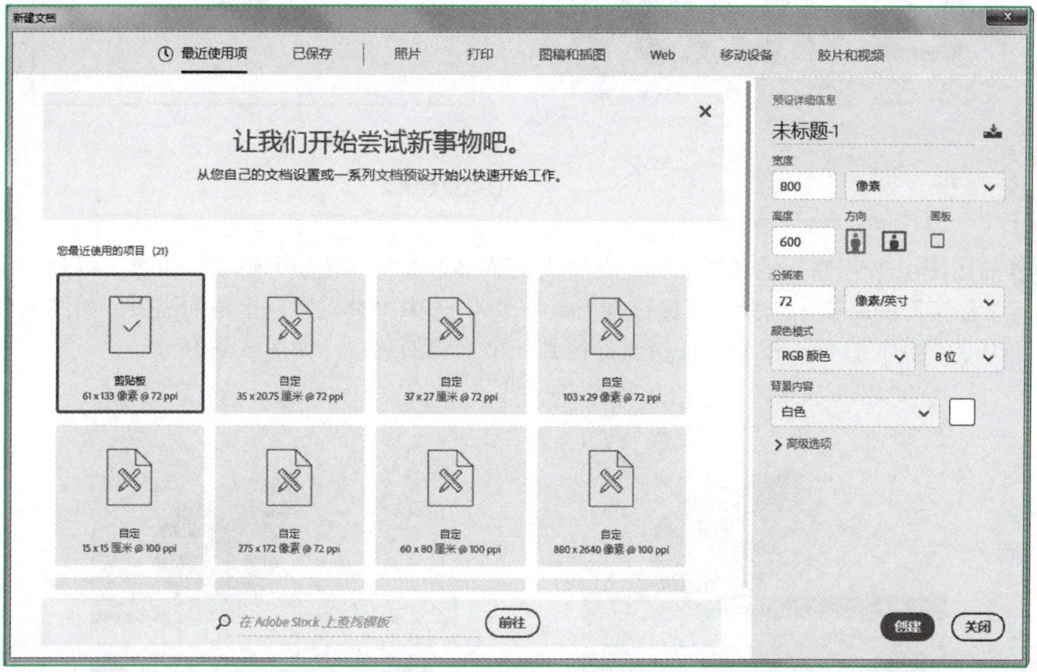

图 6.53
“新建文档”对话框设置文件相关参数

02 按 Alt 键双击“背景”图层名称，将其变换为普通图层“图层 0”，为方便观看，隐藏“图层 0”。选择“横排文字工具” T，按 X 键交换前景色与背景色，并在其工具栏

资源文件：
6.7.2.psd

上设置合适的字体和字号，在画布中央如图 6.54 所示的位置分别输入文字“老　京”和“北”，使其各处于一个单独的图层。

图 6.54
输入文字“老　京”和“北”

提示

改变文字的外形，需要使用各种跟路径有关的工具。

03 选择图层“北”为当前操作图层，单击“添加图层蒙版”按钮为其添加蒙版，选择“画笔工具”，设置前景色为黑色，在蒙版中涂抹以隐藏“北”字右边的笔画“点”，如图 6.55 所示，图层蒙版状态如图 6.56 所示。

笔 记

图 6.55
添加图层蒙版

图 6.56
图层蒙版状态

04 右击图层“老 京”的图层名称，在弹出的菜单中选择“转换为形状”命令，得到文字“老 京”的路径。选择“直接选择工具”，选中“京”字左上角的锚点，如图 6.57 所示鼠标指针处，按 Delete 键删除得到一个开放的端口，如图 6.58 所示。

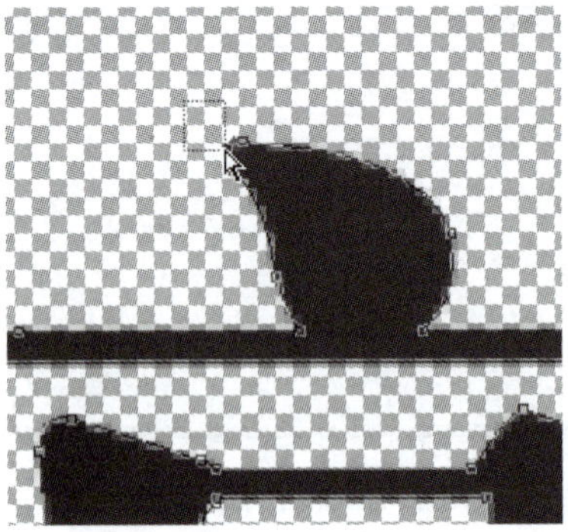

图 6.57
选中锚点

图 6.58
删除锚点

05 选择“钢笔工具” ，单击开放端口其中的一个锚点后，接着绘制如图 6.59 所示的路径。选择“直接选择”工具 ，移动“京”字头上“点”的路径的相应锚点至如图 6.60 所示，使其接近圆形。

图 6.59

用钢笔工具绘制路径

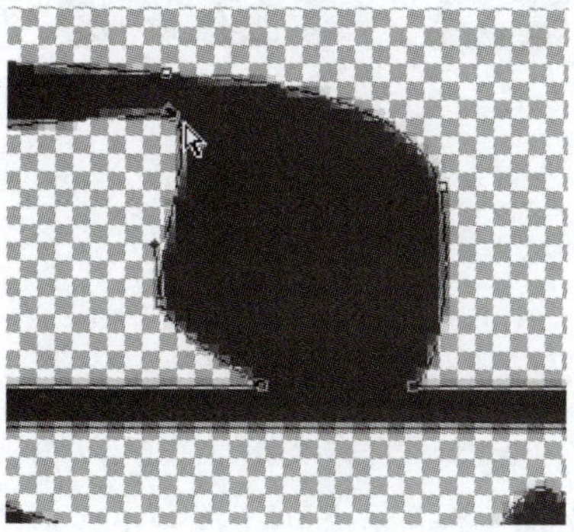

图 6.60

移动锚点

提示

在绘制完最后一个锚点后，将鼠标放在开放端口中的另外一个锚点上，待指针下面显示一个小圆时单击即可闭合路径。

06 选择“转换点工具” ，拖动笔画“点”的路径左侧的锚点的控制句柄，使其成为圆形如图 6.61 所示。用相同的方法调整上一步绘制的路径的所有锚点至如图 6.62 所示。

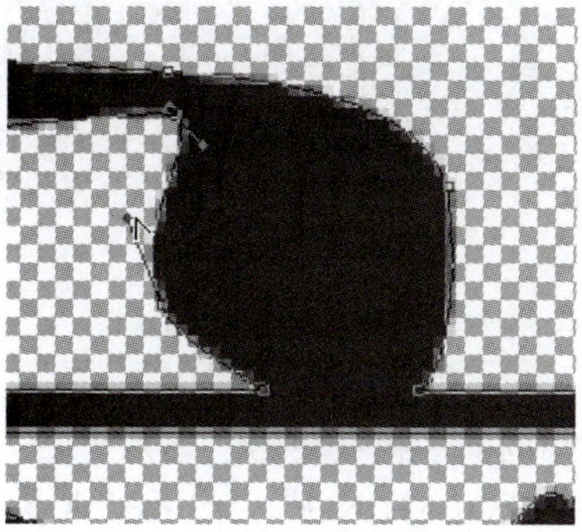

图 6.61

调整控制句柄

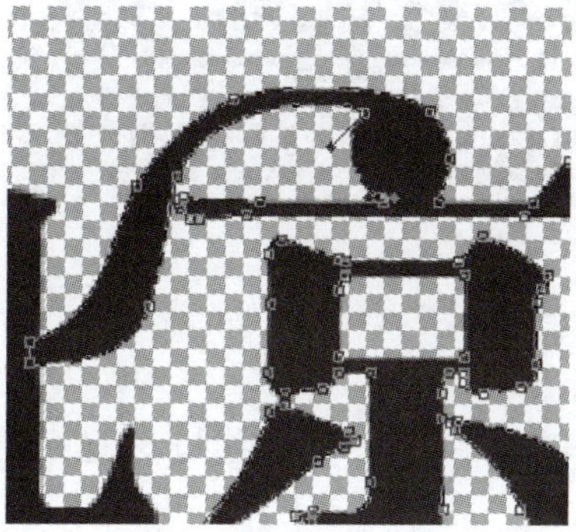

图 6.62

调整所有绘制的锚点

提示

调整刚绘制的直线型锚点时，用“转换点工具” 单击并拖动锚点便可得到控制句柄，接着再调整控制句柄即可。

07 用步骤 4 ~ 6 的方法，修改图层“老 京”的路径至如图 6.63 所示。并结合文字工具和路径工具输入文字和绘制其他装饰形状至如图 6.64 所示的效果。

图 6.63
图层“老 京”的路径

图 6.64
绘制装饰图形及输入文字

提示

绘制装饰形状的时候可以选择“自定义形状工具”，接着选择跟效果类似的形状，然后通过对形状的某些部分的修改达到需要的效果。接着在“老北京”的下方绘制连体的拼音文字“LAOBEIJING”。

笔 记

08 选择“横排文字工具”，设置前景色的颜色值为 77181c，并在其工具选项栏上设置适当的字体和字号，在“老北京”下方输入拼音“LAOBEIJING”，隐藏“图层 0”后如图 6.65 所示。

09 单击“添加图层蒙版”按钮为图层“LAOBEIJING”添加图层蒙版，设置前景色为黑色。选择“画笔工具”并在其工具选项栏上设置合适的大小，在图层蒙版中涂抹以隐藏字母“E”和“J”以及字母“A”中间的“－”，如图 6.66 所示，图层蒙版如图 6.67 所示。

图 6.65
输入拼音文字

图 6.66
为图层“LAOBEIJING”添加图层蒙版

10 选择“文字工具”，设置与“LAOBEIJING”相同的字体和字号，输入“E”，产生图层“E”，用“移动工具”将字母“E”移至“LAOBEIJING”中的“E”原来的位置。用相同的方法输入“J”，产生图层“J”并将其移至“LAOBEIJING”中的“J”原来的位置。效果如图 6.68 所示。

图 6.67
图层蒙版状态

图 6.68
输入“E”和“J”

笔 记

11 右击图层“E”的图层名称，在弹出的菜单中选择“转换为形状”命令得到“E”的路径，然后用步骤 4 ～ 6 的方法修改“E”的路径，隐藏图层“LAOBEIJING”和“J”后效果如图 6.69 所示。显示“J”后用相同的方法得到形状图层“J”，并修改“J”的路径至如图 6.70 所示。

图 6.69
形状图层“E”

图 6.70
形状图层“F”

12 为了保留文字图层，复制图层“LAOBEIJING”生成“LAOBEIJING 拷贝”后，显示拷贝图层，单击“添加图层样式”按钮 fx，在弹出的菜单中选择“描边”命令，在打开的对话框中设置，如图 6.71 所示，效果如图 6.72 所示。用相同的方法为图层“E”和“J”添加“描边”图层样式，效果如图 6.73 所示。

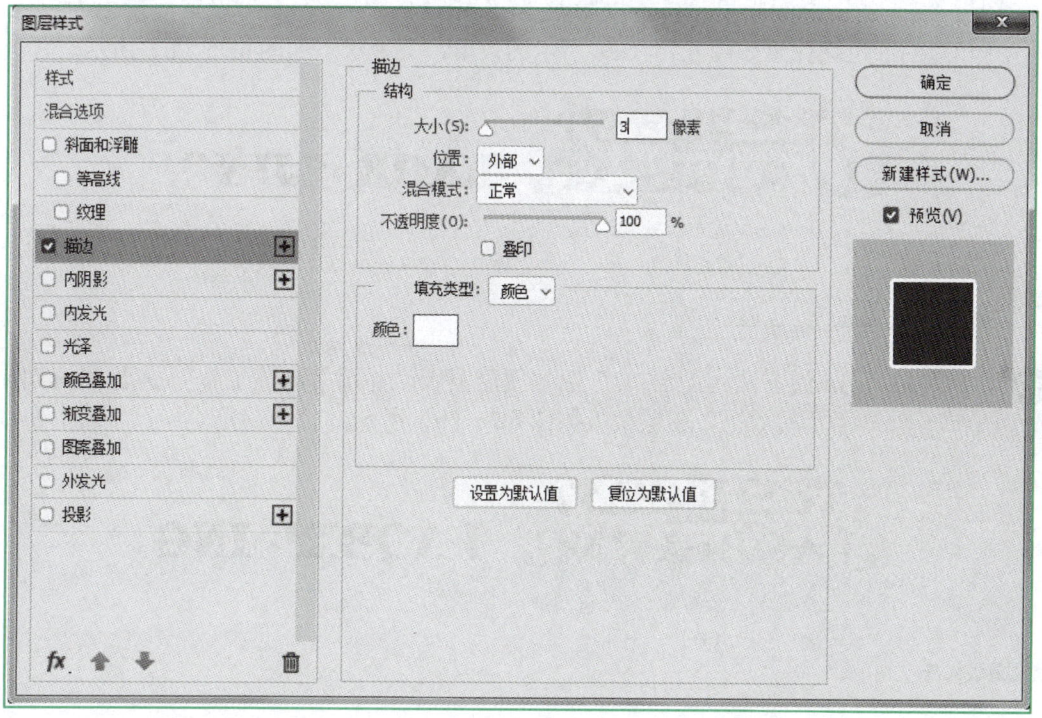

图 6.71
“描边”对话框

图 6.72
对文字描边后的效果

图 6.73
继续描边的效果

提 示

下面来制作图层“E”和“J”的图像与“LAOBEIJING”互相穿插的效果。

13 右击图层“LAOBEIJING 拷贝”的图层名称，在弹出的菜单中选择“转换为智能对象”命令。按住 Ctrl 键，单击图层“LAOBEIJING 拷贝”的缩览图移载入其选区，选择图层“E”为当前操作图层，按 Alt 键单击“添加图层蒙版”按钮为图层“E”添加图层蒙版，得到如图 6.74（a）所示的效果，其蒙版状态如图 6.74（b）所示。

（a） （b）

图 6.74
图层“LAOBEIJING 拷贝”添加图层蒙版及其图层蒙版状态

14 设置前景色为黑色，选择“画笔工具”并在其工具选项栏上设置合适的大小，在图层“E”的图层蒙版里涂抹，以隐藏“E”中间的“－”。然后设置前景色为白色，在相应的部位涂抹至如图 6.75（a）所示的效果，蒙版状态如图 6.75（b）所示。

（a） （b）

图 6.75
涂抹图层蒙版及其图层蒙版状态

15 用步骤 13 ～ 14 的方法为图层“J”添加图层蒙版，并用“画笔工具”涂抹得到如图 6.76（a）所示的效果，图层蒙版如图 6.76（b）所示。

（a） （b）

图 6.76
图层“J”添加图层蒙版及其图层蒙版状态

16 在“图层”面板中选中图层“LAOBEIJING 拷贝”“E”和“J”，复制这 3 个图层，合并新生成的 3 个拷贝图层，并将其重命名为“白底”，将图层“白底”拖到图层“LAOBEIJING”的下方，用步骤 12 的方法为其添加“描边”的图层样式，在“描边”对话框中设置“大小”为 5 像素，显示“图层 0”后效果如图 6.77 所示。

17 选择“画笔工具”，设置前进色为白色，在字母以及字母之间的空隙处涂抹至如图 6.78 所示的效果。最后，选择文字工具并设置合适的字体和字号，设置前景色为白色，输入相关文字信息后，效果如图 6.79 所示，“图层”面板如图 6.80 所示。

图 6.77
新增图层“白底”后的效果

图 6.78
用白色涂抹

图 6.79
“老北京”制作的最终效果

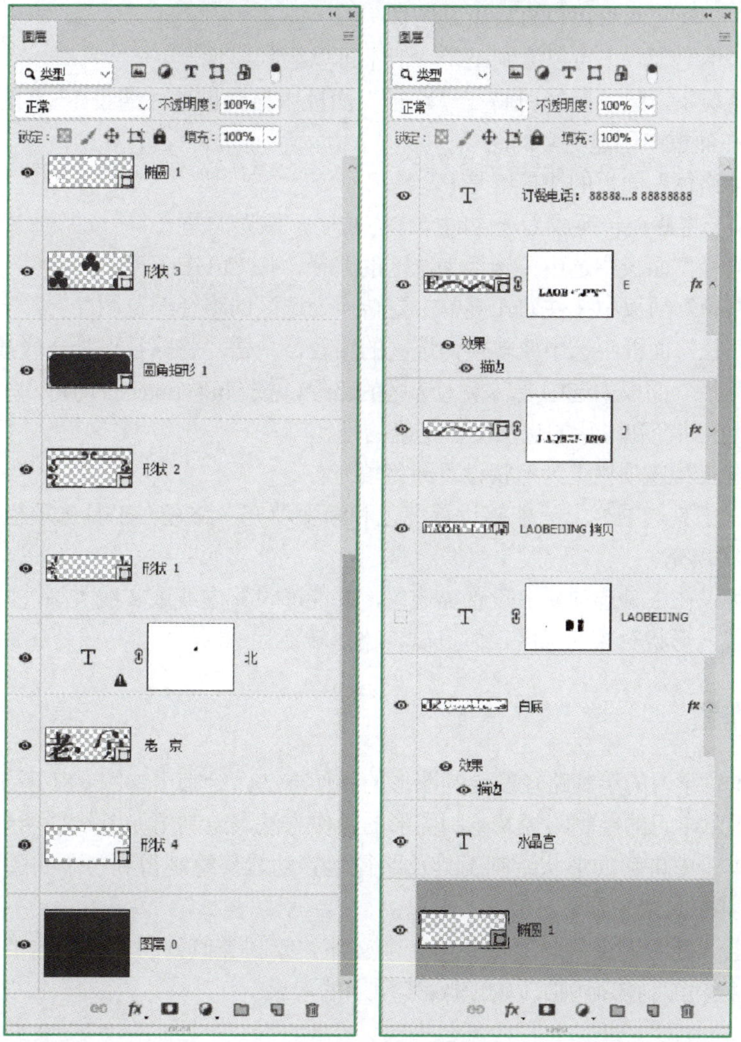

（a）（b）

图 6.80
完成“老北京”制作后的“图层”面板

习题

一、选择题

1. 下列用于绘制路径的工具包括（ ）。

A. 钢笔工具 B. 自由钢笔工具 C. 直接选择工具 D. 添加锚点工具

2. 下列可以用于编辑路径的工具包括（ ）。

A. 转换点工具 B. 路径选择工具 C. 删除锚点工具 D. 钢笔工具

3. 下列关于选择路径的说法中，正确的是（ ）。

A. 使用“路径选择工具”可以选中整条路径

B. 使用“直接选择工具”可以选中路径中的某个锚点

C. 使用“直接选择工具”按住 Alt 键可以选中整条路径

D. 使用“直接选择工具”只能选择路径中的锚点及路径线

4. 下列可以绘制并得到形状图层的工具包括（ ）。

A. 钢笔工具 B. 矩形工具 C. 椭圆工具 D. 直线工具

5. 下列说法中，不正确的是（ ）。

A. 使用“钢笔工具”可以直接绘制图像

B. 使用“钢笔工具”可以绘制路径，但不可以绘制形状

C. 默认情况下，绘制路径时将在“路径”面板中自动创建“路径 1”，并随着绘制次数的增多，逐渐在面板中创建更多的路径

D. 显示“路径”面板的快捷键是 F7。

6. 下列关于将路径转换成为选区的操作方法中，错误的是（ ）。

A. 在“路径”面板中选中要转换为选区的路径，按 Ctrl+Enter 键即可

B. 在“路径”面板中按住 Ctrl 键单击要转换为选区的路径缩览图

C. 在“路径”面板中选中要转换为选区的路径，单击“将路径作为选区载入”按钮

D. 在“路径”面板中选中要转换为选区的路径，按 Shift+Enter 键即可

7. 下列关于路径和形状的说法中，正确的是（ ）。

A. 可以在工具选项栏上为形状设置纯色填充

B. 形状在工具选项栏上只能够设置纯色和渐变填充；路径在工具选项栏上可以设置纯色、渐变及图案填充

C. 形状可以在工具选项栏上设置描边色，并能够设置虚线或实线类型

D. 无法载入形状对象的选区，但可以将路径转换为选区

二、操作题

1. 结合本章学习的绘制路径及绘制图形的操作方法，绘制出如图 6.81 所示的标志图像。

2. 结合本章学习的绘制路径及绘制图形的操作方法，绘制出如图 6.82 所示的招贴图像。

3. 结合本章中讲解的形状绘制工具及路径运算功能，绘制得到一个如图 6.83 所示的黑色圆环，并将其定义成为画笔。

4. 使用上一题中定义的画笔，新建一个文件并绘制类似如图 6.84 所示的路径，然后结合画笔描边路径功能制作得到类似如图 6.85 所示的效果。

资源文件：
6.8–2.psd
6.8–3.psd
6.8–4.psd
6.8–5.psd
6.8–6.psd

图 6.81
绘制标志图像

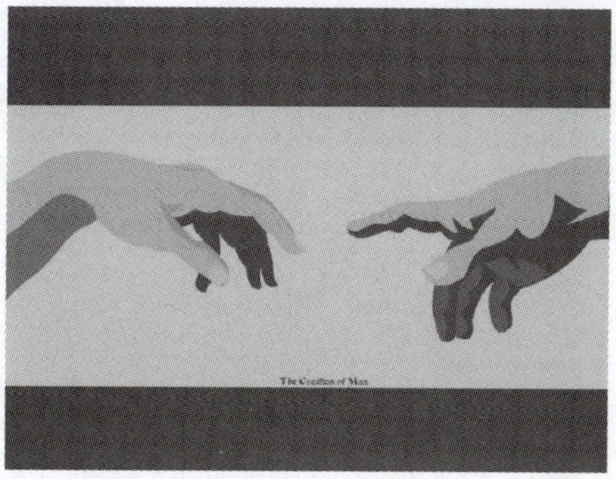

图 6.82
绘制招贴图像

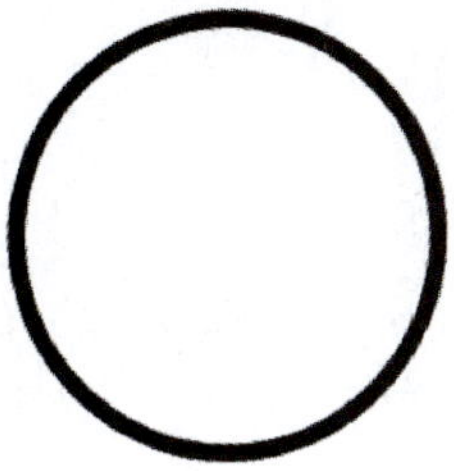

图 6.83
绘制黑色圆环

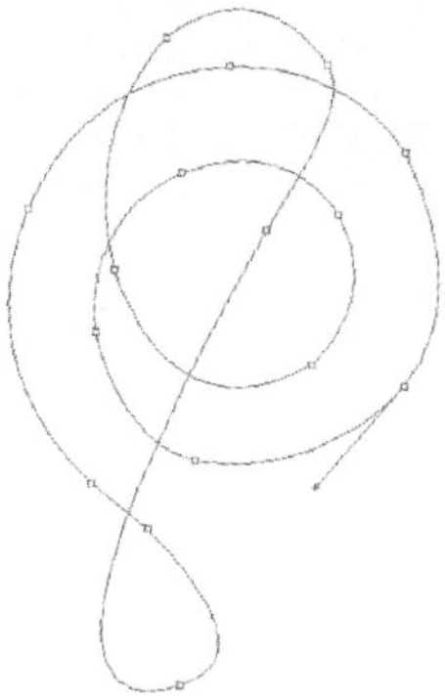

图 6.84
绘制路径

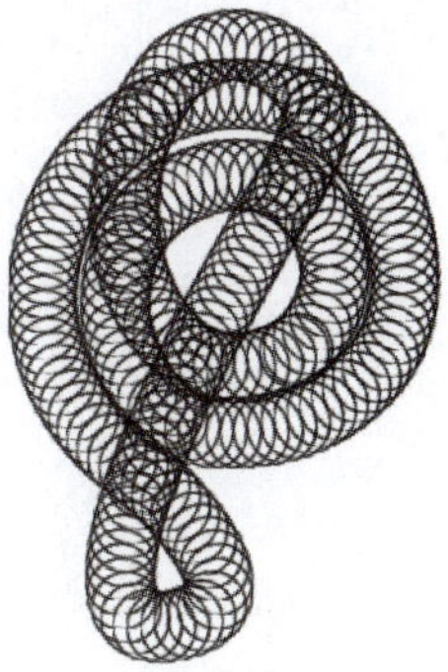

图 6.85
描边后的效果

5. 新建一个尺寸为 1024×768 的文件，然后结合“钢笔工具”以及路径自由变换控制框、剪贴蒙版等功能，制作得到类似如图 6.86 所示的矢量渐变背景。

6. 以上一题制作的背景图像为基础，结合“钢笔工具”、“椭圆工具”、“矩形工具”以及复制路径、路径运算等功能，尝试制作得到类似如图 6.87 所示的完整作品。

图 6.86
绘制背景图像

图 6.87
完成整体作品

提示

本章所用到的素材及效果文件位于本书配套资源中的“第6章”文件夹内，其文件名与章节号对应。

第 7 章

通道

知识要点：

- “通道”面板
- Alpha 通道
- 编辑 Alpha 通道
- 颜色通道
- 将通道作为选区载入的操作方法

课程导读：

在 Photoshop 各方面的强大功能之中，通道并不像图层那样拥有很多的参数，如混合模式、不透明度、图层样式，但却丝毫不影响通道成为 Photoshop 中的核心功能。

很多 Photoshop 初学者都对通道功能非常迷惑，而实际上则恰恰相反，单就功能的多样性来看，通道远远比不上图层，甚至没有路径的功能丰富，其核心功能简单来说，就是将在通道中根据需要将要转换为选区的部分处理成为白色，再将其转换成为选区即可。

本章对通道的类型及其基本的工作进行了讲解，掌握并深刻理解这些知识，就能够在工作上灵活运用通道。

PPT：
第 7 章 通道

7.1 关于通道

在 Photoshop 中通道的类型有 3 种，分别是颜色通道、专色通道以及 Alpha 通道，不同类型的通道都有各自不同的功能和作用。

颜色通道的数目由图像颜色模式所决定，“RGB 颜色”模式的图像有 4 个颜色通道，如图 7.1 所示，而 CMYK 模式的图像则有 5 个，如图 7.2 所示。

图 7.1
有 4 个颜色通道的 RGB 模式图像

资源文件：
7.1– 素材 1. png
7.1– 素材 2. psd
7.1– 素材 3. psd

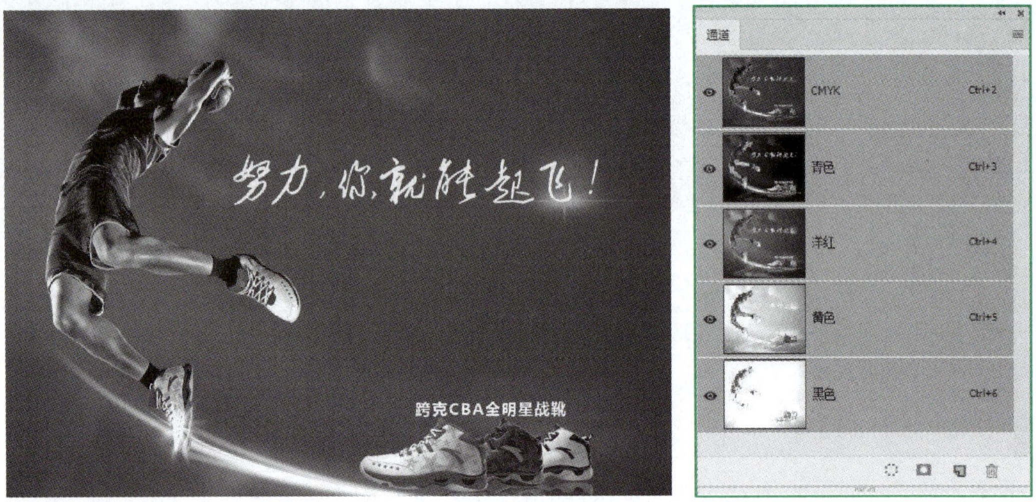

图 7.2
有 5 个颜色通道的 CMYK 模式图像

专色通道、Alpha 通道属于需要用户自行创建的通道，其中专色通道用于在进行专色印刷或进行 UV、烫金、烫银等特殊印刷工艺时，生成用于限定特殊工艺的应用范围的专色版。

Alpha 通道的主要功能是制作与保存选区，一些在图层中不易得到的选区，可以灵活使用 Alpha 通道得到。

图 7.3（a）所示为原图像，图 7.3（b）所示为经过灵活操作得到的 Alpha 通道，图 7.3（c）

所示为使用此 Alpha 通道得到的选择区域。

（a）原图像　　（b）Alpha 通道　　（c）选择区域

图 7.3
对图像处理得到的 Alpha 通道及其选择区域

7.2 “通道”面板

笔 记

“通道”面板与“路径”面板、“图层”面板一样具有很高的使用率，选择“窗口”|“通道”命令即可显示“通道”面板，如图 7.4 所示。

“通道”面板中各个按钮的作用如下所述：

- 单击“将通道作为选区载入”按钮，可以调出当前通道所保存的选区。
- 在当前图像存在选区的状态下，单击“将选区存储为通道”按钮，可以将当前选区保存为 Alpha 通道。
- 单击“创建新通道”按钮，创建一个新的 Alpha 通道。
- 单击“删除当前通道”按钮，删除当前选择的通道。

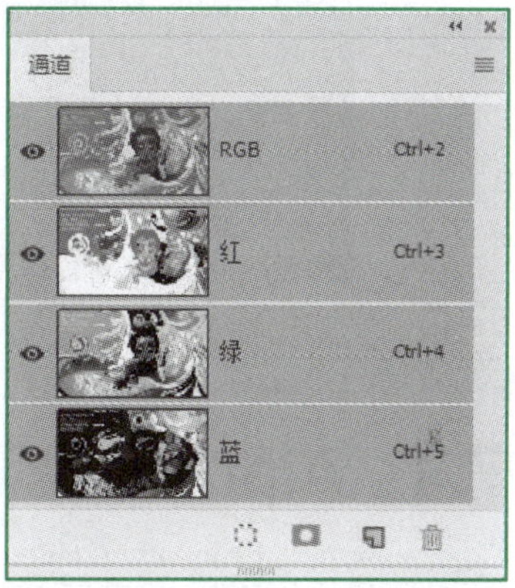

图 7.4
“通道”面板

7.3 颜色通道

颜色通道包括一个“混合”通道和单个的“颜色”通道，如前所述此类通道用于保存图像的颜色信息。每一个颜色通道对应图像的一种颜色，如 CMYK 模式的图像中的青色通道保存图像的青色信息。

默认状态下“通道”面板中显示所有的颜色通道，如果只选中其中的一个颜色通道，则在图像中仅显示此通道的颜色，如图 7.5 所示。在任何情况下，如果单击混合通道—RGB 或 CMYK 则可以同时显示所有颜色通道。

资源文件：
7.3–素材 .jpg

图 7.5
只显示“绿”通道的状态

单击“颜色”通道左侧的眼睛图标，可以隐藏颜色通道或混合通道，再次单击可恢复显示。因此如果需在查看两种颜色通道的合成效果，可以显示这两种颜色通道，如图 7.6 所示。

图 7.6
隐藏“蓝”通道的状态

7.4　Alpha通道

Alpha 通道的主要功能则是制作与保存选区，一些在图层中不易得到的选区，可以灵活使用 Alpha 通道得到。在后面讲解过程中提到的“通道”通常就是指此类型通道。

图 7.7（a）所示为原图像，图 7.7（b）所示为经过灵活操作得到的 Alpha 通道，图 7.7（c）所示为使用此 Alpha 通道得到的选择区域。

（a）原图像　（b）Alpha 通道　（c）选择区域

图 7.7
对图像灵活操作得到的 Alpha 通道及使用此通道得到的选择区域

7.4.1 新建Alpha通道

要创建新的 Alpha 通道，可以按住 Alt 键单击“创建新通道”按钮或选择“通道”面板弹出菜单中的“新建通道”命令，在打开的对话框中设置，如图 7.8 所示。

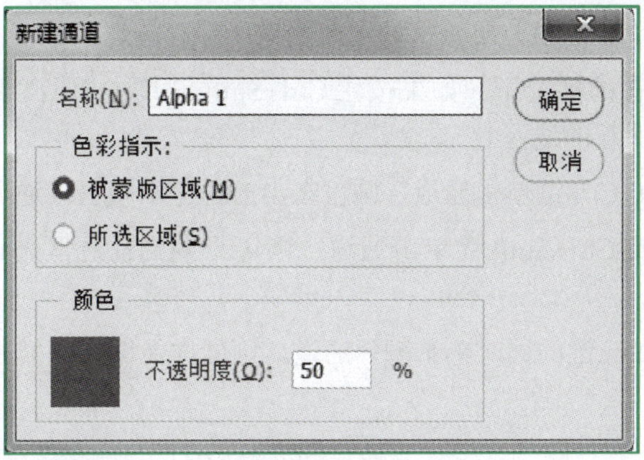

图 7.8
“新建通道”对话框

“新建通道”对话框中的重要参数解释如下所述。

- 被蒙版区域：选中此选项新建的通道显示为黑色，利用白色在通道中做图，白色区域则成为对应的选区。
- 所选区域：选中此选项新建通道中显示白色，利用黑色在通道做图，黑色区域为对应的选区。图 7.9 所示是分别选择“被蒙版区域”和“所选区域”而创建的不同显示状态的通道。

资源文件：
7.4.1– 素材 . psd

(a) (b) (c)

图 7.9
创建 Alpha 通道的两种效果

- 颜色：单击其后的色标在弹出的“拾色器”中指定快速蒙版的颜色。
- 不透明度：在此指定快速蒙版的不透明度显示。

如果需要以默认的参数创建 Alpha，可以直接单击“通道”面板下方的“创建新通道”按钮。

7.4.2 将Alpha通道作为选区载入

在“通道”面板中选择任一个 Alpha 通道，单击面板下面的“将通道作为选区载入”按钮，即可将此 Alpha 通道所保存的选区调出。

此外，还可以使用快捷键进行操作，具体方法如下：

- 按住 Ctrl 键单击通道，可直接调用此通道所保存的选区。
- 在选区已存在的情况下，如果按住 Ctrl+Shift 键单击通道，则可在当前选区中增加该通道所保存的选区。
- 如果按住 Alt+Ctrl 键单击通道，则可在当前选区中减去该通道所保存的选区。
- 如果按住 Alt+Ctrl+Shift 键单击通道，则可得到当前选区与该通道所保存的选区重叠的选区。
- 如果在按住 Ctrl 键的同时单击颜色通道，则同样能够将此类通道保存的选区调出，如图 7.10 所示。

资源文件：
7.4.2-素材.psd

图 7.10
将通道作为选区载入

7.4.3 编辑Alpha通道

由于 Alpha 通道类似于一个灰度图像，因此在 Alpha 通道中可以用绘图工具、图像调整命令以及滤镜等命令进行处理，以编辑 Alpha 通道中的黑色与白色区域的大小与位置，从而创建相对应的合适的选区，这也是 Alpha 通道之所以应用如此广泛的一个原因，更是许多初学者不甚理解的地方。

图 7.11 所示是利用“高斯模糊”滤镜对通道中的龙形图像进行处理后的效果，图 7.12 所示是以此通道为基础，制作得到的白银质感图像。

图 7.11
通道状态

图 7.12
白银质感图像

在 Alpha 通道中进行图像处理与在图层中的操作基本相同，故不再予以详细讲解。

笔记

7.5 实战演练

本例主要讲解如何给人物换个唯美的背景。在制作的过程中，重点就是对人物头发的抠选，主要结合了通道、“曲线”命令以及“画笔工具”等。另外，对投影的抠选，也是本例的另外一个重点。

01 打开本书配套资源中的文件“第 7 章\7.5- 素材.jpg”，如图 7.13 所示。

02 在“图层”面板底部单击“创建新的填充或调整图层”按钮，在弹出的菜单中选择“渐变”命令，在打开的“渐变填充”对话框中单击渐变显示框，在打开的“渐变编辑器”对话框中设置，如图 7.14 所示。

资源文件：
7.5.psd
7.5- 素材.jpg

图 7.13
7.5- 素材图像

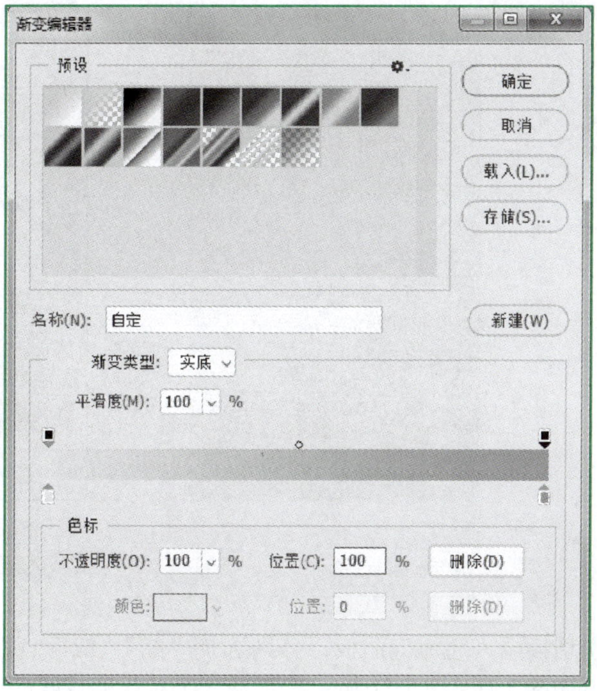

图 7.14
“渐变编辑器”对话框

提示

在“渐变编辑器”对话框中，渐变类型为“从 ffecf0 到 f591ab”。

03 单击“确定”按钮返回到“渐变填充”对话框，设置其对话框，如图 7.15 所示，此时预览效果如图 7.16 所示，在画布中使用“移动工具”调整渐变的位置，如图 7.17 所示。单击“确定”按钮退出对话框。同时得到图层“渐变填充 1”。

04 将“背景”图层拖至“图层”面板底部“创建新图层”按钮上得到“背景 拷贝”，并将拷贝图层拖至“渐变填充 1”的上方，此时“图层”面板如图 7.18 所示。

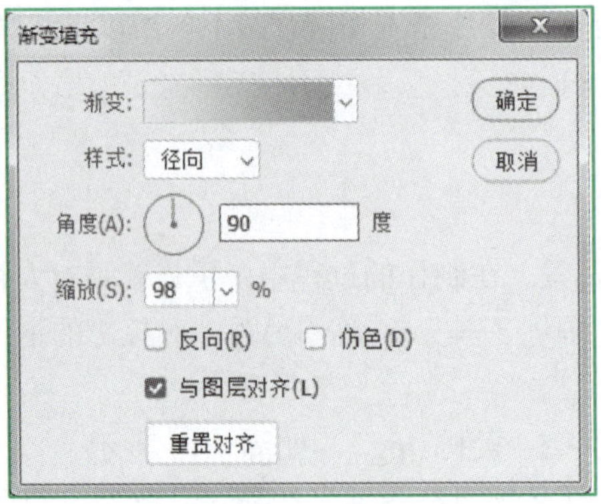

图 7.15
“渐变填充”对话框

图 7.16
应用“渐变填充”命令后的效果

图 7.17
调整渐变的位置

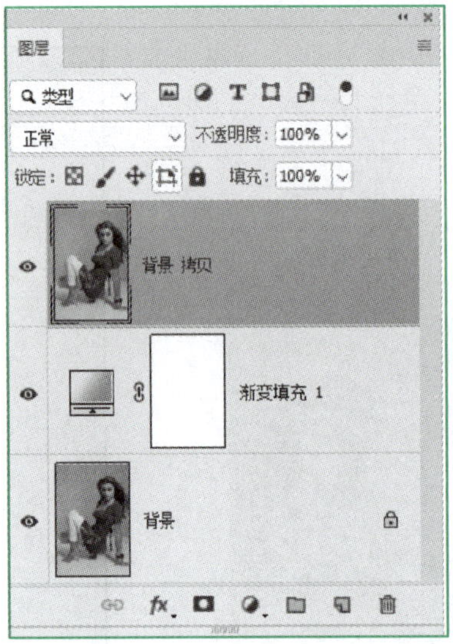

图 7.18
拷贝图层拖至“渐变填充 1”上方时“图层”面板

笔 记

05 切换至“通道”面板，分别选择“红”“绿”“蓝”通道，以查看各个通道中的状态，如图 7.19~ 图 7.21 所示。选择一个对比度较好的通道，在此选择“红”通道，并将此通道拖至“通道”面板底部“创建新通道”按钮上得到“红 拷贝”，此时“通道”面板如图 7.22 所示。

图 7.19
“红”通道中的状态

图 7.20
“绿”通道中的状态

图 7.21
“蓝”通道中的状态

笔 记

06 在工具箱中设置前景色为白色，并选择“画笔工具”，在其工具选项栏中设置适当的画笔大小，在人物的身体区域涂抹，使涂抹区域变为白色，如图 7.23 所示。

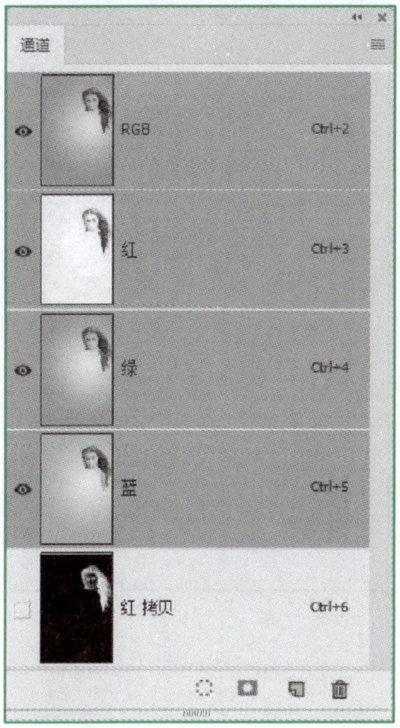

图 7.22
得到“红 拷贝”通道时的“通道”面板

图 7.23
在人物的身体区域涂抹后的效果

07 按 Ctrl+M 键调出“曲线”对话框，在对话框中向右拖动左下角的节点，如图 7.24 所示，以增强图像的对比度，此时效果如图 7.25 所示。

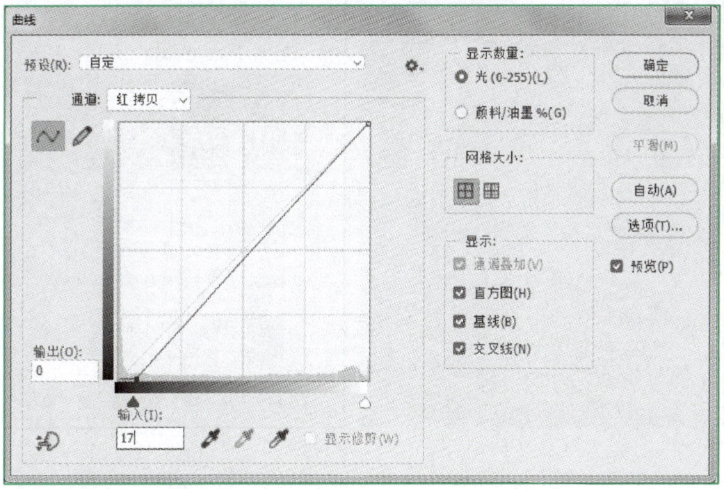

图 7.24
“曲线”对话框

图 7.25
应用“曲线”命令后的效果

08 按 Ctrl+I 键应用“反相”命令，得到如图 7.26（a）所示的效果，此时“通道”面板状态如图 7.26（b）所示。

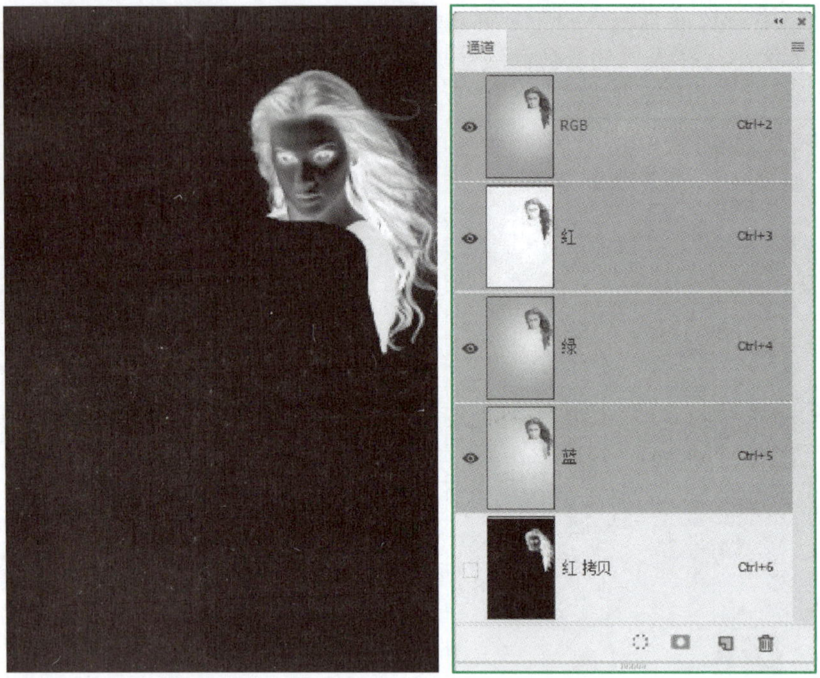

（a） （b）

图 7.26
应用“反相”命令后的效果 及其“通道”面板

09 按 Ctrl 键单击“红 拷贝”通道缩览图以载入其选区，如图 7.27 所示。切换回“图层”面板，选择“背景 拷贝”图层，在“图层”面板底部单击“添加图层蒙版”按钮，得到的效果如图 7.28（a）所示，“图层”面板如图 7.28（b）所示。

笔 记

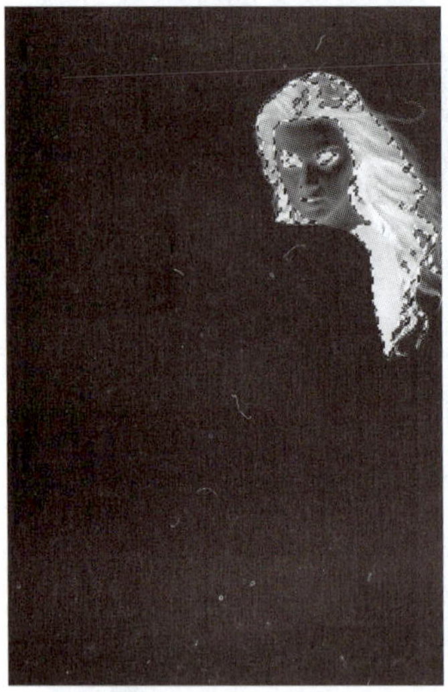

图 7.27
载入的选区状态

（a） （b）

图 7.28
添加图层蒙版后的效果 及其“图层”面板

10 将“背景”图层拖至“图层”面板底部“创建新图层”按钮上得到“背景 拷贝 2”，并将拷贝图层拖至“背景 拷贝”的上方，在工具箱中选择“钢笔工具”，并在其工具选项栏中选择“路径”选项，沿着人物的轮廓绘制路径（除头发边缘），如图 7.29

所示。

11 按 Ctrl+Enter 键将路径转换为选区，按 Ctrl+Shift 键单击“背景 拷贝”蒙版缩览图以载入其选区，进行加选，如图 7.30 所示。在“图层”面板底部单击“添加图层蒙版”按钮为“背景 拷贝 2”添加蒙版，得到的效果如图 7.31（a）所示，此时蒙版中的状态如图 7.31（b）所示。

图 7.29
沿人物轮廓绘制路径

图 7.30
选区状态

（a） （b）

图 7.31
添加图层蒙版后的效果及其蒙版中的状态

12 选中“背景 拷贝 2”图层蒙版，在工具箱中设置前景色为白色，并选择“画笔工具”，在其工具选项栏中设置画笔为“柔角 9 像素”，不透明度为 50%，在头发边缘的生硬处进行涂抹，以融合图像，如图 7.32（a）所示，此时蒙版中的状态如图 7.32（b）所示，“图层”面板如图 7.32（c）所示。

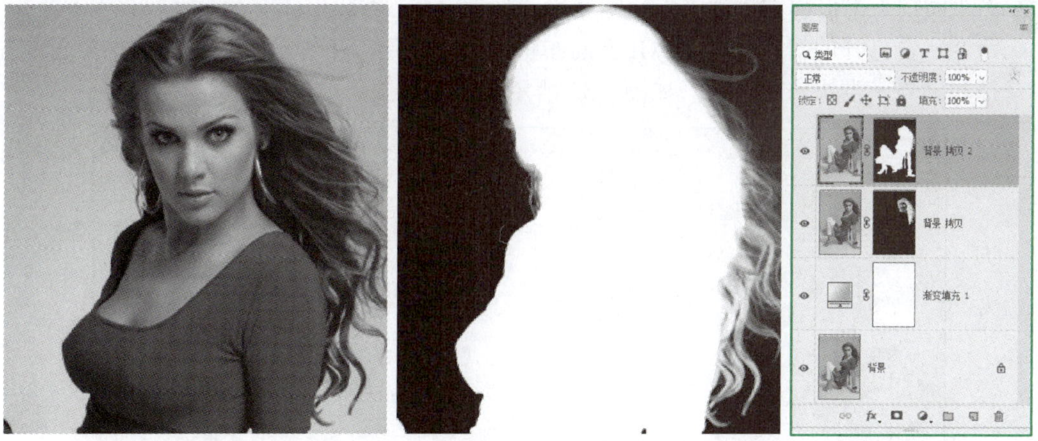

（a） （b） （c）

图 7.32
编辑蒙版后的效果和蒙版中的状态及其“图层”面板

13 将“背景”图层拖至“图层”面板底部“创建新图层”按钮上得到“背景 拷贝 3”，并将拷贝图层拖至“渐变填充 1”的上方，在工具箱中选择“钢笔工具”，并在其工具选项栏中选择“路径”选项，以及“合并形状”选项，沿着人物的投影区域绘制路径，如图 7.33 所示。

笔 记

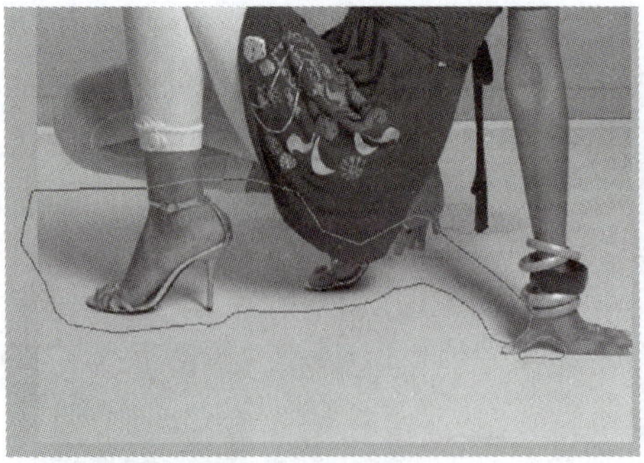

图 7.33
脚部区域绘制路径

图 7.34
脚部区域选区状态

14 按 Ctrl+Enter 键将路径转换为选区，如图 7.34 所示。按 Ctrl+Shift+I 键执行“反向”操作，以反向选择当前的选区。按 Delete 键删除选区中的内容，按 Ctrl+D 键取消选区，得到的效果如图 7.35 所示。

图 7.35
删除部分图像后的效果

15 在“图层”面板底部单击“添加图层样式”按钮 fx，在弹出的菜单中选择“混合选项”命令，在打开的对话框中按 Alt 键向左拖动“本图层”下方的白色滑块，然后再向左拖动另外小半块白色滑块，如图 7.36 所示，得到的效果如图 7.37 所示。

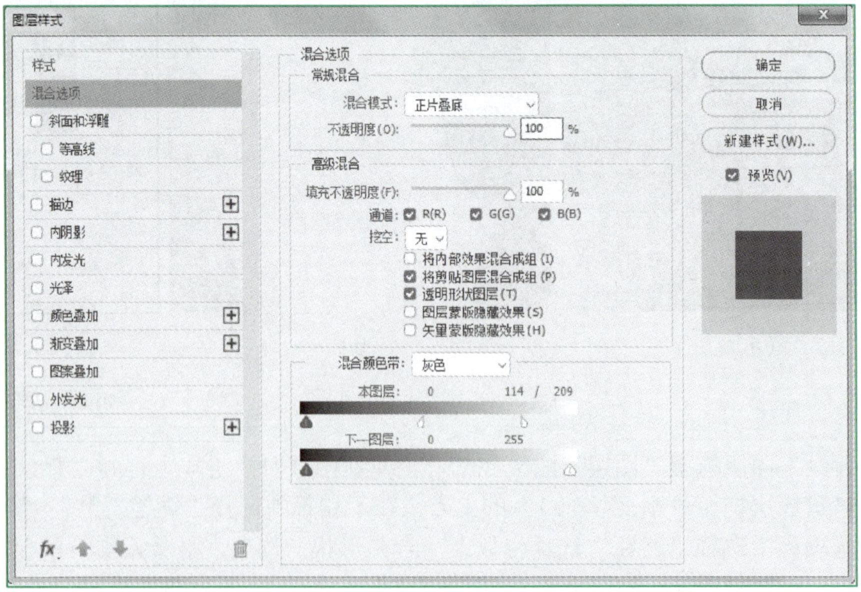

图 7.36
“图层样式”对话框“混合选项”

笔 记

⑯ 设置“背景 拷贝 3”的混合模式为“正片叠底”，以混合图像，得到的效果如图 7.38 所示。

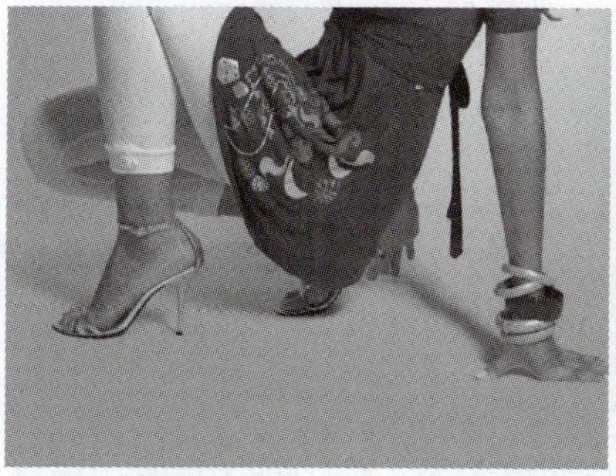

图 7.37
应用“混合选项”选项后的效果

图 7.38
设置混合模式后的效果

⑰ 单击“添加图层蒙版”按钮◘为“背景 拷贝 3”添加蒙版，设置前景色为黑色，选择“画笔工具”🖌，在其工具选项栏中设置适当的画笔大小及不透明度，在图层蒙版中进行涂抹，以将显得比较生硬的图像隐藏起来，直至得到如图 7.39（a）所示的效果，此时蒙版中的状态如图 7.39（b）所示。

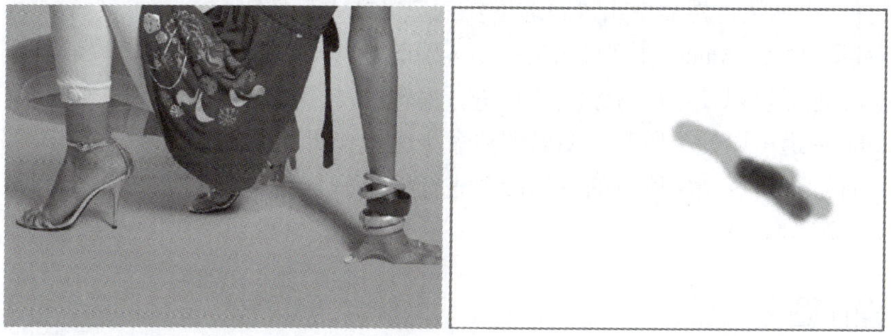

（a） （b）

图 7.39
添加图层蒙版后的效果及此时蒙版中的状态

⑱ 至此，完成本例的操作，最终整体效果如图 7.40（a）所示，此时“图层”面板如图 7.40（b）所示。

（a） （b）

图 7.40
7.5- 素材加工后的最终效果及此时的“图层”面板

习题

拓展知识 7-1
淘宝女装广告设计

一、选择题

1. 显示“通道”面板的快捷键是（　　）。

A. F5　　B. F6　　C. F7　　D. 无快捷键

2. 下列可以创建全新空白 Alpha 通道的操作包括（　　）。

A. 单击“通道”面板中的“创建新通道”按钮

B. 在“通道”面板的弹出菜单中选择“新建通道”命令，在对话框中单击“确定”按钮即可

C. 在当前存在选区的情况下，单击“将选区存储为通道”按钮

D. 选择“图层”|“通道”|“新建通道”命令，在打开的对话框中单击“确定”按钮即可

3. 下列载入通道选区的操作方法中，正确的是（　　）。

A. 按 Ctrl 键单击通道的名称

B. 按 Ctrl 键单击通道的缩览图

C. 将通道拖至“将通道作为选区载入”按钮上

D. 选择一个通道，然后单击“将通道作为选区载入”按钮

4. 下列关于编辑 Alpha 通道的说法中，正确的是（　　）。

A. Alpha 通道可以使用部分绘图工具进行编辑

B. Alpha 通道可以使用所有的图像调整命令进行编辑

C. Alpha 通道可以使用所有的滤镜命令进行编辑

D. 以上说法都不对

二、操作题

1. 打开本书配套资源中的文件“第 7 章\7.7–1– 素材 1.tif”，如图 7.41 所示。结合本章讲解的通道功能将其中的书法文字抠选出来，再打开文件“第 7 章\7.7–1– 素材 2.tif”，如图 7.42 所示，结合图层混合模式、图层样式等功能，制作得到如图 7.43 所示的书法雕刻文字效果。

资源文件：
7.7–1. psd
7.7–1– 素材 1. tif
7.7–1– 素材 2. tif

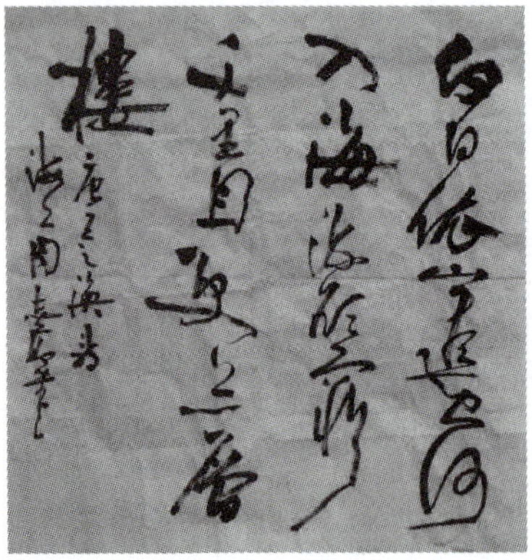

图 7.41
书法素材

图 7.42
岩石素材

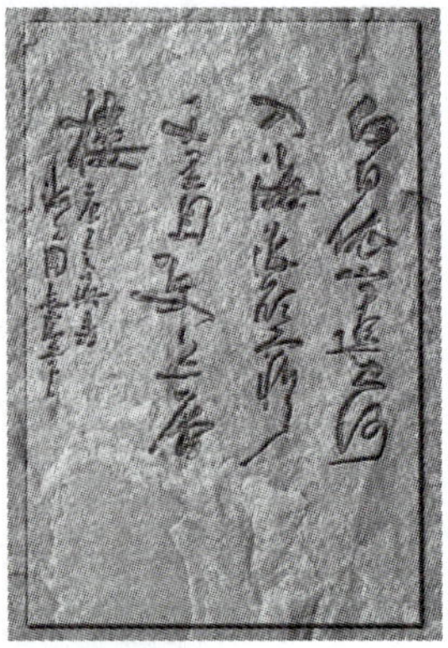

图 7.43
书法雕刻文字效果

2. 打开本书配套资源中的文件“第 7 章\7.7–2– 素材 1.psd”，如图 7.44 所示，结合本章中讲解的知识，尝试将人物的头发抠选出来，得到类似如图 7.45 所示的效果。再打开文件

“第 7 章 \7.7–2– 素材 2.psd”，如图 7.46 所示，将抠出的人物置于该场景中，如图 7.47 所示。

图 7.44
7.7–2– 素材 1 原图像

图 7.45
抠图后的效果

资源文件：
7.7–2–1.psd
7.7–2–2.psd
7.7–2– 素材 1.psd
7.7–2– 素材 2.psd

图 7.46
7.7–2– 素材 2 图像

图 7.47
7.7–2– 素材加工后完整效果

3. 打开本书配套资源中的文件“第 7 章 \7.7–3– 素材 1.psd”，如图 7.48 所示，使用该文件给出的文字“5”，结合文件“第 7 章 \7.7–3– 素材 2.psd”，如图 7.49 所示，在通道中进行编辑，直至得到如图 7.50 和图 7.51 所示的效果，然后返回至“图层”面板，结合图层样式功能制作得到类似如图 7.52 所示的效果。

资源文件：
7.7–3.psd
7.7–3– 素材 1.psd
7.7–3– 素材 2.psd

（a） （b）

图 7.48
7.7–3– 素材 1 图像及对应的“图层”面板

图 7.49
7.7–3– 素材 2 图案

图 7.50
在通道中编辑的效果 1

图 7.51
在通道中编辑的效果 2

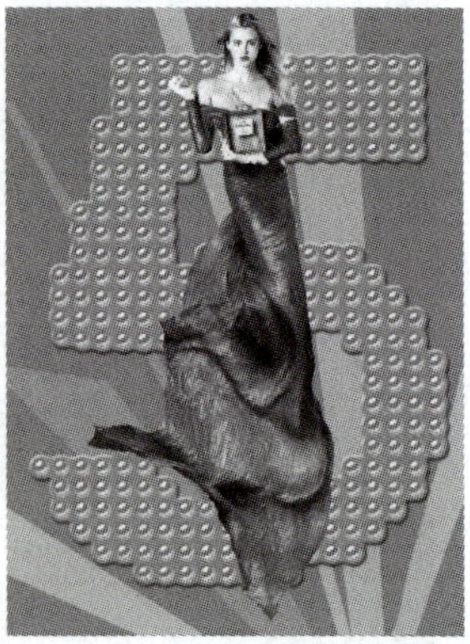

图 7.52
7.7-3- 素材加工后完整效果

提 示

1. 在通道中处理图像时，将会用到“滤镜”|“模糊”|“高斯模糊”滤镜。

2. 本章所用到的素材及效果文件位于本书配套资源中的“第 7 章”文件夹内，其文件名与章节号对应。

第8章

输入或格式化文字

知识要点：

- 输入水平文字
- 输入垂直文字
- 转换横排文字与直排文字
- 横排文字与直排文字间的转换
- 沿路径排文
- 异形区域文字

课程导读：

Photoshop 发展到 CC 版本，文字的编辑与处理功能越来越强大，用户可以随意改变文字的字体、字号等属性，也可以通过变形文字，将文字绕排于路径等的操作使文字具有特殊的效果。

本章详细讲解了有关文字的输入、编辑、修改、艺术化处理等多方面的知识与相关的操作技巧。

8.1 输入文字

PPT：
第 8 章 输入或格式化文字

要在 Photoshop 中输入文字，必须使用如图 8.1 所示的 4 种文字工具中的一种。4 种工具的作用通过其名称即能够轻松理解。

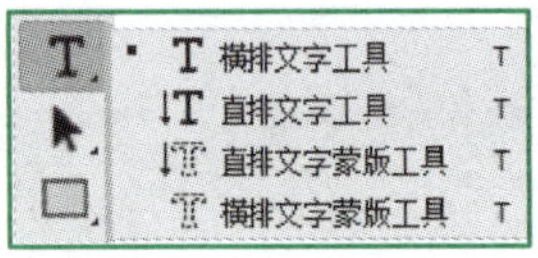

图 8.1
文字工具

8.1.1 输入水平或垂直文字

在文字的排列方式中，横排是最常用的一种方式。使用“横排文字工具” T. 可以输入横排文字，其工具选项栏如图 8.2 所示。

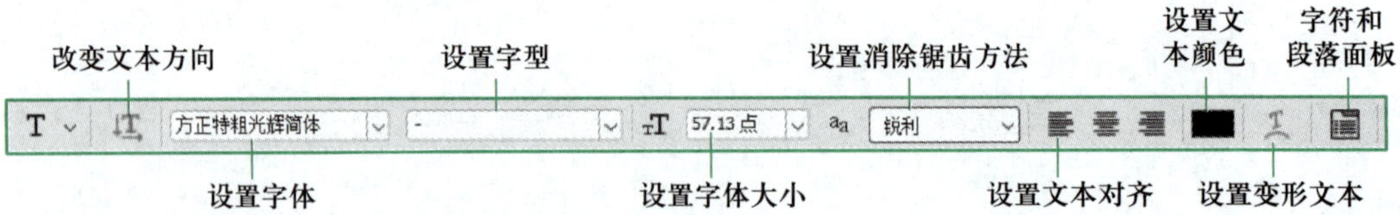

图 8.2
“横排文字工具”选项栏

输入横排文字的操作方法非常简单，只需要使用“横排文字工具” T. 在要输入文字的位置单击，即可得到文本光标，然后在此光标后面输入文字即可。

输入文字之前，也可以先在“设置字体”下拉列表中选择合适的字体，在“设置字体大小”下拉列表中选择合适字号，单击“设置文本对齐”中的 3 个按钮设置适当的对齐方式，单击“设置文本颜色”图标，在弹出的“拾色器”对话框中选择文字颜色，然后再按上面的方法输入文字，从而得到符合自己需要的文字效果。

输入文字后，可单击工具选项栏右侧的 ✓ 按钮或按 Ctrl+Enter 键即可确认输入文字，如果单击 ⊘ 按钮或按 Esc 键则可以取消文字输入。

图 8.3 所示为几则输入横排文字的示例。

（a） （b） （c）

图 8.3
横排文字示例

创建直排文本的操作方法与创建横排文本相同。单击“横排文字工具”，在隐藏工具中选择“直排文字工具”，然后在页面中单击并在光标后面输入文字，则文本呈竖向排列，如图 8.4 所示。

(a) (b) (c)

图 8.4
垂直排列的文本

8.1.2 转换横排文字与直排文字

虽然使用“横排文字工具”只能创建水平排列的文字，使用“直排文字工具”只能创建垂直排列的文字，但在需要的情况下，可以相互转换这两种文本的显示方向。

改变文本的方向可按以下步骤操作：

资源文件：
8.1.2- 素材 .psd

01 打开本书配套资源中的文件“第 8 章 \8.1.2- 素材 .psd”。

02 利用“横排文字工具”或“直排文字工具”输入文字。

03 在工具箱中选择文本工具。

04 执行下列操作中的任意一种，即可改变文字方向：

- 单击工具选项栏中的“切换文本取向”按钮。
- 选择“类型”|“文本排列方向”|“垂直”、“类型”|“文本排列方向”|“水平”命令。

例如，在单击“切换文本取向”按钮后，将如图 8.5 所示的直排文字转换为水平排列的文字。

(a) (b)

图 8.5
将直排文字转换为横排文字

8.2 变形文字

拓展知识 8-1
点文字与段落文字

拓展知识 8-2
格式化文字

拓展知识 8-3
转换文字

Photoshop 具有使文字变形扭曲的功能，利用这一功能可以在需要的情况下使文字的外形表现形式更加丰富。具体操作步骤如下：

01 打开本书配套资源中的文件“第 8 章 \8.2– 素材 .psd”，在“图层”面板中选择要变形的文字层作为当前操作层，并使用横排文字在画布的中心偏下位置插入光标，并输入文字“风轻轻的吹，把美丽的花瓣吹上天，让快乐留下来。”，如图 8.6 所示。

02 单击工具选项栏中的“创建文字变形”按钮，打开“变形文字”对话框，单击“样式”下拉按钮，弹出变形选项，如图 8.7 所示。

图 8.6
要变形的文字

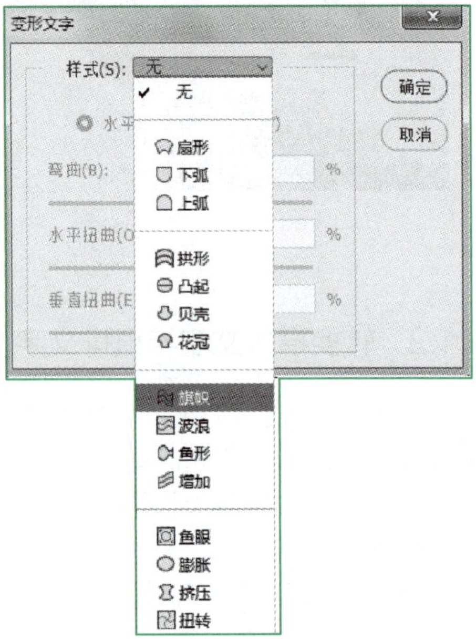

图 8.7
“变形文字”对话框

03 选择一种变形样式后，“变形文字”对话框中参数被激活，设置参数如图 8.8 所示，得到如图 8.9 所示的变形文字。

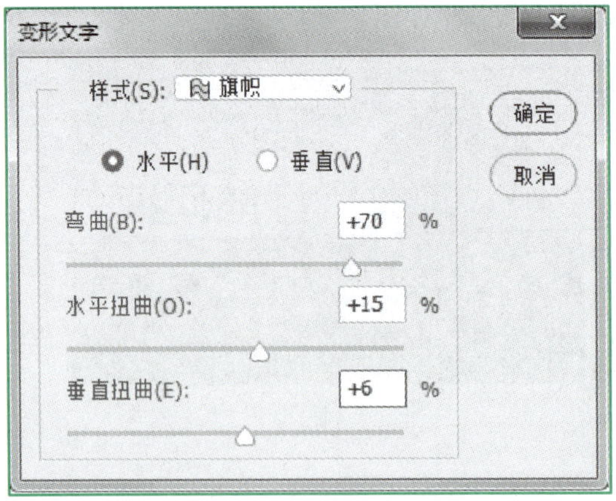

图 8.8
设置变形文字参数

图 8.9
变形文字效果

资源文件：
8.2. psd
8.2– 素材 . psd

04 单击“确定”按钮，确认变形效果。如果要取消文字变形效果，重新执行第 2 步操作，在“变形文字”对话框的“样式”下拉列表中选择“无”选项。

05 图 8.10（a）所示是利用自由变换控制框将文字逆时针旋转一定角度，使之与上面的艺术文字更匹配，同时为其增加了图层样式后的效果，此时的“图层”面板如图 8.10（b）所示。

（a）　　（b）

图 8.10
添加图层样式后的效果及其“图层”面板

8.3　沿路径排文

文字绕排于路径之中是在设计中常用的手段，如图 8.11 所示展示的设计作品中均使用了此类手法。

（a）　　（b）

图 8.11
使用文字绕排路径的作品

下面以为一款宣传广告增加绕排效果为例，讲解如何制作沿路径绕排的文字。

01 打开本书配套资源中的文件“第 8 章 \8.3- 素材 .jpg”，如图 8.12 所示。

02 使用“钢笔工具”沿着圆圈图像的弧度绘制一条如图 8.13 所示的路径。

资源文件：
8.3. psd
8.3- 素材 . jpg

图 8.12
8.3- 素材文件

图 8.13
沿圆圈图像的弧度描绘路径

03 使用“横排文字工具” T. 在路径上单击，以插入文本光标，如图 8.14（a）所示，输入需要的文字，如图 8.14（b）所示。

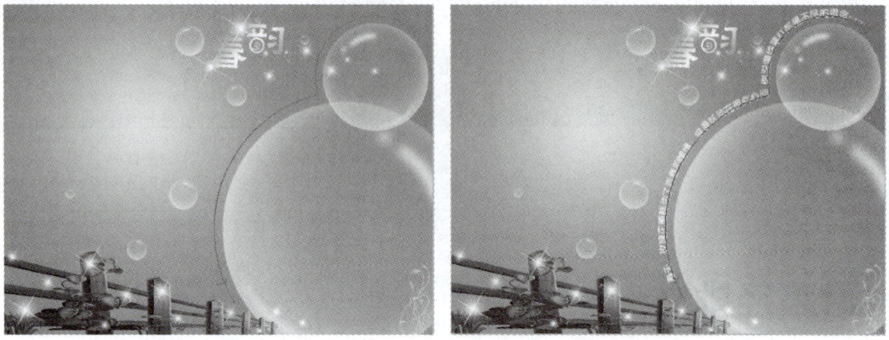

图 8.14
插入光标并输入文字
（a） （b）

04 单击工具选项栏中的“提交所有当前编辑”按钮✓确认，得到的效果如图 8.15（a）所示，此时的“路径”面板如图 8.15（b）所示。

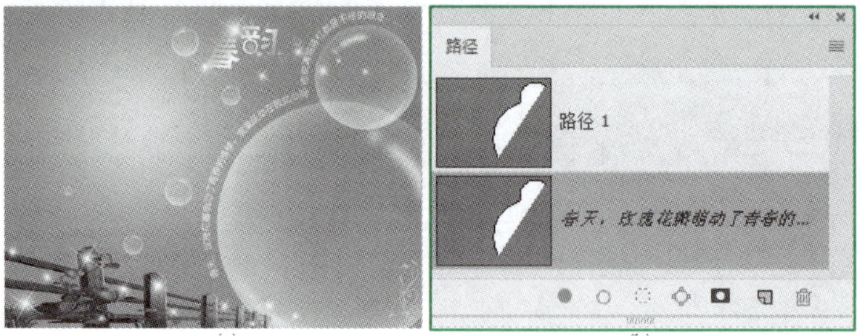

图 8.15
提交编辑后的效果及其“路径”面板
（a） （b）

可以随意移动或者翻转在路径上排列的文字，其方法如下：

- 选择“直接选择工具”或者“路径选择工具”。
- 将工具放置在绕排于路径的文字上，直至鼠标指针转换为形状。
- 拖动文字，即可改变文字相对于路径的位置，效果如图 8.16 所示。

（a）移动后的效果

（b）反向绕排的效果

图 8.16
变换文字位置的效果

提示

如果当前路径的长度不足以显示全部文字，在路径末端的小圆圈将显示为⊕形状。

当文字已经被绕排于路径后，仍然可以修改文字的各种属性，包括字号、字体、水平或者垂直排列方式等。其方法如下：

- 在工具箱中选择“文字工具”，将沿路径绕排的文字选中。
- 在“字符”面板中修改相应的参数即可，如图 8.17 所示为更改文字属性后的效果。

除此之外，还可以通过修改绕排文字路径的曲率、锚点的位置等来修改路径的形状，从而影响文字的绕排效果，如图 8.18 所示。

笔 记

图 8.17
更改文字属性后的效果

图 8.18
修改路径后的效果

8.4 异形区域文字

除了可以使文字沿路径进行绕排外，在 Photoshop 中用户还可以为文字创建一个不规则的边框，从而制作具有异形轮廓的文字效果。

下面通过一个实例来讲解在 Photoshop 中制作具有异形轮廓文字的具体步骤。

01 打开本书配套资源中的文件“第 8 章 \8.4– 素材 .psd”图像，如图 8.19（a）所示。

02 在工具箱中选择“钢笔工具”，并在其工具选项栏中选择“路径”选项，在画布的下方绘制如图 8.19（b）所示的路径。

资源文件：
8.4. psd
8.4- 素材 . psd

（a） （b）

图 8.19
8.4- 素材图像及绘制的路径

03 在工具箱中选择“横排文字工具” T.（根据需要也可以选择其他文字工具），将鼠标放于步骤 2 所绘制的路径中间，直至指针转换成为 Ⓘ 形状，如图 8.20 所示。

提 示

如果选择的是“直排文字工具” IT.，则指针应该是 ⊖ 形状。

04 在路径中单击一下（不要单击路径线），得到一个文本插入点，如图 8.21 所示。

图 8.20
摆放光标位置

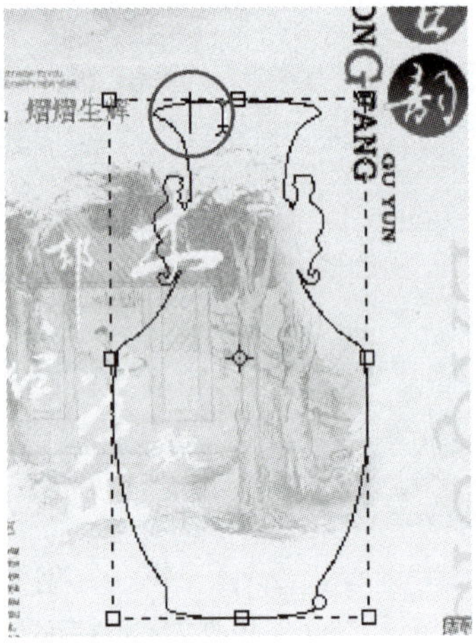

图 8.21
插入文本光标

05 在插入光标的文本框中输入合适的文字，并设置需要的文字属性，输入完毕后，确认输入文字即可，得到的效果及“图层”面板如图 8.22 所示。

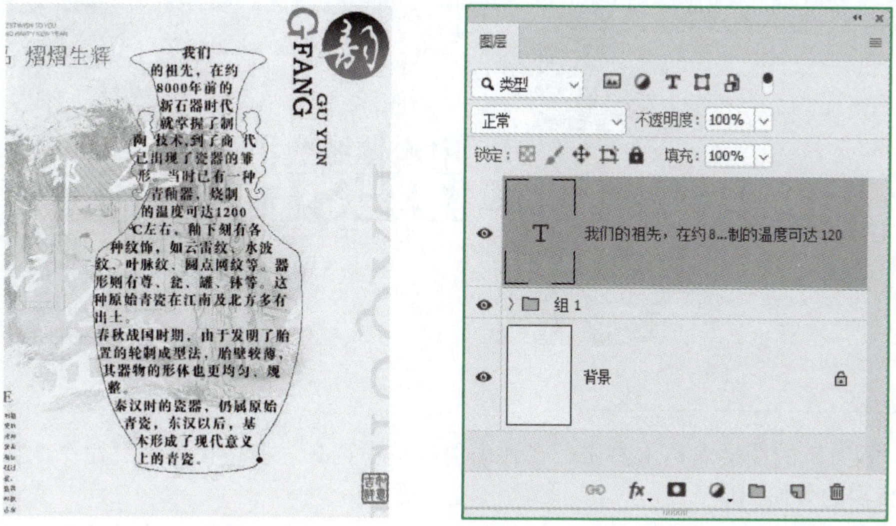

图 8.22
输入文字后的效果及“图层”面板

06 执行上述步骤后，“路径”面板中将生成一条新的轮廓路径，其名称即为路径中的文字，最终效果及“路径”面板如图 8.23 所示。

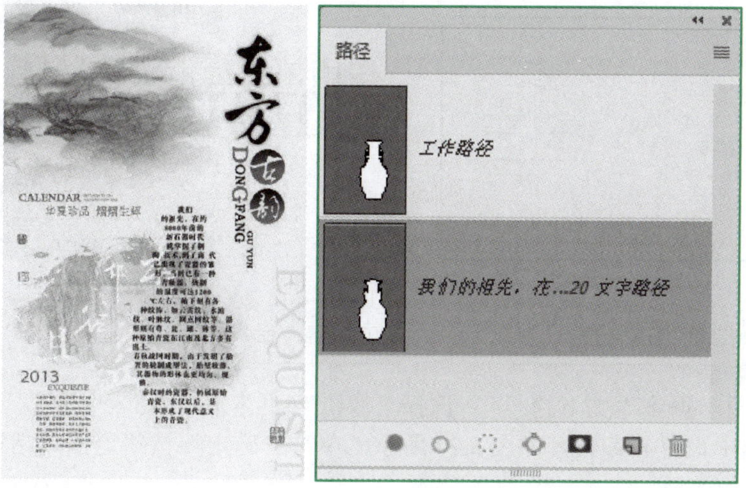

图 8.23
异型区域文字最终效果及“路径”面板

8.5 实战演练

在本例中，通过输入文字并将其栅格化为普通图像，然后利用特殊滤镜与纹理，制作出斑驳的文字效果。其操作步骤如下：

01 打开本书配套资源中的文件“第 8 章 \8.5- 素材 1.psd”，如图 8.24（a）所示，设置前景色的颜色为黑色，选择“横排文字工具”T，并在其工具选项栏中设置适当的字体与字号，在图像的左侧输入如图 8.24（b）所示的文字并得到相应的文字图层。为了后面讲述方便，将文字图层命名为“文 1”。

资源文件：
8.5.psd
8.5- 素材 1.psd
8.5- 素材 2.psd

（a）（b）

图 8.24
8.5- 素材图像及输入文字

02 在“文 1”的图层名称上右击，在弹出的菜单中选择“栅格化文字”命令，将文字图层转换为普通图层。

03 选择“滤镜”|“滤镜库”|“画笔描边”|“喷溅”命令，在打开的对话框中设置其参数如图 8.25 所示，单击“确定”按钮退出对话框，设置“文 1”的混合模式为“正片叠底”，得到如图 8.26 所示的效果。

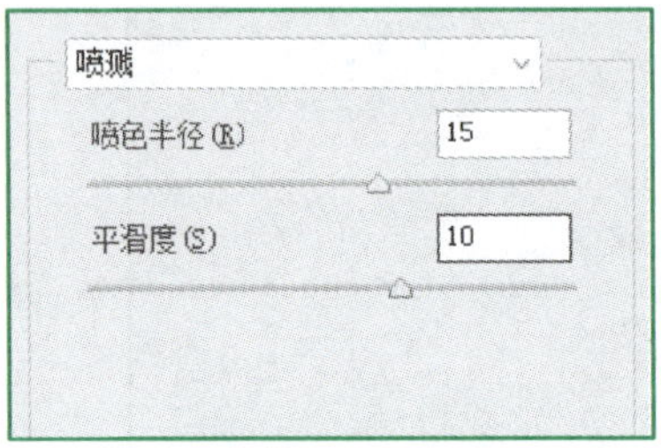

图 8.25
在“喷溅”对话框中设置参数

图 8.26
应用“喷溅”命令后的效果

笔 记

04 复制“文 1”得到“文 1 拷贝”，选择“滤镜”|“艺术效果”|“木刻”命令，在打开的对话框中设置其参数，如图 8.27 所示，单击“确定”按钮退出对话框，得到如图 8.28 所示的效果。

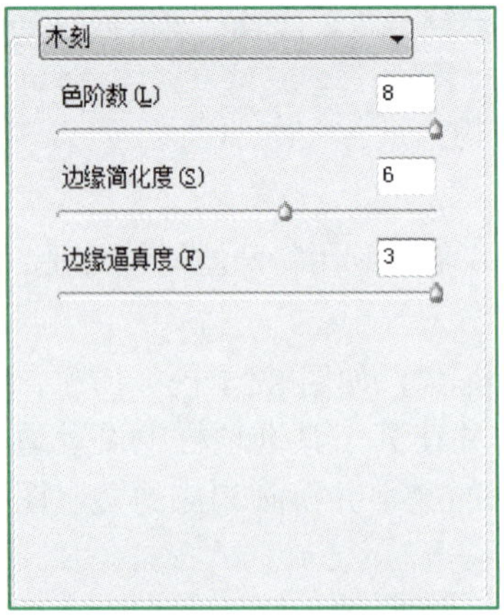

图 8.27
在“木刻”对话框中设置参数

图 8.28
应用“木刻”命令后的效果

05 打开本书配套资源中的文件“第 8 章\8.5- 素材 2.psd”，如图 8.29（a）所示，按 Ctrl+I 键执行“反相”操作，得到如图 8.29（b）所示的效果，选择“移动工具”，将其移至第 1 步新建的文件当中，得到“图层 1”，按 Ctrl+T 键调出自由变换控制框，按住 Shift 键缩小图像使其填满画布，按 Enter 键确认变换操作。

（a） （b）

图 8.29

8.5- 素材图像及应用“反相”命令后的效果

06 设置“图层 1”的混合模式为“正片叠底”，得到如图 8.30 所示的效果。

07 单击“创建新的填充或调整图层”按钮，在弹出的菜单中选择“色阶”命令，得到“色阶 1”，按 Ctrl+Alt+G 键执行“创建剪贴蒙版”操作，设置面板中的参数如图 8.31 所示，得到如图 8.32（a）所示的效果，“图层”面板的状态如图 8.32（b）所示。

笔 记

图 8.30

更改混合模式后的效果

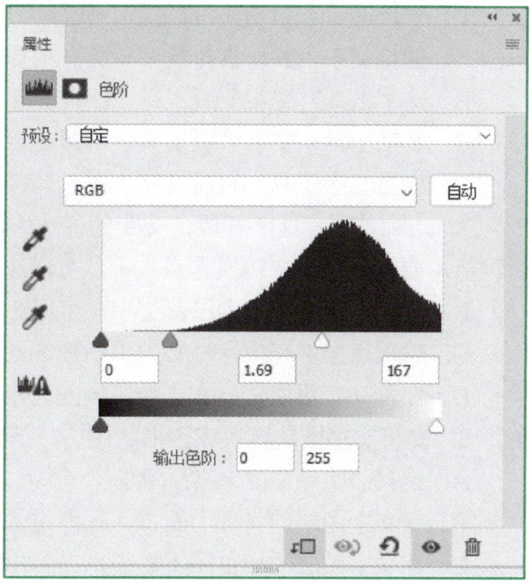

图 8.31

“色阶”面板

（a）

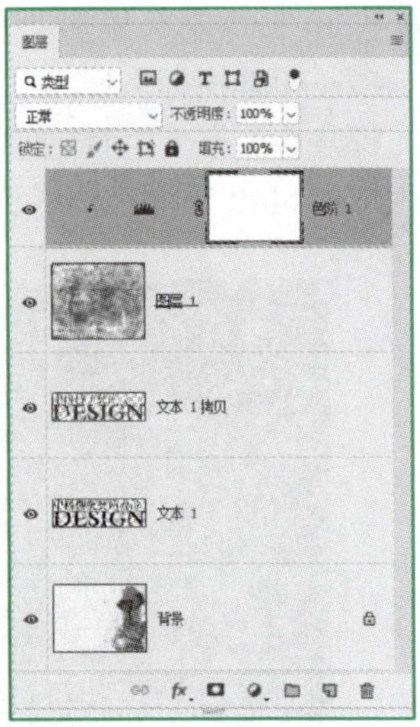

（b）

图 8.32
8.5- 素材加工后最终效果及其“图层”面板

拓展知识 8-4
数字环绕效果

习题

一、选择题

1. 在 Photoshop 中包括的文字工具有（　　）。
A. 横排文字工具、直排文字工具、横排文字蒙版工具、直排文字蒙版工具
B. 文字工具、文字蒙版工具、路径文字工具、区域文字工具
C. 文字工具、文字蒙版工具、横排文字蒙版工具、直排文字蒙版工具
D. 横排文字工具、直排文字工具、路径文字工具、区域文字工具
2. 下列关于点文字和段落文字的说法中，正确的是（　　）。
A. 要将段落文字转换为点文字，可以选择“类型”|“转换为点文本”命令
B. 要将点文字转换为段落文字，可以选择“类型”|“转换为段落文本”命令
C. 输入点文字在换行时必须手动按 Enter 键才可以
D. 段落文字可以依据文本控制框的范围自动换行
3. 要将文字图层转换成为形状图层，下列操作方法错误的是（　　）。
A. 选择“类型”|“转换为形状”命令
B. 在文字图层的名称上右击，在弹出的菜单中选择“转换为形状”命令
C. 在文字图层的缩览图上右击，在弹出的菜单中选择“转换为形状”命令
D. 选择“图层”|“转换为形状”命令
4. 下列关于路径绕排文字的说法中，正确的是（　　）。
A. 路径绕排文字只能建立在封闭的路径上
B. 路径绕排文字可以建立在任意类型的路径上
C. 路径绕排文字输入后就不能再修改其字符属性
D. 路径绕排文字输入后，还可以编辑路径，以改变绕排文字的状态
5. 下列关于区域文字的说法中，正确的是（　　）。

A. 区域文字只能建立在封闭的路径上

B. 区域文字可以建立在任意类型的路径上

C. 如果当前显示了某形状图层中的路径，同样可以依此路径来创建区域文字

D. 区域文字输入后，仍可以改变路径的形状，以改变整体区域文字的形状

二、操作题

1. 打开本书配套资源中的文件“第 8 章 \8.7-1- 素材 .tif”，如图 8.33（a）所示，结合本章讲解的输入文字功能，设置适当的文字属性，制作得到如图 8.33（b）所示的效果。

资源文件：
8.7-1.psd
8.7-1- 素材 .tif

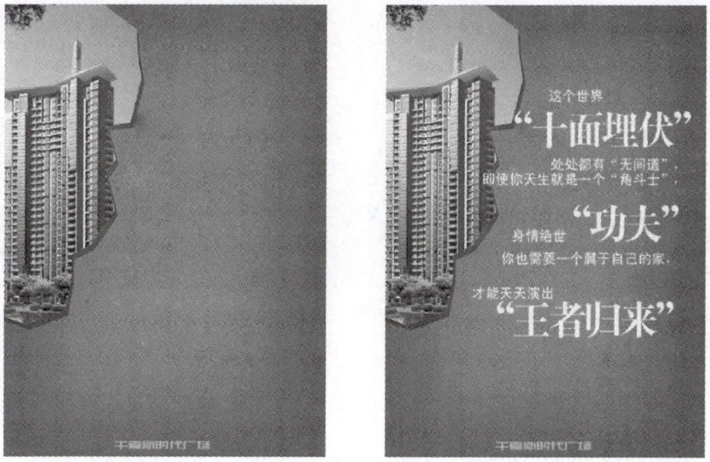

（a）（b）

图 8.33
8.7-1- 素材原图像及输入文字后的效果

2. 打开本书配套资源中的文件“第 8 章 \8.7-2- 素材 .tif”，如图 8.34（a）所示，结合本章讲解的文字变形功能，输入文字“带你去天堂 HI 舞”，并制作得到如图 8.34（b）所示的效果。

资源文件：
8.7-2.psd
8.7-2- 素材 .tif

（a）（b）

图 8.34
8.7-2- 素材图像及制作的最终效果

3. 打开本书配套资源中的文件“第 8 章 \8.7-3- 素材 .psd”，如图 8.35（a）所示，结合本章中的讲解，制作得到如图 8.35（b）所示的异形区域文字效果。

资源文件：
8.7-3. psd
8.7-3- 素材 . psd

（a） （b）

图 8.35
8.7-3- 素材图像及制作的异形区域文本

提 示

本章所用到的素材及效果文件位于本书配套资源中的“第 8 章”文件夹内，其文件名与章节号对应。

第9章

滤镜

知识要点：

- “滤镜库”中的相关操作
- “自适应广角”命令的使用方法
- “模糊画廊”命令的使用方法
- 智能滤镜功能的使用方法
- “液化”命令的使用方法
- “油画”命令的使用方法
- “防抖”命令的使用方法

课程导读：

滤镜是 Photoshop 中非常强大的功能，其特点在于种类繁多、变化无穷，其中基本的内置滤镜就多达 13 类上百个滤镜命令。

另外，还包括了一些具有特殊功能的滤镜，如依据透视关系调整图像的“消失点”命令以及变形图像的“液化”命令等。

本章将对“滤镜库”“液化”“油画”等重要滤镜进行详细讲解，并对其他内置滤镜进行了概述性讲解。

PPT：
第9章 滤镜

9.1 滤镜库

“滤镜库”命令实际上不是一个特定的命令，而是Photoshop中滤镜命令使用的一种新方式。通过这种新的方式，不仅能够在一个对话框中使用若干个滤镜命令，而且还能够重复使用一个或数个相同或不同的滤镜命令。

要使用滤镜库功能时选择“滤镜”|“滤镜库”命令，此命令打开的对话框如图9.1所示。

资源文件：
9.1-素材.jpg

图9.1
“滤镜库”对话框

- 预览区，用于预览由当前滤镜处理得到的效果。
- 命令选择区，用于选择处理图像的滤镜。
- 参数调整区，用于设置所选滤镜的参数。
- 滤镜效果层区，用于排列叠加应用在图像上的滤镜命令。

“滤镜库”的学习重点是其新颖的以图层形式使用滤镜命令的特点，即可以在“滤镜库”对话框的滤镜效果层区采取叠加图层的形式，对当前操作的图像应用多个滤镜命令。

下面讲解关于滤镜效果图层的操作。

- 要添加滤镜效果图层可以在滤镜效果层区中，单击“新建效果图层”按钮，即可创建一个新的滤镜效果层。
- 如果需要使用多个相同滤镜命令以增强该滤镜的效果，单击“新建效果图层”按钮，此时所添加的新滤镜效果图层将延续上一个滤镜效果图层的命令及参数，如图9.2所示。根据需要也可以调整新的滤镜效果图层的参数，直至得到满意效果。

图 9.2
添加一个滤镜效果图层的效果

- 如果需要叠加应用不同的滤镜命令，可以在添加相同滤镜效果层后，选择任意一个滤镜效果层，然后在命令选择区域中选择一款新的滤镜命令，此时参数调整区域中的参数将同时发生变化，调整这些参数，即可得到满意的效果，此时对话框如图 9.3 所示。

注 意

虽然在命令选择区域可选择多种滤镜命令，但也并不包括所有滤镜命令。

图 9.3
修改滤镜效果图层命令后的效果

笔 记

- 滤镜效果层具有图层的部分功能，因此可以根据需要调整各个层之间的顺序，显示和隐藏各个滤镜层，其操作方法与图层相同，故不再重述。
- 可以删除不再需要的滤镜效果层，要删除这些图层可以先单击将其选中，然后单击“删除效果图层”按钮。

9.2 液化

利用“液化”命令，可以通过交互方式推、拉、旋转、反射、折叠和膨胀图像的任意区域，使图像变换成所需要的艺术效果，在照片处理中，常用于校正和美化人物形体。在 Photoshop CC 2019 中，进一步强化了该命令的功能，增加了人脸识别功能，从而更方便、精确地对人物面部轮廓及五观进行修饰。

选择“滤镜” | “液化”命令即可打开其对话框，如图 9.4 所示。

图 9.4
“液化”对话框

9.2.1 工具箱

工具箱是“液化”命令中的重要功能，几乎所有的调整都是通过其中的各个工具实现的，其功能介绍如下。

- 向前变形工具：在图像上拖动，可以使图像的像素随着涂抹产生变形。
- 重建工具：扭曲预览图像之后，使用此工具可以完全或部分地恢复更改。
- 平滑工具：从 Photoshop CC 2017 开始，“液化”命令新增了该工具。当对图像作了大幅的调整时，可能产生其边缘线条不够平滑的问题，使用此工具进行涂抹，即可让边缘变得更加平滑、自然。例如，图 9.5 所示是对人物腰部进行收缩处理的结果，图 9.6 所示是使用此工具进行平滑处理后的效果。

资源文件：
9.2.1.psd
9.2.1- 素材 .jpg

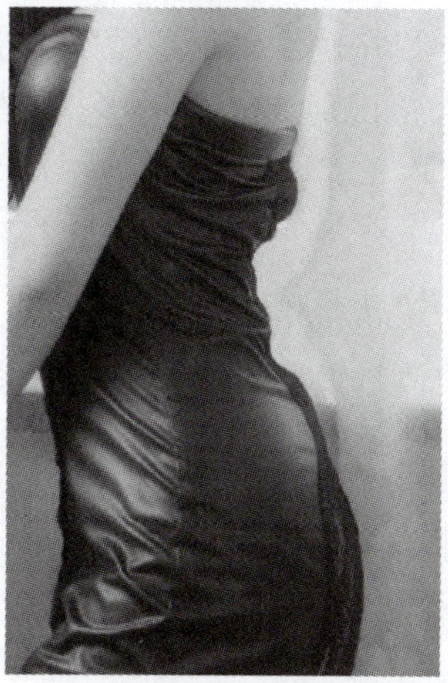

图 9.5
未使用平滑工具修饰腰部的效果

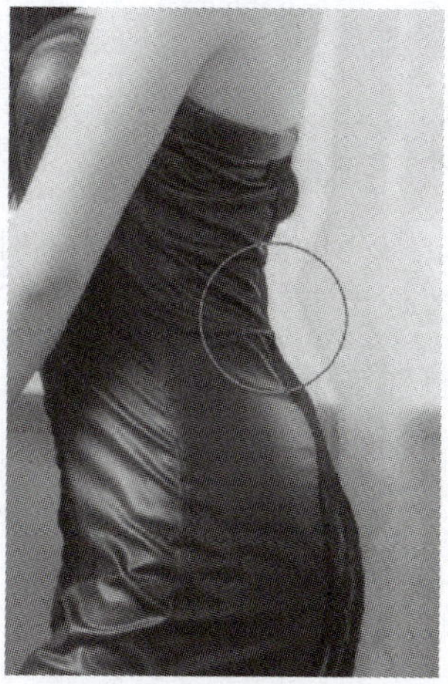

图 9.6
使用平滑工具修饰腰部的效果

- 顺时针旋转扭曲工具：使图像产生顺时针旋转效果；按住 Alt 键操作，则可以产生逆时针旋转效果。
- 褶皱工具：使图像向操作中心点处收缩从而产生挤压效果；按住 Alt 键操作时，可以实现膨胀效果。
- 膨胀工具：使图像背离操作中心点从而产生膨胀效果；按住 Alt 键操作时，可以实现褶皱效果。
- 左推工具：移动与涂抹方向垂直的像素。具体来说，从上向下拖动时，可以将左侧的像素向右侧移动，如图 9.7 所示；反之，从下向上移动时，可以将右侧的像素向左侧移动，如图 9.8 所示。

笔 记

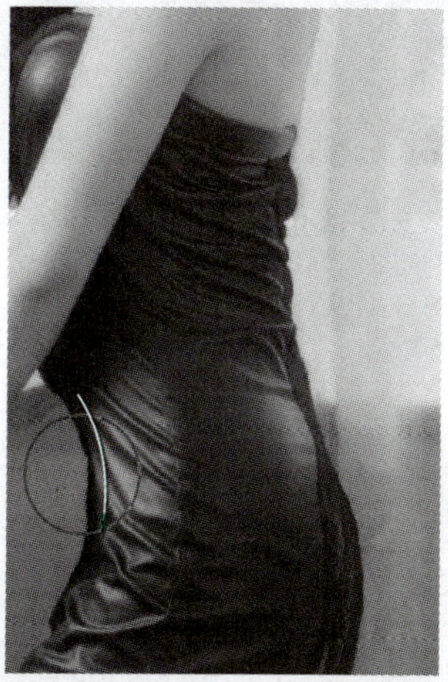

图 9.7
从上向下拖动示例

图 9.8
从下向上拖动示例

- 冻结蒙版工具：用此工具拖过的范围被保护，以免被进一步编辑。

笔 记

- 解冻蒙版工具：解除使用冻结工具所冻结的区域，使其还原为可编辑状态。
- 脸部工具：从 Photoshop CC 2017 开始，“液化”命令新增了该工具，它是专用于对面部轮廓及五官进行处理的工具，以快速实现调整眼睛大小、改变脸形、调整嘴唇形态等处理，其功能与右侧“人脸识别液化”区域中的参数息息相关，因此将在后面详细讲解。

画笔工具选项区域中的重要参数解释如下。

- 大小：设置使用上述各工具操作时，图像受影响区域的大小。
- 浓度：设置对画笔边缘的影响程度。数值越大，对画笔边缘的影响力就越大。
- 压力：设置使用上述各工具操作时，一次操作影响图像的程度大小。
- 固定边缘：从 Photoshop CC 2017 开始，“液化”命令新增了该选项，选中后可避免在调整文档边缘的图像时，导致边缘出现空白。

9.2.2 人脸识别液化

此区域是 Photoshop CC 2017 中新增的功能，并在 2019 版本中进一步做了优化，尤其是针对人脸的智能识别方面，能够大幅提高识别的成功率。用户可以通过此命令对识别到的一张或多张人脸，进行眼睛、鼻子、嘴唇以及脸部形状等调整。下面来分别讲解其具体操作方法。

1. 人像识别

首先，人脸识别液化可以非常方便地对人物进行液化处理，但作为首次发布的功能，尚不够强大和完善，经过实际测试对正面人脸基本能够实现 100% 的成功识别，即使有头发、帽子少量遮挡或小幅的侧脸，也可以正确识别，如图 9.9 所示。

（a）仰视人脸　（b）头发遮挡及小侧脸　（c）戴眼镜

图 9.9
能够识别的图片示例

但如果头部做出扭转、倾斜、大幅度的侧脸或过多遮挡等，则有较大概率无法检测出人脸，如图 9.10 所示。

（a）扭转　（b）倾斜　（c）遮挡过多

图 9.10
可能无法识别的图片示例

另外，当照片尺寸较小时，由于无法提供足够的人脸信息，因此较容易出现无法检测人脸或检测错误。以图 9.11（a）所示的照片为例，在原始照片尺寸下，可以正确检测出人脸。图 9.11（b）所示是将照片尺寸缩小为原图的 30% 左右，再次检测人脸时，出现了错误。

（a） （b）

图 9.11
素材图像和缩小尺寸后出现识别错误

除了尺寸外，人脸检测的成功率还与脸部的对比有关，若对比小，则不容易检测成功；反之，对比明显、五官清晰，则更容易检测到。图 9.12（a）所示的照片中，人物皮肤比较明亮、白皙，五官的对比较小，因此无法检测到人脸；而图 9.12（b）所示是适当压暗并增加对比后的效果，此时就成功检测到了人脸。

（a） （b）

图 9.12
素材图像和适当调整后成功识别

综上，在使用“液化”命令中的人脸识别功能时，首先需要正确识别出人脸，然后才能利用各项功能进行丰富的调整，若无法识别人脸，则只能手动处理了。下面来分别讲解对五官及脸形进行处理的方法，这些都是建立在正确识别人脸基础上的。

2. 人脸识别液化的基本用法

在正确识别人脸后，可在“人脸识别液化 ”区域的“选择脸部”下拉列表中选择要液化的人脸，然后分别在下面调整眼睛、鼻子、嘴唇、脸面形状参数，或使用“脸部工具”即可进行调整，如图 9.13 所示。

在对人脸进行调整后，单击“复位”按钮，可以将当前人脸恢复为初始状态；单击“全部”按钮，则将照片中所有对人脸的调整恢复为初始状态。

笔 记

3. 眼睛

展开“眼睛”区域的参数，可以看到共包含了 5 个参数，每个参数又分为两列，其中左列用于调整左眼，右列用于调整右眼。若选中二者之间的链接按钮，则可以同时调整左眼和右眼，如图 9.14 所示。

图 9.13
人脸识别的相关参数

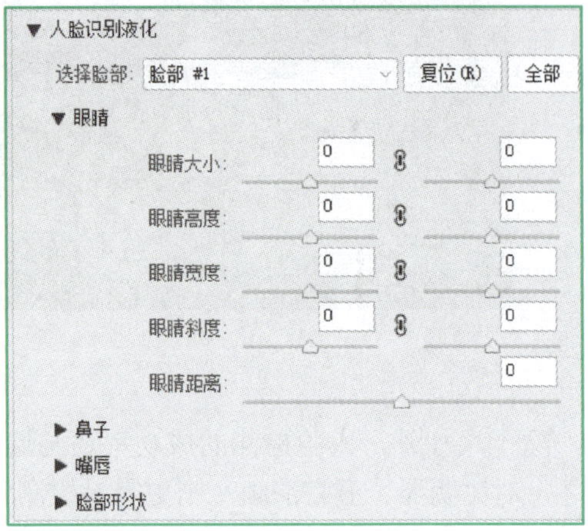

图 9.14
“眼睛”区域的参数

下面将结合“脸部工具”，讲解“眼睛”区域中各参数的作用。

- 眼睛大小：此参数可以缩小或放大眼睛。在使用“脸部工具”时，将鼠标置于要调整的眼睛上，会出现相应的控件，拖动右上方的方形控件，即可改变眼睛的大小。向眼睛内部拖动可以缩小，向眼睛外部拖动可以增大，如图 9.15 所示。
- 眼睛高度：此参数可以调整眼睛的高度。在使用“脸部工具”时，可以拖动眼睛上方或下方的圆形控件，以增加眼睛高度，如图 9.16 所示。向眼睛外部拖动是增加高度，向眼睛内部拖动是减少高度。

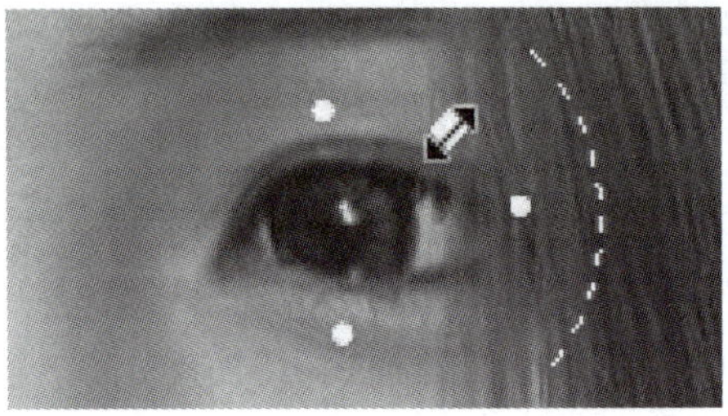

图 9.15
修饰眼睛大小示例

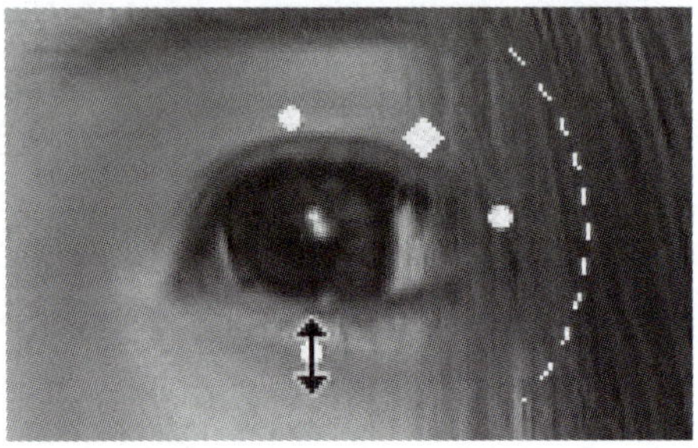

图 9.16
修饰眼睛高度示例

资源文件：
9.2.2– 素材 1. psd

- 眼睛宽度：此参数可以调整眼睛的宽度。在使用“脸部工具”时，可以拖动眼睛右侧的圆形控件（若是左眼，则该控件位于眼睛左侧），以增加眼睛宽度，如图 9.17 所示。向眼睛外部拖动是增加宽度，向眼睛内部拖动是减少宽度。
- 眼睛斜度：此参数可调整眼睛的角度。在使用“脸部工具”时，可以拖动眼睛右侧的弧线控件（若是左眼，则该控件位于眼睛左侧），如图 9.18 所示，以实现改变眼睛角度的目的。

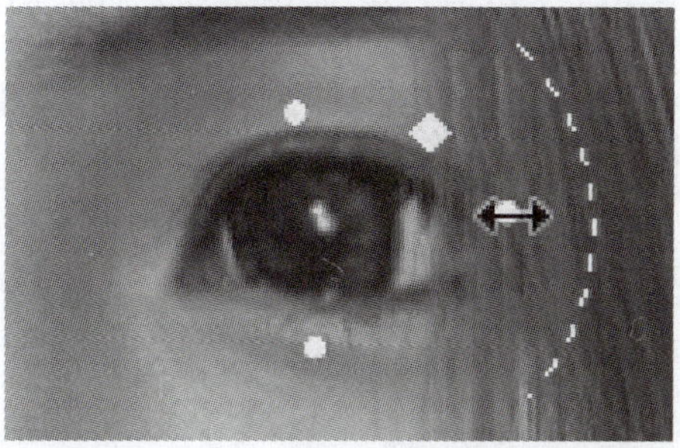

图 9.17
修饰眼睛宽度示例

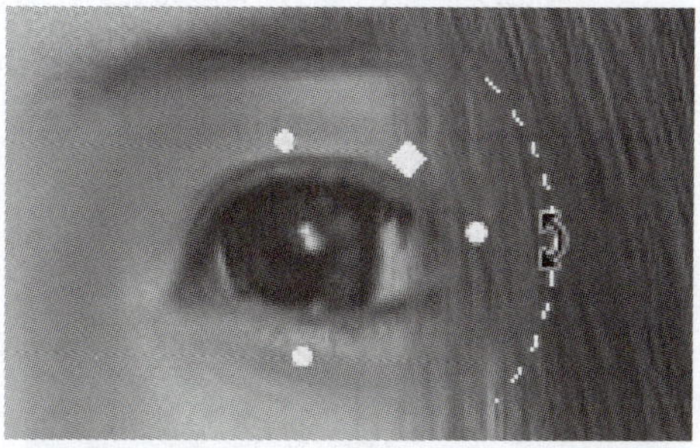

图 9.18
修饰眼睛斜度示例

- 眼睛距离：此参数可以调整左右眼之间的距离，向左侧拖动可以缩小二者的距离，向右侧拖动则增大二者的距离。在使用“脸部工具”时，可以将鼠标置于控件左侧空白处（若是左眼，则位置在眼睛右侧），如图 9.19 所示，拖动即可改变眼睛的位置。

4. 鼻子

展开“鼻子”区域的参数，其中包含了对鼻子高度和宽度的调整参数，如图 9.20 所示。

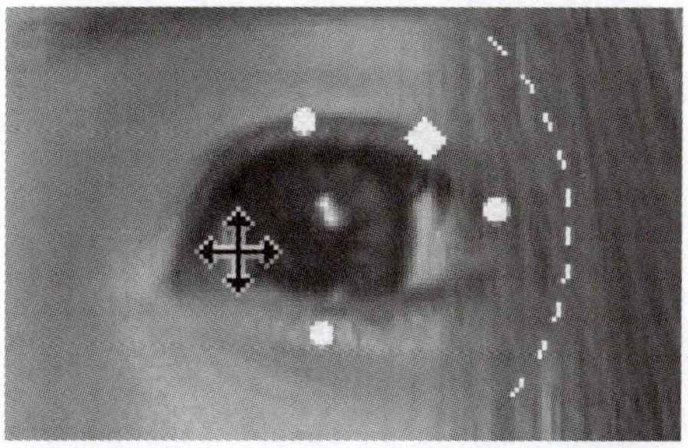

图 9.19
修饰眼睛距离示例

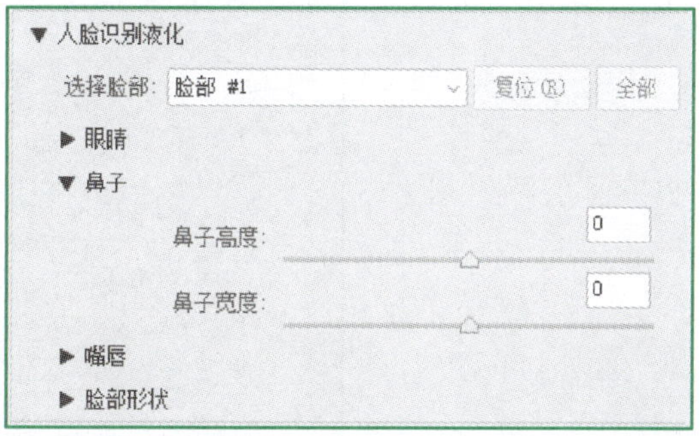

图 9.20
“鼻子”区域的参数

下面将结合“脸部工具”，讲解“鼻子”区域中各参数的作用。

- 鼻子高度：此参数可以调整鼻子的高度。在使用“脸部工具”时，拖动中间的圆形控件，如图 9.21（a）所示，即可改变鼻子的高度。图 9.21（b）所示是提高鼻子后的效果。

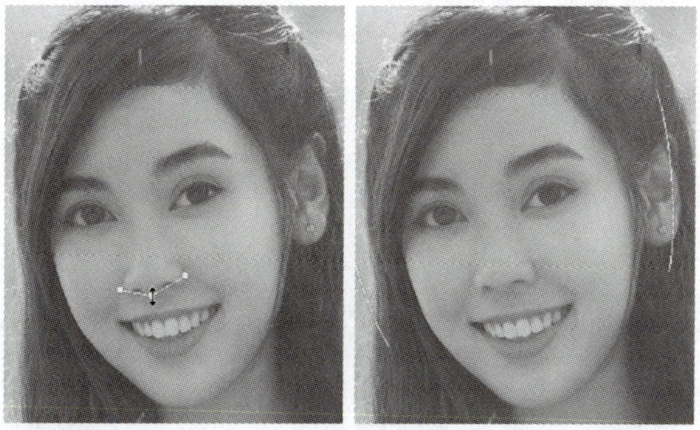

（a）　（b）

图 9.21
修饰鼻子高度时的圆形控件和提高鼻子后的效果

笔 记

资源文件：
9.2.2– 素材 2.jpg

- 鼻子宽度：此参数可以调整鼻子的宽度。在使用“脸部工具”时，拖动左右两侧的圆形控件，如图 9.22（a）所示，即可改变鼻子的宽度。图 9.22（b）所示是缩小笔者宽度后的效果。

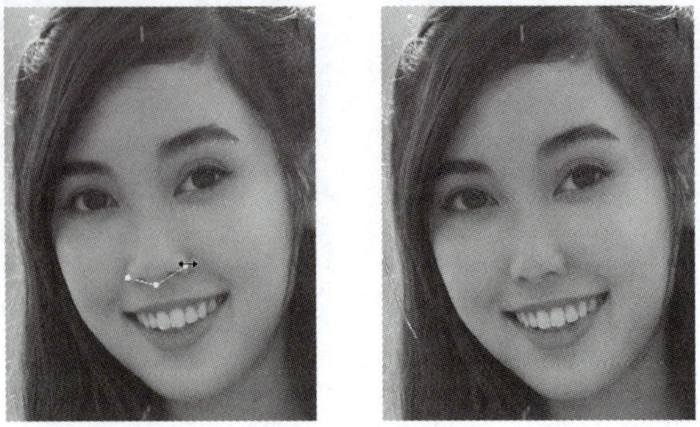

（a）　　（b）

图 9.22
修饰鼻子宽度时的圆形控件和缩小鼻子宽度后的效果

5. 嘴唇

展开“嘴唇”区域的参数，其中包含了调整微笑效果，以及对上下嘴唇、嘴唇宽度与高度的调整参数，如图 9.23 所示。

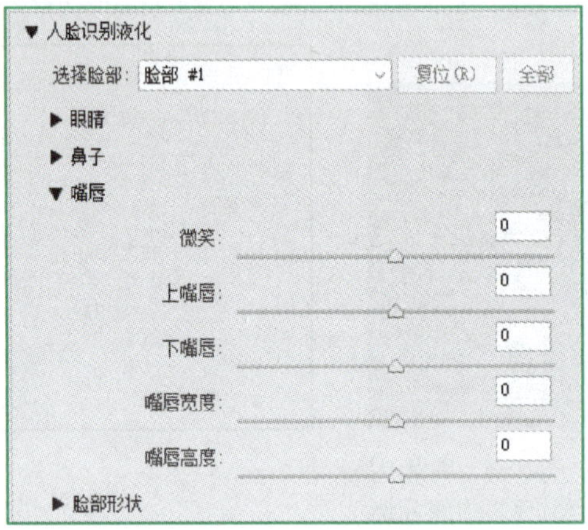

图 9.23
“嘴唇”区域的参数

下面将结合“脸部工具”，讲解“嘴唇”区域中各参数的作用。

- 微笑：此参数可以增加或消除嘴唇的微笑效果，更直观地说，就是改变嘴角上翘的幅度。在使用“脸部工具”时，可以拖动两侧嘴角的弧形控件，以增加或减少嘴角上翘的幅度，如图 9.24（a）所示。图 9.24（b）所示是提高嘴角后的效果。

资源文件：
9.2.2– 素材 3. jpg

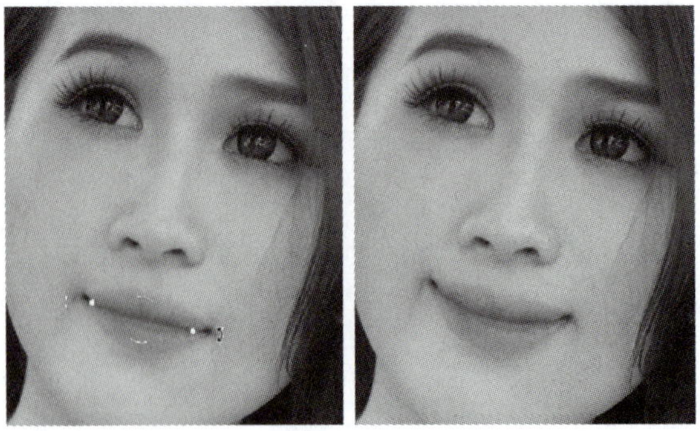

（a）　　（b）

图 9.24
修饰嘴角幅度时的弧形控件和提高嘴角后的效果

- 上 / 下嘴唇：这两个参数可以分别改变上嘴唇和下嘴唇的厚度。在使用“脸部工具”时，可以分别拖动嘴唇上下方的弧形控件，以改变嘴唇的厚度，如图 9.25(a)所示。图 9.25（b）所示是调整嘴唇厚度后的效果。

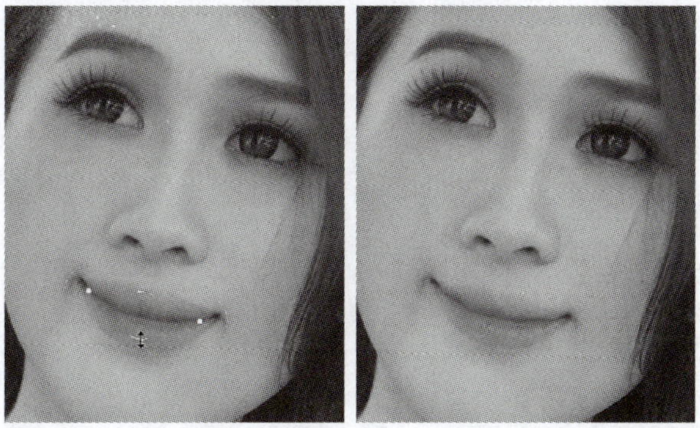

（a）　　（b）

图 9.25
修饰嘴唇厚度时的弧形控件和调整嘴唇厚度后的效果

- 嘴唇宽度 / 高度：这两个参数与前面讲解的调整眼睛的宽度和高度相似，只是在此用于调整嘴唇而已。在使用“脸部工具”时，可以拖动嘴唇左右两侧的圆形控件，即可改变嘴唇的宽度，如图 9.26（a）所示，但无法通过控件改变嘴唇的高度。图 9.26（b）所示是改变嘴唇宽度后的效果。

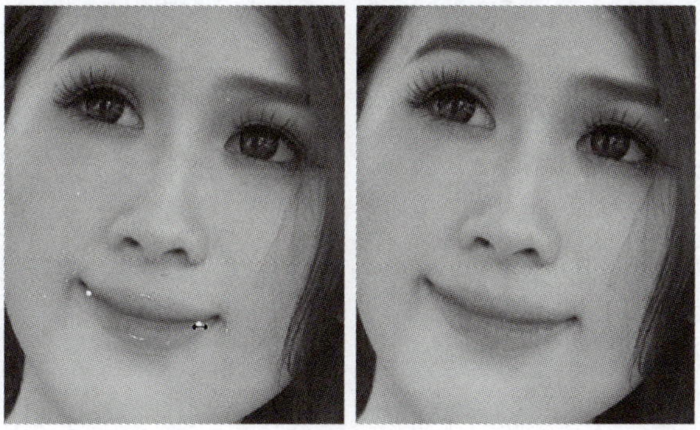

（a）　　（b）

图 9.26
修饰嘴唇宽度时的圆形控件和调整嘴唇宽度后的效果

6. 脸部形状

展开“脸部形状”区域的参数，其中包含了对上额、下颌、下巴及脸部宽度的调整参数，如图 9.27 所示。

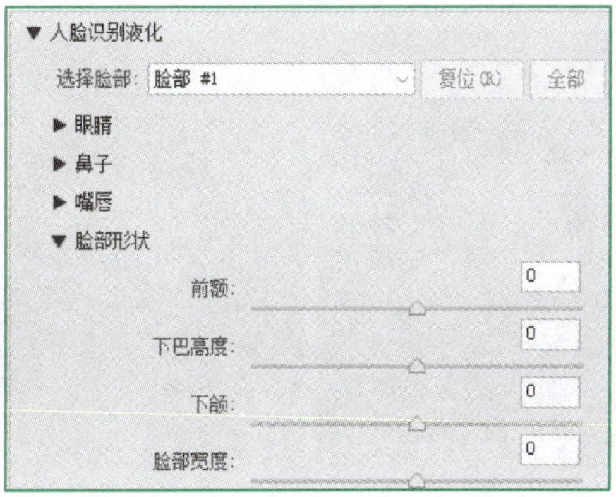

图 9.27
“脸部形状”区域的参数

下面将结合“脸部工具”，讲解“脸部形状”区域中各参数的作用。

- 前额：调整此参数可以调整额头的大小。在使用“脸部工具”时，可以拖动顶部的圆形控件，以增大或缩小额头，如图 9.28（a）所示。图 9.28（b）所示是增大额头后的效果。

资源文件：
9.2.2-素材 4. psd

（a） （b）

图 9.28
修饰前额时的圆形控件和增大额头后的效果

下巴高度：该参数可以改变下巴的高度。在使用“脸部工具”时，可以拖动底部的圆形控件，以增大或缩小额头，如图 9.29（a）所示。图 9.29（b）所示是缩小下巴后的效果。

（a） （b）

图 9.29
修饰下巴高度时的圆形控件和缩小下巴后的效果

- 下颌：该参数可以改变下颌的宽度。在使用“脸部工具”时，可以拖动左下方或右下方的圆形控件，以调整两侧的下颌宽度，如图 9.30（a）所示。要注意的是，左右两侧下颌只能同步调整，无法单独调整一侧。图 9.30（b）所示是缩小下颌后的效果。

（a） （b）

图 9.30
修饰下巴高度时的圆形控件和缩小下巴后的效果

- 脸部宽度：此参数可以调整左右两侧脸部的宽度。在使用“脸部工具”时，可以拖动左右两侧的圆形控件，以增加或减少脸部的宽度，如图 9.31（a）所示。要注意的是，左右两侧的脸部宽度只能同步调整，无法单独调整一侧。图 9.31（b）所示是缩小脸部宽度后的效果。

（a）

（b）

图 9.31
修饰脸部宽度时的圆形控件和缩小脸部宽度后的效果

9.2.3 载入网格选项

在使用“液化”滤镜对图像进行变形时，可以在此区域中单击“存储网格”按钮，将当前对图像的修改存储为一个文件，当需要时可以单击“载入网格”按钮将其重新载入，以便于进行再次编辑。单击“载入上次网格”按钮，则可以载入最近一次使用的网格。

9.2.4 视图选项

在此区域可以设置液化过程中的辅助显示功能，各选项的功能解释如下。

- 显示参考线：从 Photoshop CC 2017 开始，“液化”命令新增了该选项。选中此选项时可以显示在图像中创建的参考线。
- 显示面部叠加：从 Photoshop CC 2017 开始，“液化”命令新增了该选项。当成功检测到人脸时，会在视图中显示一个类似括号形态的控件，如图 9.32 所示。

图 9.32
括号形控件示意

- 显示图像：选中此复选框，在对话框预览窗口中显示当前操作的图像。
- 显示网格：选中此复选框，在对话框预览窗口中显示辅助操作的网格，并可以在下方设置网格的大小及颜色。

笔 记

- 显示蒙版：选中此选项后，将可以显示使用“冻结蒙版工具”绘制的蒙版，并可以在下方设置蒙版的颜色；反之，取消选中此选项后，会隐藏蒙版。
- 显示背景：选中此选项，以当前文档中的某个图层作为背景，并可以在下方设置其显示方式。

9.2.5 蒙版选项

蒙版选项区中的重要参数解释如下。

- 蒙版运算：在此列出了 5 种蒙版运算模式，包括“替换选区”、“添加到选区”、“从选区中减去”、“与选区交叉”及“反相选区”，其原理与路径运算基本相同，只不过此处是选区与蒙版之间的运算。
- 无：单击该按钮可以取消当前所有的冻结状态。
- 全部蒙住：单击该按钮可以将当前图像全部冻结。
- 全部反相：单击该按钮可以冻结与当前所选相反的区域。

9.2.6 画笔重建选项

画笔重建选区中的重要参数解释如下。

- 重建：单击此按钮，在打开的对话框中设置参数，可以按照比例将其恢复为初始状态。
- 恢复全部：单击此按钮，将放弃所有更改而恢复至打开时的初始状态。

9.3 “自适应广角”滤镜

“自适应广角”命令专用于校正广角透视及变形问题，使用它可以自动读取照片的 EXIF 数据，并进行校正，也可以根据使用的镜头类型（如广角、鱼眼等）来选择不同的校正选项，配合“约束工具”和“多边形约束工具”的使用，达到校正透视变形问题的目的。

选择“滤镜”|“自适应广角”命令，将打开如图 9.33 所示的对话框。

资源文件：
9.3. psd
9.3- 素材 .jpg

图 9.33
“自适应广角”对话框

- “对话框”按钮：单击此按钮，在弹出的菜单中选择可以设置“自适应广角”命令的“首选项”，也可以“载入约束”或“存储约束”。
- 校正：在此下拉菜单中，可以选择不同的校正选项，其中包括了“鱼眼”“透视”“自动”以及“完整球面”共 4 个选项，选择不同的选项时，下面的可调整参数也各有不同。
- 缩放：此参数用于控制当前图像的大小。当校正透视后，会在图像周围形成不同大小范围的透视区域，此时就可以通过调整“缩放”参数，来裁剪掉透视区域。
- 焦距：在此可以设置当前照片在拍摄时所使用的镜头焦距。
- 裁剪因子：在此处可以调整照片裁剪的范围。
- 细节：在此区域中，将放大显示当前鼠标所在的位置，以便于进行精细调整。

笔 记

除了右侧基本的参数设置外，还可以使用“约束工具”和“多边形约束工具”针对画面的变形区域进行精细调整，前者可绘制曲线约束线条进行校正，适用于校正水平或垂直线条的变形，后者可以绘制多边形约束线条进行校正，适用于具有规则形态的对象。

下面以“约束工具”为例，讲解其使用方法。

01 打开本书配套资源中的文件“第 9 章 \9.3- 素材 .jpg”，如图 9.34 所示。在本例中，将使用“自适应广角”命令校正由鱼眼镜头产生的畸变。

图 9.34
9.3- 素材图像

02 选择“滤镜”|“自适应广角”命令，在打开的对话框中选择“校正”选项为“鱼眼”，此时 Photoshop 会自动读取当前照片的“焦距”参数（10.5mm）。

03 在对话框左侧选择“约束工具”，在海平面的左侧单击以添加一个锚点，如图 9.35 所示。

图 9.35
在左侧创建一个锚点并移动鼠标

04 将鼠标移至海平面的右侧位置，再次单击，此时 Photoshop 会自动根据所设置的“校正”及“焦距”，生成一个用于校正的弯曲线条，如图 9.36 所示。

图 9.36
将鼠标移至右侧

05 单击添加第 2 个点后，Photoshop 会自动对图像的变形进行校正，并出现一个变形控制圆，如图 9.37 所示。

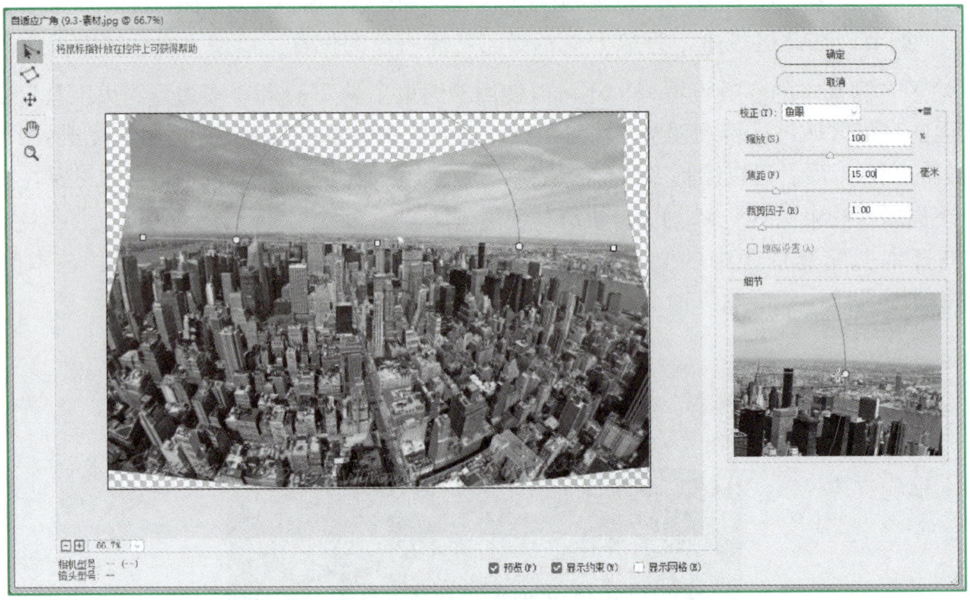

图 9.37
自动校正的结果

06 拖动圆心位置，可以对画面的变形进行调整，如图 9.38 所示。

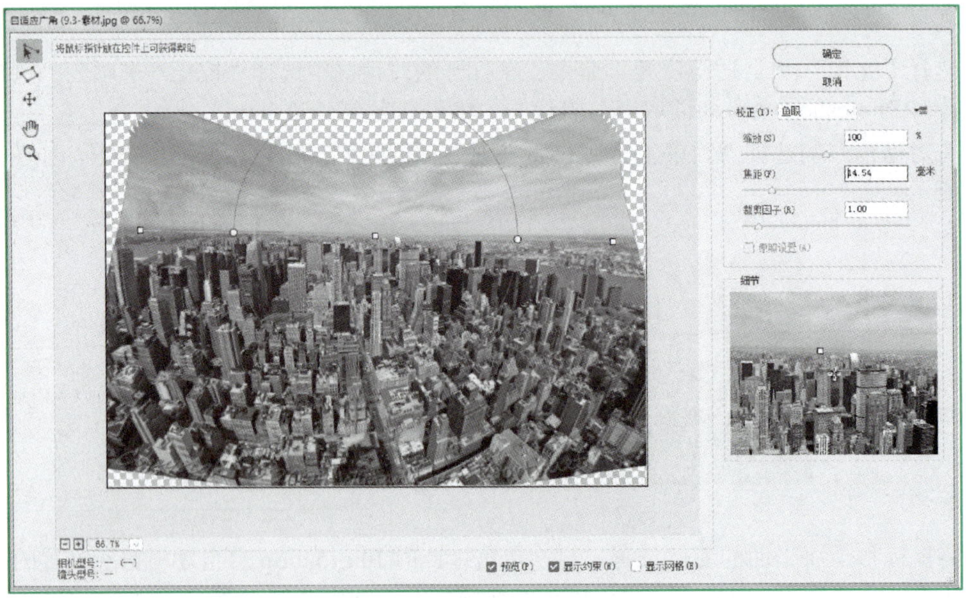

图 9.38
向上拖动中心点后的效果

07 拖动圆形左右的控制点，可以调整线条的方向。

08 调整“缩放”数值，以裁剪掉画面边缘的透明区域，并使用“移动工具”调整图像的位置，直至得到类似如图 9.39 所示的效果。由于顶部的天空较为简单，可以通过后期进行修复处理，因此为了保留更大的图像面积，将这里留为空白。

图 9.39
调整缩放后的效果

09 设置完毕后，单击“确定”按钮即可。图 9.40 所示是裁剪后的整体效果，图 9.41 所示是使用“编辑－填充”命令对空白区域进行补充后的效果。

图 9.40
9.3- 素材处理完成的效果

图 9.41
9.3- 素材修复后的最终效果

9.4 油画

使用“油画”滤镜可以快速、逼真地处理出油画的效果。以如图 9.42（a）所示的图像为例，选择“滤镜”|“风格化”|“油画”命令在打开的对话框的右侧可以设置其参数，如图 9.42（b）所示。

资源文件：
9.4- 素材 .jpg

(a)　　(b)

图 9.42
9.4- 素材原图像和在“油画”对话框中设置的参数

- 描边样式：控制油画纹理的圆滑程度，数值越大，则油画的纹理显得更平滑。
- 描边清洁度：控制油画效果表面的干净程序，数值越大，则画面越显干净；反之，数值越小，则画面中的黑色会整体显得笔触较重。
- 缩放：控制油画纹理的缩放比例。
- 硬毛刷细节：控制笔触的轻重，数值越小，则纹理的立体感就越小。
- 角度：控制光照的方向，从而使画面呈现出不同的光线从不同方向进行照射时的不同立体感。
- 闪亮：控制光照的强度，数值越大，则光照的效果越强，得到的立体感效果也越强。

笔 记

图 9.43~ 图 9.46 所示是设置适当的参数后，处理得到的油画效果。

图 9.43
油画效果 1

图 9.44
油画效果 2

图 9.45
油画效果 3

图 9.46
油画效果 4

笔 记

9.5 模糊画廊

从 Photoshop CC 2015 开始，建立了“模糊画廊”这一滤镜分类，其中包含了过往版本中增加的“场景模糊”“光圈模糊”“移轴模糊（早期版本称为倾斜偏移）”“路径模糊”和“旋转模糊”共 5 个滤镜，本节就来分别讲解它们的使用方法。

9.5.1 模糊画廊的工作界面

在选择“滤镜”|“模糊画廊”子菜单中的任意一个滤镜后，工具选项栏将变为如图 9.47 所示的状态，并在右侧弹出“模糊工具”“效果”“动感效果”及“杂色”面板，如图 9.48 所示，其中“效果”面板仅适用于“场景模糊”“光圈模糊”及“移轴模糊”滤镜，“动感效果”面板仅适用于新增的“路径模糊”和“旋转模糊”滤镜。

图 9.47
“模糊画廊”工具选项栏

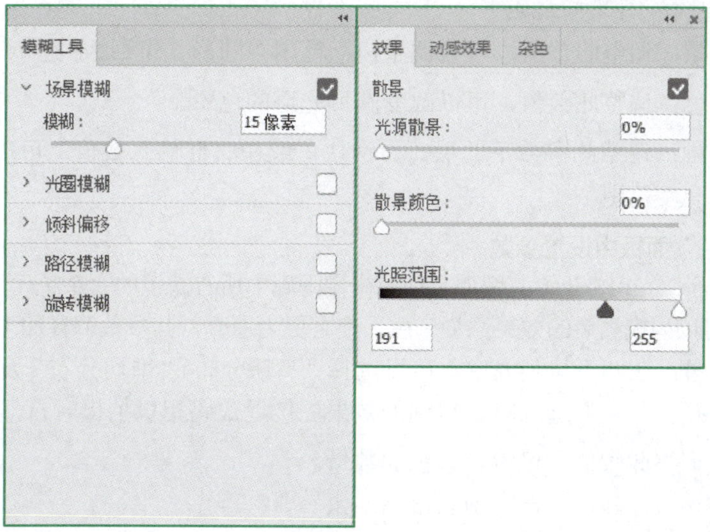

图 9.48
“模糊工具”面板及“效果”面板

9.5.2 场景模糊

使用“滤镜”|“模糊画廊”|“场景模糊”滤镜，可以通过编辑模糊控件，为画面增加模糊效果，通过适当的设置，还可以获得类似如图9.49所示的光斑效果。

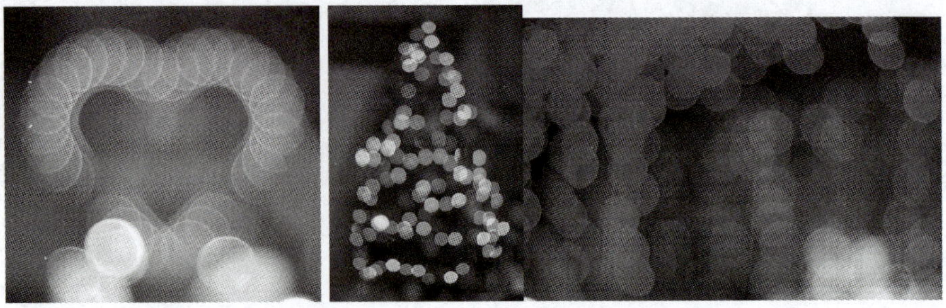

（a） （b） （c）

图9.49
光斑效果

1. 在“模糊工具”面板中设置参数

在“模糊工具”面板中选择“场景模糊”滤镜后，可以为其设置“模糊”数值，该数值越大，则模糊的效果越强。

2. 在工具选项栏中设置参数

在选择“场景模糊”滤镜后，工具选项栏中参数的解释如下。

- 选区出血：应用“场景模糊”滤镜前绘制了选区，则可以在此设置选区周围模糊效果的过渡。
- 聚焦：此参数可控制选区内图像的模糊量。
- 将蒙版存储到通道：选中此复选框，将在应用“场景模糊”滤镜后，根据当前的模糊范围，创建一个相应的通道。
- 高品质：选中此复选框时，将生成更高品质、更逼真的散景效果。
- “移去所有图钉”按钮：单击此按钮，可清除当前图像中所有的模糊控件。

笔 记

3. 在“效果”面板中设置参数

“效果”面板中的参数解释如下。

- 光源散景：调整此数值，可以调整模糊范围中圆形光斑形成的强度。
- 散景颜色：调整此数值，可以改变圆形光斑的色彩。
- 光照范围：调整此参数下的黑、白滑块，或在底部输入数值，可以控制生成圆形光斑的亮度范围。

4. 在“杂色”面板中设置参数

从Photoshop CC 2015开始，增加了针对模糊画廊中所有滤镜的“杂色”面板，通过设置适当的参数，可以为模糊后的效果添加杂色，使之更为逼真，其参数解释如下。

- 杂色类型：在此下拉列表中，可以选择“高斯分布”“平均分布”及“颗粒”选项，其中选择“颗粒”选项时，得到的效果更接近数码相机拍摄时自然产生的杂点。
- 数量：调整此数值，可设置杂色的数量。
- 大小：调整此数值，可设置杂色的大小。
- 粗糙度：调整此数值，可设置杂色的粗糙程度。此数值越大，则杂色越模糊、图像质量显得越低下；反之，则杂色越清晰、图像质量相对会显得更高。

- 颜色：调整此数值，可设置杂色的颜色。默认情况下，此数值为 0，表示杂色不带有任何颜色。此数值越大，则杂色中拥有的色彩就越多，也就是俗称的“彩色噪点”。
- 高光：调整此数值，可调整高光区域的杂色数量。在摄影中，越亮的部分产生的噪点就越少，反之则会产生更多的噪点。因此，适当调整此参数以减弱高光区域的噪点，可以让画面更为真实。

将鼠标置于模糊控件的半透明白条位置，按住鼠标左键拖动该半透明白条，即可调整“场景模糊”滤镜的模糊数值。当鼠标指针变为✦时，单击即可添加新的图钉。

9.5.3 光圈模糊

“光圈模糊”滤镜可用于限制一定范围的塑造模糊效果，以如图 9.50(a) 所示的图像为例，图 9.50（b）所示是选择“滤镜”|“模糊画廊”|“光圈模糊”命令后的调出的光圈模糊控件。

拓展知识 9-1
“场景模糊”滤镜的使用方法

（a）

（b）

图 9.50
9.5.3- 素材图像及其调出的光圈模糊图钉

- 拖动模糊控件中心的位置，可以调整模糊的位置。
- 拖动模糊控件周围的 4 个圆形控件○，可以调整模糊渐隐的范围。若按住 Alt 键拖动某个圆形控件○，可单独调整其渐隐范围。
- 模糊控件外围的圆形控制框可调整模糊的整体范围，拖动该控制框上的 4 个圆点控件◦，可以调整圆形控制框的大小及角度。
- 拖动圆形控制框上的菱形控件◇，可以等比例缩放圆形控制框，以调整其模糊范围。

图 9.51 所示是编辑各个控制句柄及相关模糊参数后的状态，图 9.52 所示是确认模糊后的效果。

资源文件：
9.5.3.psd
9.5.3- 素材 .jpg

图 9.51
编辑后的状态

图 9.52
模糊后的效果

9.5.4 移轴模糊

使用的“倾斜偏移”滤镜，可以用于模拟移轴镜头拍摄出的改变画面景深的效果。

以如图 9.53（a）所示的素材为例，图 9.53（b）所示是选择“滤镜”|“模糊画廊”|“移轴模糊”命令，将在图像上显示出模糊控制线。

资源文件：
9.5.4. psd
9.5.4- 素材 . jpg

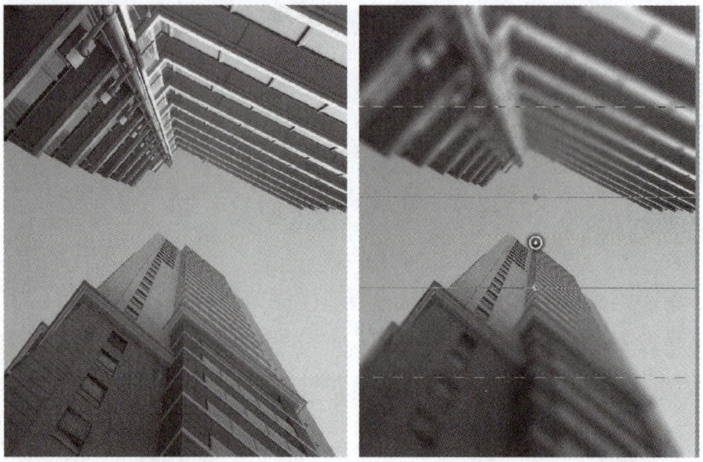

图 9.53
9.5.4- 素材图像和模糊控制线

（a） （b）

- 拖动中间的模糊控件，可以改变模糊的位置。
- 拖动上下的实线型模糊控制线，可以改变模糊的范围。
- 拖动上下的虚线型模糊控制线，可以改变模糊的渐隐强度。

9.6 防抖

“防抖”滤镜专门用于校正拍照时相机不稳而产生的抖动模糊，从而在很大程度上，让照片恢复为更清晰、锐利的效果。但要注意的是，抖动模糊本身属于不可挽回的破坏性问题，因此在使用“防抖”滤镜后，也只能是起到挽救的作用，而无法重现无抖动情况下的真实效果。因此，读者在拍照时，还是应尽量保持相机稳定，以避免抖动模糊问题的出现。

以如图 9.54 所示的照片为例，该照片就是在弱光的室内环境中拍摄，由于快门速度较低，而出现了抖动模糊的问题，选择“滤镜”|“锐化”|“防抖”命令后，将调出如图 9.55 所示的对话框。

图 9.54
9.6- 素材原图像

资源文件：
9.6.psd
9.6- 素材 .jpg

图 9.55
“防抖”对话框

“防抖”对话框中的参数解释如下：

- 模糊描摹边界：此参数用于指定模糊的大小，可根据图像的模糊程度进行调整。
- 源杂色：在下拉菜单中可选择自动 / 低 / 中 / 高选项，指定源图像中的杂色数量，以便于软件针对杂色进行调整。
- 平滑：调整数值可减少高频锐化杂色。此数值越高，则越多的细节会被平滑掉，因此在调整时要注意平衡。
- 伪像抑制：伪像是指真实图像的周围会有一定的多余图像，尤其在使用此滤镜进行处理后，就有可能会产生一定数量的伪像，此时可以适当调整此参数进行调整。此数值为 100% 时会产生原始图像；数值为 0% 时，不会抑制任何杂色伪像。
- 显示模糊评估区域：选中此选项后，将在中间区域显示一个评估控制框，可以调整此控制框的位置及大小，以用于确定滤镜工作时的处理依据。单击此区域右下方的“添加模糊描摹”按钮，可以创建一个新的评估控制框。在选中一个评估控制框时，单击“删除模糊描摹”按钮，可以删除该评估控制框。
- 细节：在此区域中，可以查看图像的细节内容，可以在此区域中拖动，以调整不同的细节显示。另外，单击“在放大镜处增强”按钮，可以对当前显示的细节图像进行进一步的增强处理。

笔 记

图9.56所示就是使用此命令处理前后的局部效果对比，可以看出，其校正效果还是非常明显的。

(a)

(b)

图9.56
处理前后的局部效果对比

拓展知识9-2
Camera RAW滤镜

拓展知识9-3
内置滤镜概述

9.7 智能滤镜

所谓的智能滤镜，是指应用于智能对象图层的滤镜，会自动在该图层下方创建一个相应的滤镜层，如图9.57所示。

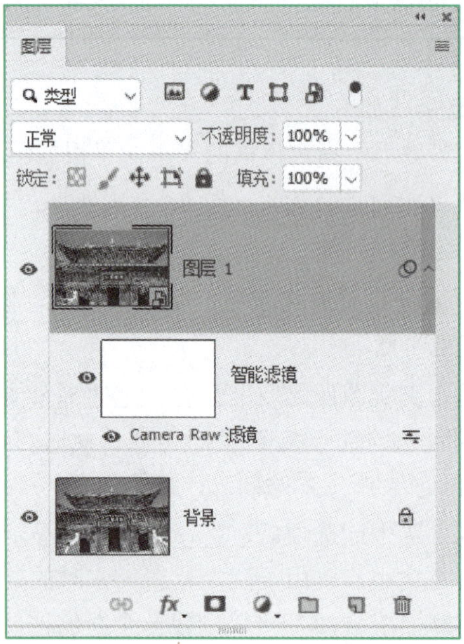

图9.57
增加智能滤镜时的“图层”面板

智能滤镜的特点在于，它可以像图层样式一样，以滤镜层的形式保存在智能对象图层下方，并可以反复进行编辑，还可以在滤镜效果与原图像之间设置混合模式及不透明度等属性。下面讲解智能滤镜的使用方法。

9.7.1 添加智能滤镜

要添加智能滤镜，可以按照下面的方法操作：

01 选择要应用智能滤镜的智能对象图层，在“滤镜”菜单中选择要应用的滤镜命令并设置适当的参数。

02 设置完毕后，单击“确定”按钮退出对话框，生成一个对应的智能滤镜图层。

03 如果要继续添加多个智能滤镜，可以重复步骤 1~ 步骤 2 的操作，直至得到满意的效果为止。

提 示

如果选择的是没有参数的滤镜（如“查找边缘”“云彩”等），则直接对智能对象图层中的图像进行处理并创建对应的智能滤镜图层。

图 9.58 所示为原图像及对应的“图层”面板。图 9.59 所示为在“滤镜库”对话框中选择了“绘图涂抹”滤镜，并调整适当参数后的效果，此时在原智能对象图层的下方多了一个智能滤镜图层。

资源文件：
9.7.1– 素材 .psd

图 9.58
9.7.1– 素材原图像及对应的“图层”面板

图 9.59
应用滤镜处理后的效果及对应的“图层”面板

可以看出，智能对象图层主要是由智能蒙版以及智能滤镜列表构成的。其中，智能蒙版主要是用于隐藏智能滤镜对图像的处理效果，而智能滤镜列表则显示了当前智能滤镜图层中所应用的滤镜名称。

9.7.2　编辑智能蒙版

使用智能蒙版，可以隐藏滤镜处理图像后的图像效果，其操作原理与图层蒙版的原理是完全相同的，即使用黑色来隐藏图像，白色显示图像，而灰色则产生一定的透明效果。

要编辑智能蒙版，可以按照下面的方法进行操作：

01 选中要编辑的智能蒙版。

02 选择绘图工具，如“画笔工具”或“渐变工具”等。

03 根据需要设置适当的颜色，然后在蒙版中涂抹即可。

图 9.60 所示为直接在智能对象图层“橙子图像”上使用“滤镜”|“纹理”|“染色玻璃”滤镜后的效果，图 9.61 所示为智能蒙版中用“画笔工具”以黑色在橙子面部五官的位置进行涂抹后的效果，以及对应的“图层”面板。可以看出，由于五官区域已经被涂抹为黑色，导致了该智能滤镜的效果完全隐藏。

资源文件：
9.7.2–素材.psd

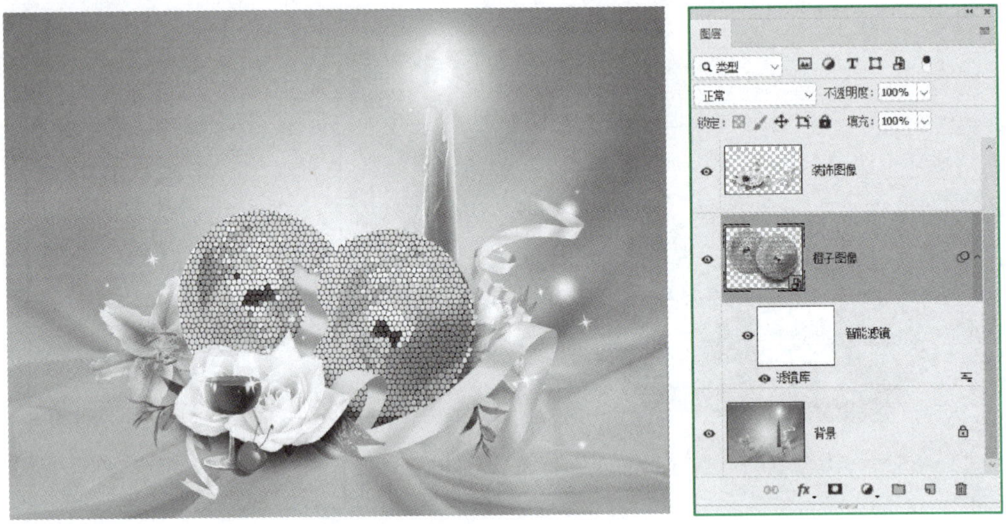

图 9.60
使用“染色玻璃”滤镜后的效果

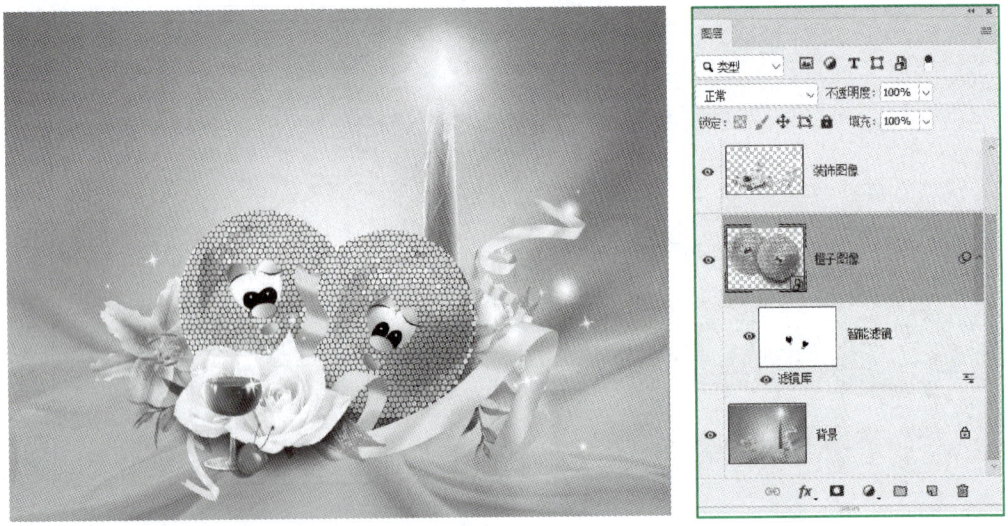

图 9.61
编辑智能蒙版后的效果

笔 记

如果要删除智能蒙版，可以直接在蒙版缩览图上右击，在弹出的菜单中选择“删除滤镜蒙版”命令，如图 9.62 所示，或者选择“图层”|“智能滤镜”|“删除滤镜蒙版”命令即可。

在删除蒙版后，如果要重新添加蒙版，则必须在“智能滤镜”这 4 个字上右击，在弹出的菜单中选择“添加滤镜蒙版”命令，如图 9.63 所示，或选择“图层”|“智能滤镜”|“添加滤镜蒙版”命令即可。

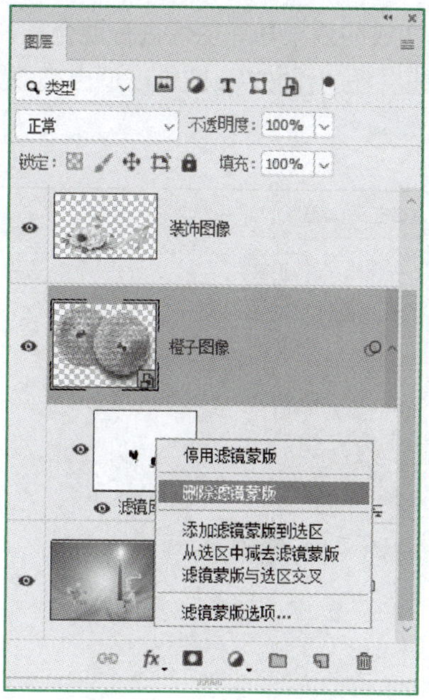

图 9.62
删除滤镜蒙版

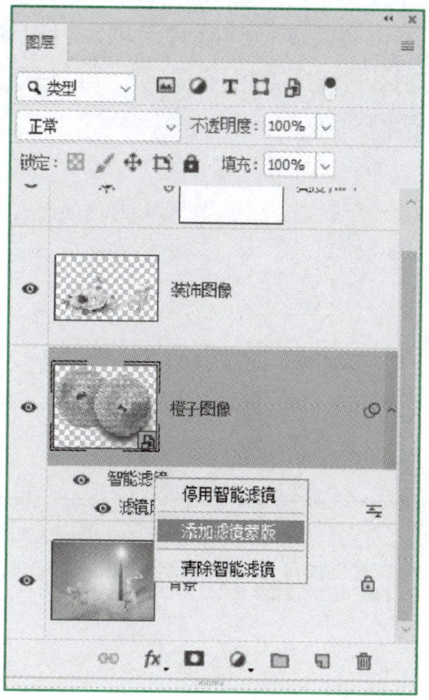

图 9.63
添加滤镜蒙版

9.7.3 编辑智能滤镜

智能滤镜的一个优点在于可以反复编辑所应用的滤镜参数，直接在“图层”面板中双击要修改参数的滤镜名称即可进行编辑。另外，对于包含在“滤镜库”中的滤镜，双击后调出的是“滤镜库”对话框中，除了修改参数外，还可以选择其他滤镜。

例如，图 9.64 所示是同时修改了“成角的线条”和“海报边缘”滤镜以后的图像效果。

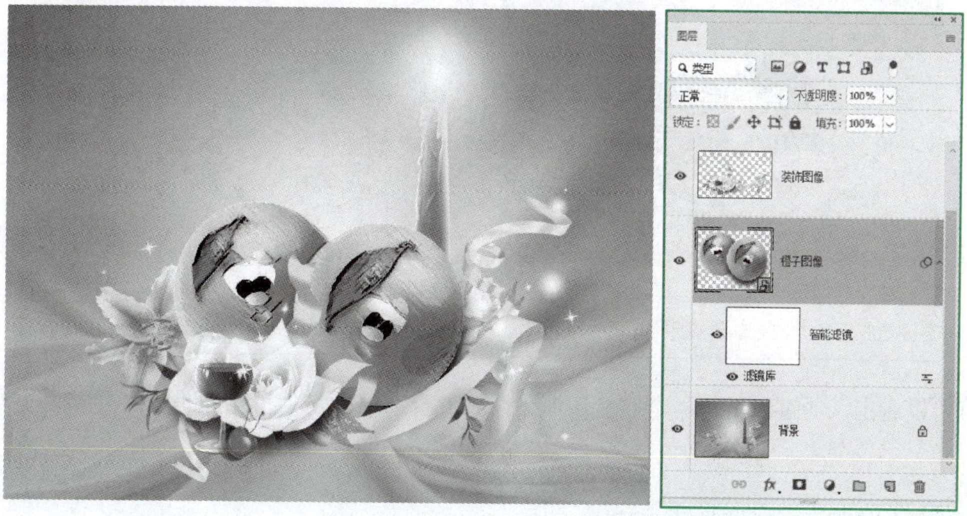

图 9.64
修改智能滤镜参数后的效果

需要注意的是，在添加了多个智能滤镜的情况下，如果用户编辑了先添加的智能滤镜，那么将会弹出类似如图9.65所示的提示框，此时，就需要在修改参数以后才能看到这些滤镜叠加在一起应用的效果。

9.7.4 编辑智能滤镜混合选项

通过编辑智能滤镜的混合选项，可以让滤镜所生成的效果与原图像进行混合。

要编辑智能滤镜的混合选项，可以双击智能滤镜名称后面的图标，调出类似如图9.66所示的对话框。

笔 记

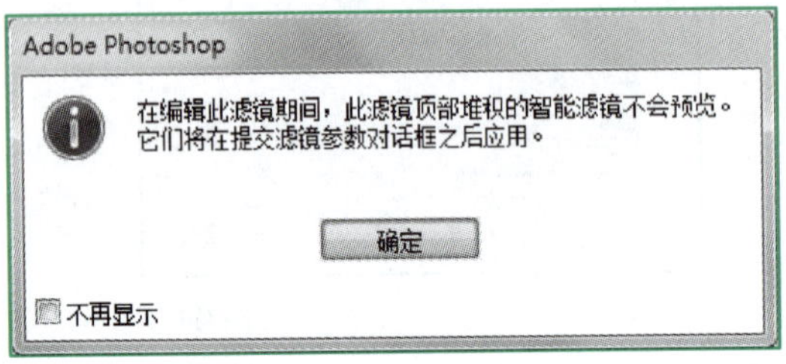

图9.65
提示框

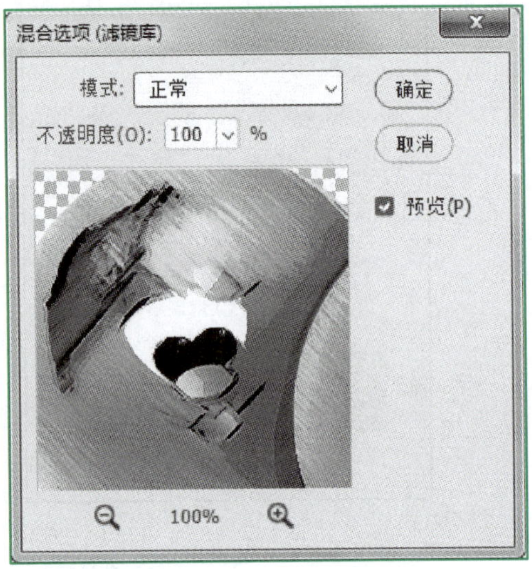

图9.66
智能滤镜的“混合选项（滤镜库）”对话框

例如，图9.67所示为原应用了“照亮边缘”智能滤镜后的效果，图9.68所示是按上面的方法操作后，将该智能滤镜的混合模式设置成为“线性减淡（添加）”后得到的效果。

图9.67
原图像应用了“照亮边缘”智能滤镜后的效果

图9.68
设置混合选项后的效果

可以看出，通过编辑每一个智能滤镜命令的混合选项，将具有更大的操作灵活性。

笔 记

9.7.5 停用/启用智能滤镜

停用 / 启用智能滤镜可为分两种操作，即对所有的智滤镜操作和对单独某个智能滤镜操作。

要停用所有智能滤镜，可以在所属的智能对象图层最右侧的图标上右击，在弹出的菜单中选择“停用智能滤镜”命令，即可隐藏所有智能滤镜生成的图像效果；再次在该位置右击，在弹出的菜单中可以选择“启用智能滤镜”命令。

更为便捷的操作是直接单击智能蒙版前面的眼睛图标，同样可以显示或隐藏全部的智能滤镜。

如果要停用 / 启用单个智能滤镜，也同样可以参照上面的方法进行操作，只不过需要在要停用 / 启用的智能滤镜名称上进行操作。

9.7.6 删除智能滤镜

如要删除一个智能滤镜，可直接在该滤镜名称上右击，在弹出的菜单中选择“删除智能滤镜”命令，或者直接将要删除的滤镜拖至“图层”面板底部的“删除图层”按钮上。

如果要清除所有的智能滤镜，则可以在智能滤镜上（即智能蒙版后的名称）右击，在弹出的菜单中选择“清除智能滤镜”命令，或直接选择“图层”|“智能滤镜”|“清除智能滤镜”命令即可。

9.8 实战演练

在本例中，将结合“云彩”“径向模糊”“旋转扭曲”与图层混合模式、调整图层等功能，制作一款超酷的炫光效果。

01 按 Ctrl+N 键新建一个文件，在打开的对话框中设置宽度为 1024 像素、高度为 768 像素，创建一个新文件。按 D 键将前景色和背景色恢复为默认的黑、白色，选择“滤镜”|“渲染”|“云彩”命令，得到类似如图 9.69 所示的效果。

02 选择“滤镜”|“像素化”|“铜版雕刻”命令，在打开的对话框中选择“长描边”选项，得到如图 9.70 所示的效果。

图 9.69
应用“云彩”后的效果

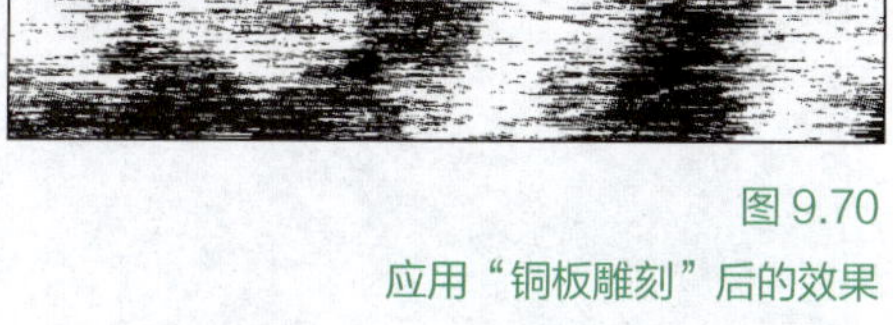

图 9.70
应用“铜板雕刻”后的效果

03 选择“滤镜”|“模糊”|“径向模糊”命令，在打开的对话框中设置如图 9.71（a）所

示的参数，得到如图 9.71（b）所示的效果。

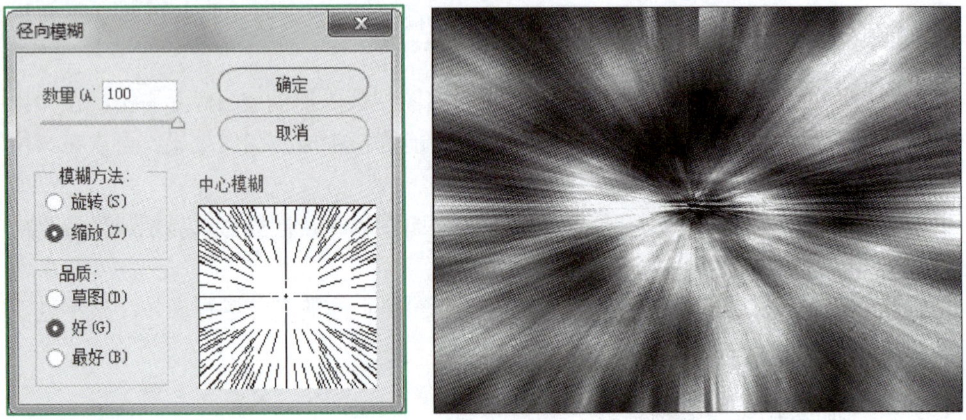

（a）（b）

图 9.71
“径向模糊”对话框和应用“径向模糊”命令后的效果

04 按 Ctrl+F 键重复上一步操作，得到如图 9.72 所示的效果。复制“背景”图层得到“背景 拷贝”。

05 选择“滤镜”|“扭曲”|“旋转扭曲”命令，在打开的对话框中设置如图 9.73 所示，得到如图 9.74 所示的效果。设置“背景 拷贝”的混合模式为“变亮”，得到如图 9.75 所示的效果。

笔 记

图 9.72
重复应用“径向模糊”命令后的效果

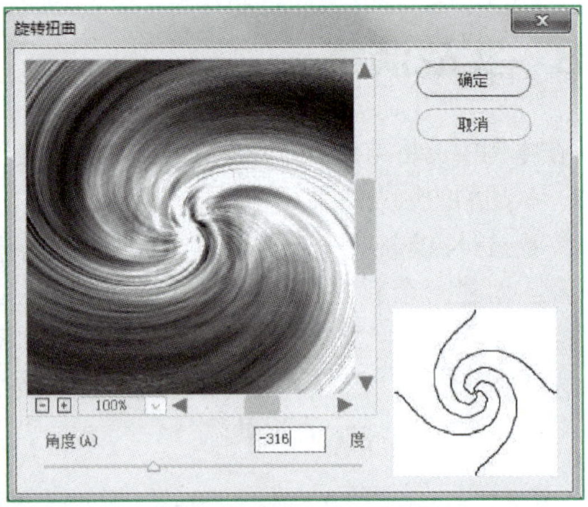

图 9.73
“旋转扭曲”对话框

图 9.74
应用“旋转扭曲”命令后的效果

图 9.75
设置混合模式后的效果

笔 记

06 双击“背景”图层，在打开的对话框中单击“确定”按钮，将“背景”图层转化为“图层 0”。按住 Ctrl 键单击“背景 拷贝”的图层名称，将两个图层选中。按 Ctrl+Alt+E 键执行“盖印”操作，得到“背景 拷贝（合并）”。

07 按 Ctrl+T 键调出自由变换控制框，在控制框内右击，在弹出的菜单中选择“水平翻转”命令，按 Enter 键确认变换操作，得到如图 9.76 所示的效果。设置“背景 拷贝（合并）”的混合模式为“变亮”得到如图 9.77 所示的效果。

图 9.76
变换图像后的效果

图 9.77
设置“变亮”混合模式后的效果

08 选择“图层 0”，单击“创建新的填充或调整图层”按钮，在弹出的菜单中选择“色相 / 饱和度”命令，得到“色相 / 饱和度 1”，在弹出的面板中设置如图 9.78 所示，得到如图 9.79 所示的效果。

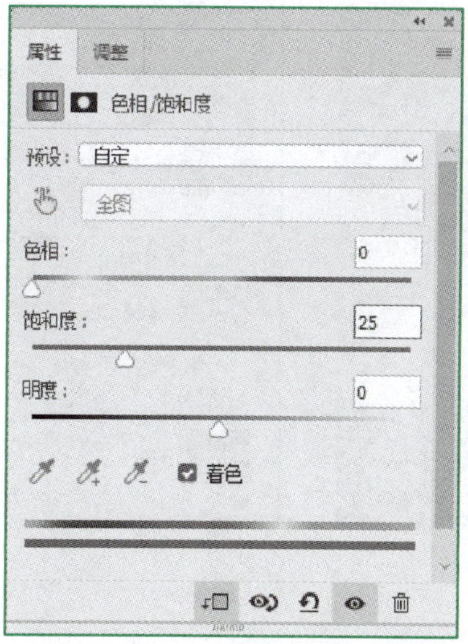

图 9.78
“色相 / 饱和度”面板 1

图 9.79
应用“色相 / 饱和度”命令后的效果

09 选择“背景 拷贝”，单击“创建新的填充或调整图层”按钮，在弹出的菜单中选择“色相 / 饱和度”命令，得到“色相 / 饱和度 2”，按 Ctrl+Alt+G 键执行“创建剪贴蒙版”操作，设置面板中的参数如图 9.80 所示，得到如图 9.81 所示的效果。

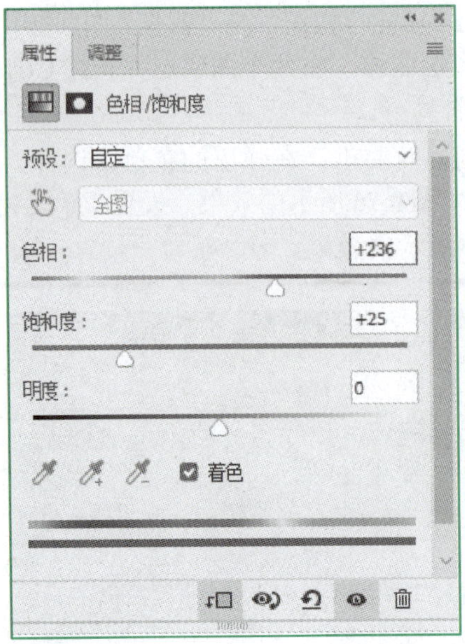

图 9.80
“色相 / 饱和度”面板 2

图 9.81
“创建剪贴蒙版”后的效果

10 按住 Alt 键将“色相 / 饱和度 2”拖到“背景 拷贝（合并）”图层的上方，按 Ctrl+Alt+G 键执行“创建剪贴蒙版”操作，得到如图 9.82（a）所示的最终效果，其对应的“图层”面板如图 9.82（b）所示。

资源文件：
9.8. psd

（a）　　（b）

图 9.82
9.8- 素材加工后最终效果及其对应的“图层”面板

拓展知识 9-4
星球爆炸效果

习题

一、选择题

1. “滤镜库”命令的功能包括（　　）

A．提供一种模糊的效果　　　　　　　　B．应用多个滤镜时定义其应用顺序
C．以集成的方式使用若干滤镜命令　　　D．调用 Photoshop 的外挂滤镜

2．在“液化”对话框或使用顺时针旋转扭曲工具时，按（　　）快捷键可以得到逆时针旋转扭曲的效果。

A．Ctrl 键　　B．Ctrl+Alt 键　　C．Ctrl+Shift 键　　D．Alt 键

3．下列选项中属于特殊滤镜的是（　　）。

A. 液化　　B. 油画　　C. 镜头校正　　D. 场景模糊

4．下列选项中属于模糊滤镜的是（　　）。

A. 动感模糊　　B. 高斯模糊　　C. 进一步模糊　　D. 光圈模糊

5．如果希望提高滤镜的运行速度，下列措施中可行的是（　　）。

A．加大机器内存并为 Photoshop 分配更多内存　　B．使用滤镜命令时按住 Alt 键
C．按 Ctrl+F 键运行滤镜命令　　　　　　　　　　D．提高画布尺寸

6．若由于没有持稳相机导致拍出的照片轻微模糊，可以使用（　　）命令进行校正。

A．场景模糊　　B．高斯模糊　　C．抖动　　D．镜头校正

二、操作题

1．打开本书配套资源中的文件“第 9 章\9.10–1– 素材 .psd”，如图 9.83（a）所示。使用“液化”命令尝试对人物的胳膊进行变形处理，直至得到如图 9.83（b）所示的肌肉增加效果。

资源文件：
9.10–1– 素材 .psd

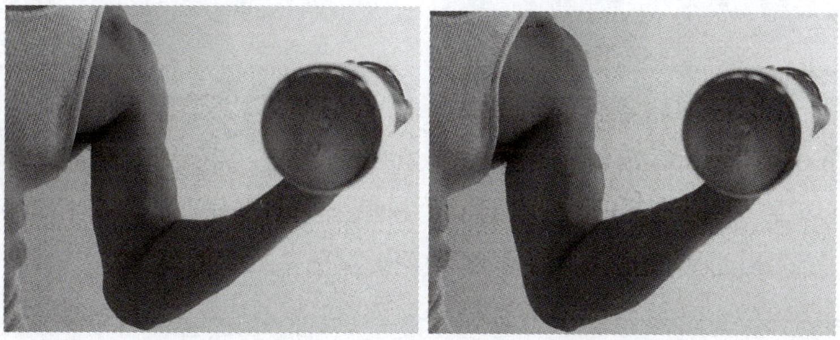

（a）　　（b）

图 9.83
9.10–1– 素材图像和其液化后的效果

2．打开本书配套资源中的文件“第 9 章\9.10–2– 素材 .tif”，如图 9.84（a）所示。使用 Photoshop 中的“喷溅”“云彩”“查找边缘”以及调整功能等，制作得到如图 9.84（b）所示的印章效果。

资源文件：
9.10–2.psd
9.10–2– 素材 .tif

（a）　　（b）

图 9.84
9.10–2 素材图像和其印章效果

3．打开本书配套资源中的文件“第 9 章\9.10–3– 素材 .psd”，如图 9.85（a）所示。使用 4 种以上的方法模拟得到类似如图 9.85（b）所示的景深效果，其中至少有一种方法要配合通

资源文件：
9.10-3. psd
9.10-3- 素材 . psd

道功能一同使用。

（a） （b）

图 9.85
9.10-3- 素材图像及对应的景深效果

4. 打开本书配套资源中的文件“第 9 章 \9.10-4- 素材 .jpg”，如图 9.86（a）所示。结合本章讲解的滤镜功能，尝试校正得到如图 9.86（b）所示的效果。

资源文件：
9.10-4. psd
9.10-4- 素材 . jpg

（a） （b）

图 9.86
9.10-4- 素材图像及对应的景深效果

提 示

本章所用到的素材及效果文件位于本书配套资源中的“第 9 章”文件夹内，其文件名与章节号对应。

第10章

使用动作及自动化命令

知识要点：

- “动作”面板
- 录制并编辑动作
- 继续录制动作
- “批处理”命令快速处理图像
- “图像处理器”命令批量转换图像

课程导读：

动作是 Photoshop 中非常重要的提高工作效率的功能，而配合“批处理”命令来使用动作更是能够以极高的速度处理一个文件夹中的所有图像文件，从而再次提高工作效率。

本章不仅讲解了如何使用动作、如何录制动作，还讲解了如何成批处理图像，提高工作效率。

PPT：
第 10 章 使用动作及自动化命令

10.1 “动作”面板

有关于动作的各类操作，都集中在“动作”面板中，因此要掌握并灵活地运用动作，首先要掌握“动作”面板。选择“窗口”|“动作”命令，将弹出如图 10.1 所示的“动作”面板。

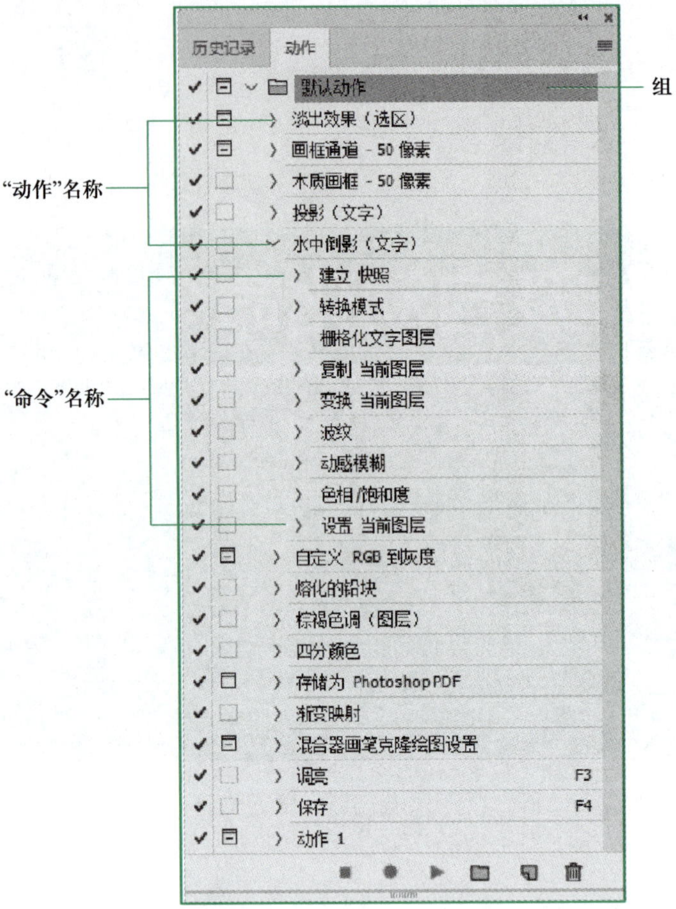

图 10.1
“动作”面板

“动作”面板中各个按钮的含义如下：

- 单击按钮，可以创建一个新动作。
- 单击按钮，在弹出的对话框单击“确定”按钮，即可删除当前选择的动作。
- 单击按钮，可以创建一个新动作组。
- 单击按钮，应用当前选择的动作。
- 单击按钮，开始录制动作。
- 单击按钮，停止录制动作。
- 单击✓使其显示为，可以使该图标右侧的动作或命令不被执行。
- 单击✓右侧的图标，使其显示为，可以使此图标右侧的命令在执行时弹出命令对话框，再次单击图标使其显示为，可取消显示对话框。

由图 10.1 可见录制动作时，不仅应用的命令被录制在动作中，如果该命令具有参数，则其参数也同样会被录制在动作中，这样在应用动作时就可以得到非常精确的结果。

“动作”面板中的“组”在使用意义上与“图层”面板中的图层组相同，如果录制的动作较多，可将同类动作如“类型类”“纹理类”保存在一个动作组中以便查看，从而提高此面板的使用效率。

10.2 录制并编辑动作

10.2.1 录制动作

大多数情况下用户需要创建自定义的动作，以满足不同的工作需求。录制新动作的步骤如下：

01 单击“动作”面板下方的“创建新组”按钮，在打开的“新建组”对话框中输入组的名称后单击“确定”按钮。

提示

创建新组这一操作并非必要，可根据实际情况确定是否需要创建一个放置新动作的组。

02 单击“动作”面板中的“创建新动作”按钮，或单击“动作”面板右上方的面板按钮在弹出菜单中选择“新建动作”命令，打开如图 10.2 所示的对话框。

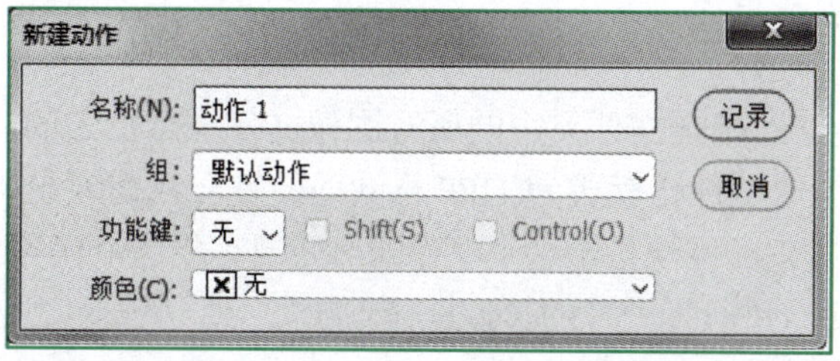

图 10.2
“新建动作”对话框

“新建动作”对话框中的参数含义如下。

- 名称：在此文本框中输入新动作的名称。
- 组：在此下拉列表中选择新动作所要放置的序列名称。
- 功能键：在此下拉列表中选择一个功能键，从而实现单击功能键即应用动作的功能。
- 颜色：在此下拉菜单中，可以选择一种颜色作为在按钮显示模式下新动作的颜色。

03 设置“新建动作”对话框中的参数后，单击“记录”按钮，此时，“开始记录”按钮自动被激活显示为红色，表示进入动作的录制阶段。

04 选择需要录制在当前动作中的若干命令，如果这些命令有参数，需要按情况设置其参数。

05 执行所有需要的操作后，单击“停止播放/记录”按钮。此时，“动作”面板中将显示录制的新动作。

提示

动作中无法记录撤销操作及使用绘图工具所进行的绘制类操作。

在录制完成后，就可以通过在“动作”面板中单击播放选定的动作按钮▶，或在“动作”面板弹出菜单中选择“播放”命令，来播放此动作。

10.2.2 修改动作中命令的参数

要修改动作中某个命令的参数，可以在“动作”面板中双击需要改变参数的命令，在弹出的对话框中进行重新设置，设置完毕后单击“确定”按钮即可。

提示

在改变命令参数时，面板中的“开始记录”按钮●与“播放选定的动作”按钮▶都会被激活。

10.2.3 继续录制动作

单击“停止播放 / 记录”按钮■可以结束一个动作记录，但仍然可以使用下面的步骤在动作中继续记录其他命令。

笔 记

01 在“动作”面板中选择一个命令。
02 单击“动作”面板底部的“开始记录”按钮●。
03 执行需要记录的操作。
04 继续录制动作完毕后，单击“停止播放 / 记录”按钮■，则新的命令被录制在动作中。

10.3 批处理

“批处理”命令能够对指定文件夹中的所有图像文件执行指定的动作。例如，如果希望将某一个文件夹中的图像文件转存成为 TIFF 格式的文件，只需要录制一个相应的动作并在“批处理”命令中为要处理的图像指定这个动作即可快速完成这个任务。

应用“批处理”命令进行批处理的具体操作步骤如下：

01 录制要完成指定任务的动作，选择“文件”|“自动”|“批处理”命令，打开如图 10.3 所示的对话框。

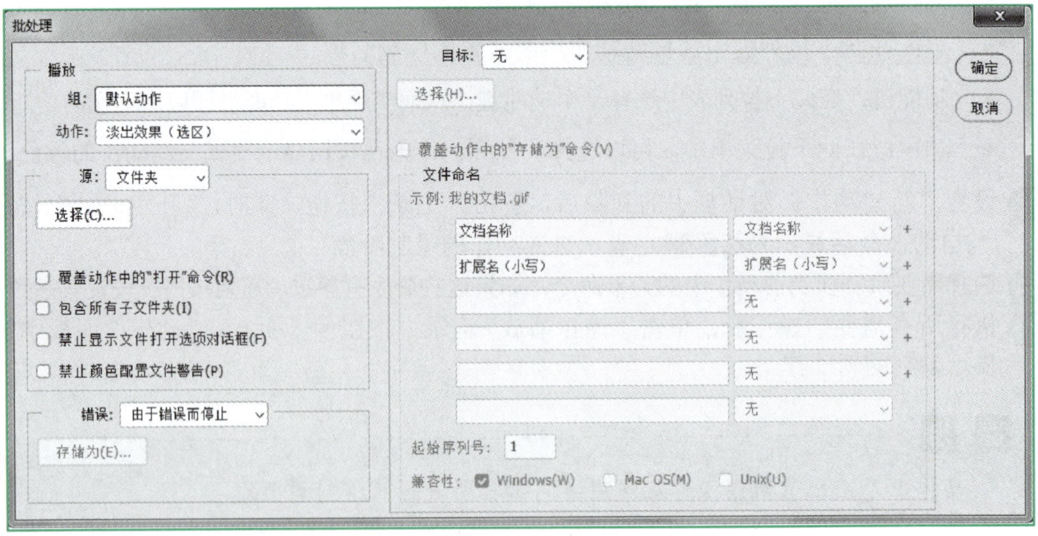

图 10.3
“批处理”对话框

02 从“播放”区域的“组”和“动作”下拉列表中选择需要应用动作所在的“组”及此动作的名称。

03 从“源”下拉列表中选择要应用“批处理”的文件，下拉列表中的各个选项的含义如下。

- 文件夹：此选项为默认选项，可以将批处理的运行范围指定为文件夹，选择此选项必须单击“选择”按钮，在打开的“浏览文件中”对话框中选择要执行批处理的文件夹。
- 导入：此选项用于对来自数码相机或扫描仪的图像应用动作。
- 打开的文件：如果要对所有已打开的文件执行批处理，应该选中此选项。
- Bridge：选择此选项可以对显示于 Bridge 中的文件应用在此对话框中指定的动作。

04 选择“覆盖动作中的‘打开’命令”选项，动作中的“打开”命令将引用“批处理”的文件而不是动作中指定的文件名，选择此选项将弹出如图 10.4 所示的提示对话框。

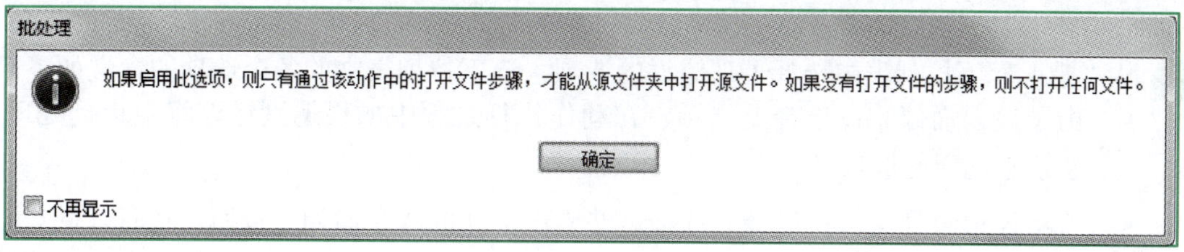

图 10.4
“批处理”提示对话框

05 选择“包含所有子文件夹”选项，可以使动作同时处理指定文件夹中所有子文件夹包含的可用文件。

06 选择“禁止颜色配置文件警告”选项，将关闭颜色方案信息的显示。

07 从“目的”下拉列表中选择执行“批处理”命令后的文件所放置的位置，其中各个选项的含义如下。

- 无：选择此选项，使批处理的文件保持打开而不存储更改（除非动作包括“存储”命令）。
- 存储并关闭：选择此选项，将文件存储至其当前位置，如果两幅图像的格式相同，则自动覆盖源文件，并不会弹出任何提示对话框。
- 文件夹：选择此选项，将处理后的文件存储到另一位置。此时可以单击其下方的“选择”按钮，在打开的“浏览文件中”对话框中指定目标文件夹。

08 选择“覆盖动作中的‘存储为’命令”选项，动作中的“存储为”命令将引用批处理的文件，而不是动作中指定的文件名和位置。

09 如果在“目的”下拉列表中选择“文件夹”选项，则可以指定文件命名规范并选择处理文件的文件兼容性选项。

10 如果在处理指定的文件后，希望对新的文件进行统一命名，可以在“文件命名”区域设置需要设定的选项。例如，如果按照如图 10.5 所示的参数执行批处理后，以 JPGE 图像为例，则存储后的第 1 个新文件名为 designjpg001.jpg，第 2 个新文件名为 designjpg002.jpg，以此类推。

笔 记

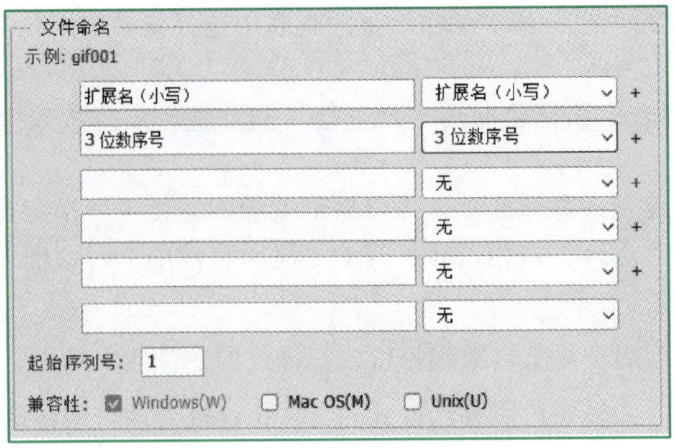

图 10.5
设置执行批处理后文件的名称

提示

此选项仅在“目的”下拉列表中的“文件夹”选项被选中的情况下才会被激活。

笔 记

11 从“错误”下拉列表中选择处理错误的选项，该下拉列表中的各个选项的含义如下。

- 由于错误而停止：选择此选项，在动作执行过程中如果遇到错误将中止批处理，建议不选择此选项。
- 将错误记录到文件：选择此选项，并单击下面的“存储为”按钮，在打开的“存储”对话框输入文件名，可以将批处理运行过程中所遇到的每个错误记录并保存在一个文本文件中。

12 设置所有选项后单击“确定”按钮，则 Photoshop 开始自动执行指定的动作。

在掌握了此命令的基本操作后，可以针对不同的情况使用不同的动作完成指定的任务。例如，如果希望将 D:\image\ 文件夹中的所有图像转换为 RGB 模式，并另存为 JPGE 格式的文件，存储的目标位置为 D:\image-2\ 文件夹中，而且要保持每个文件的名称不变，可以按照如 图 10.6 所示的对话框进行设置。

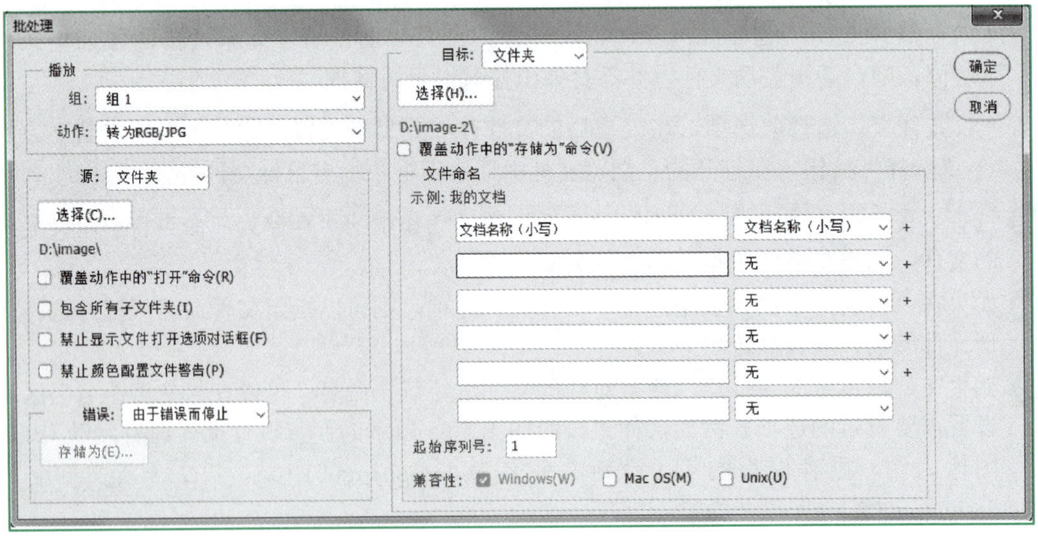

图 10.6
“批处理”对话框

10.4 使用“图像处理器”命令处理多个文件

笔 记

执行“文件”|“脚本”|“图像处理器”命令，能够转换和处理多个文件，从而完成以下各项操作。

① 将一组文件的文件格式转换为 *.jpeg、*.psd 或者 *.tif 格式之一，或者将文件同时转换为以上 3 种格式。

② 使用相同选项来处理一组相机原始数据文件。

③ 调整图像的大小，使其适应指定的大小。

要执行此命令处理一批文件，可以参考以下操作步骤。

01 选择“文件”|“脚本”|“图像处理器”命令，打开如图 10.7 所示的“图像处理器”对话框。

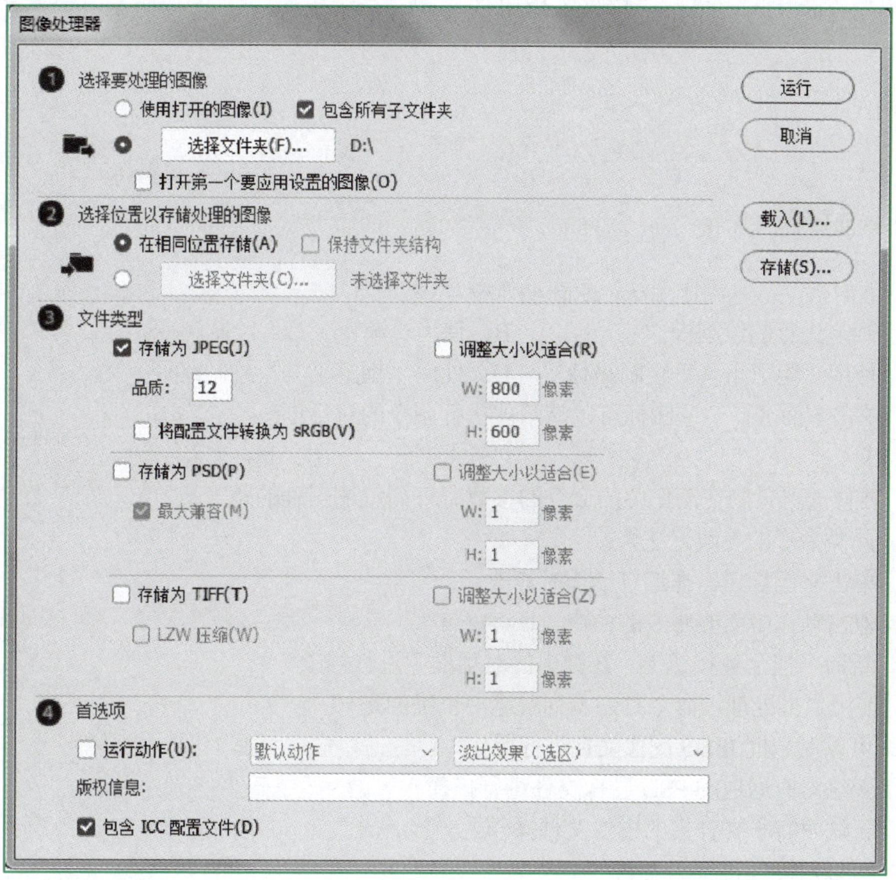

图 10.7
“图像处理器”对话框

02 选中“使用打开的图像”单选按钮，处理所有当前打开的图像文件；也可以单击“选择文件夹”按钮，在打开的“选择文件夹”对话框中选择处理某一个文件夹中所有可处理的图像文件。

03 选中“在相同位置存储”单选按钮，可以使处理后生成的文件保存在相同的文件夹中；也可以单击“选择文件夹”按钮，在打开的“选择文件夹”对话框中选择一个文件夹，用于保存处理后的图像文件。

提 示

如果多次处理相同的文件并将其存储到同一个目标文件夹中，则每个文件都将以其自己的文件名存储，而不进行覆盖。

04 在“文件类型”选项区中选择要存储的文件类型和选项。在此区域中可以选择将处理的图像文件保存为 *.jpeg、*.psd、*.tif 中的一种或者几种。如果选择“调整大小以适合”选项，则可以分别在“W”和“H”数值框中输入宽度和高度数值，使处理后的图像符合此尺寸。

05 在“首选项”选项区中设置其他处理选项，如果还需要对处理的图像运行动作中所定义的命令，选择“运行动作”选项，并在其右侧选择要运行的动作；如果选择“包含 ICC 配置文件”选项，则可以在存储的文件中嵌入颜色配置文件。

06 参数设置完毕后，单击“运行”按钮。

习题

一、选择题

1. 下面（　　）操作无法记录在动作中。

A. 画笔进行的绘画操作　　B. 使用“渐变工具”绘制渐变

C. 使用“矩形工具”绘制路径　　D. 使用“钢笔工具”绘制路径

2. 单击下面（　　）图标可以显示被执行命令的对话框。

A. 　　B. 　　C. 　　D. 

3. 要修改已录制在动作中的命令的参数，下列叙述正确的是（　　）。

A. 此类命令的参数无法修改

B. 单击图标后，在运行动作时修改

C. 双击动作中需要修改的命令

D. 新命令拖至按钮上，在弹出的对话框中进行修改

4. 使用“批处理”命令时，下列叙述中正确的是（　　）

A. 可以对一批 JPEG 图像文件进行操作

B. 无法对有通道的 PSD 图像文件进行操作

C. 无法对有子文件夹的图像文件操作

D. 可以对图像进行重命名

5. 关于动作与“批处理”命令，下列叙述中正确的是（　　）

A. 对打开的大量图像文件进行操作，动作的效率低于“批处理”命令

B. 对打开的大量图像文件进行操作，动作的效率高于“批处理”命令

C. 任何情况下动作的效率都低于“批处理”命令

D. 没有动作，“批处理”命令同样能够运行

二、操作题

1. 随意找一幅图像素材，录制一个新的动作，完成以下操作任务：将图像模式转换成

为 RGB 颜色模式，将背景色设置为黑色，均匀向外侧扩展画面 25 个像素，将图像保存成为 JPEG 格式的图像文件，“品质”选项设置为“最佳”。

2．寻找一批自然风景素材图像文件存放于一个文件夹中，使用“批处理”命令结合第 1 题录制的新动作完成以下任务：将所有图像的颜色模式换成为 RGB 颜色模式，图像画布向外扩展 25 个像素形成黑色边框效果，所有被处理的图像均需要保存成为 JPEG 格式的图像文件，并以“beau-natu+ 序列号 + 操作当日日期 .jpg”的形式命名。

3．仍然使用第 2 题中的素材，使用“图像处理器”命令，将它们全部转换成为 PSD 格式。

第11章

实战演练

知识要点：

- 使用辅助线划分设计区域
- 使用图层混合模式融合图像
- 使用调整图层调整图像的亮度与色彩
- 路径各种形状工具绘制路径与形状
- 使用图层样式制作特殊图像效果
- 使用蒙版隐藏多余图像
- 使用自由变换功能改变图像大小及角度
- 创建与编辑选区

课程导读：

在本书第 1 章 ~ 第 10 章的讲解中，读者已经学习了 Photoshop 中的常用知识。本章将讲解 5 个综合案例，来实践和深度理解前面所学习的内容。希望通过练习这些案例，能够帮助读者融会贯通前面所学习的工具、命令与重要概念。

PPT：
第 11 章 实战演练

11.1 照片修饰：人物照片整体色调调整

例前导读：

在本例中，将利用填充单色并设置混合模式的方法，调整照片的整体色调，并结合图层蒙版功能，恢复出人物皮肤区域的色调，然后结合“曲线”命令及“可选颜色”命令，对照片整体的色彩进行润饰即可。在选片时，建议选择以绿色或其他较为自然清新的色彩为主的照片，且照片的对比度不宜过高，色彩也不必过于浓郁。

笔 记

核心技能：

- 使用颜色填充图层为照片叠加颜色。
- 使用混合模式融合图像。
- 使用图层蒙版隐藏多余的图像。
- 结合“曲线”“可选颜色”调整图层，润饰照片色彩。

操作步骤：

01 打开本书配套资源中的文件“第 11 章\11.1– 素材 .jpg”，如图 11.1 所示。首先来新建填充图层并为照片的高光区域叠加色彩，以确定其基本色调。

单击“创建新的填充或调整图层”按钮 ，在弹出的菜单中选择“颜色填充”命令，创建得到“颜色填充 1”调整图层，在打开对话框中设置颜色，如图 11.2 所示。

图 11.1
11.1– 素材文件

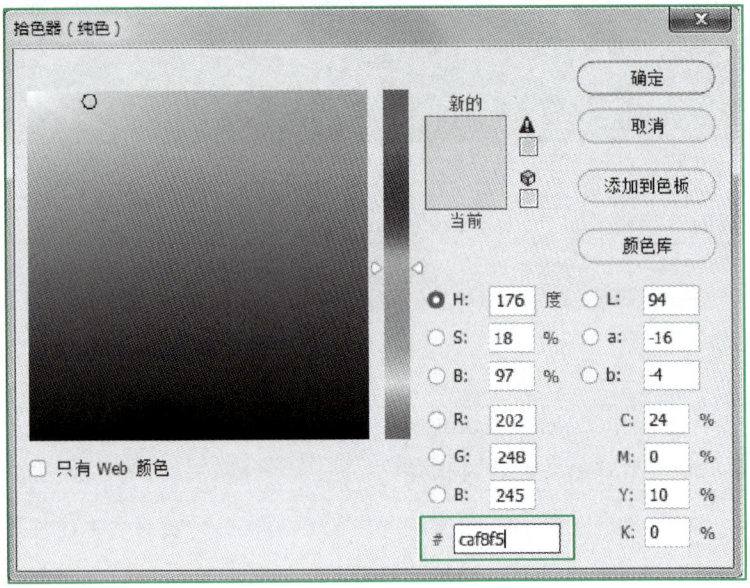

图 11.2
设置“颜色填充”

资源文件：
11.1. psd
11.1– 素材 . jpg

02 设置“颜色填充 1”图层的混合模式为“正片叠底”，如图 11.3 所示，从而调整照片整体的色调。

图 11.3
设置“正片叠底”的图像效果及图层面板

此时，人物皮肤的颜色显得较为灰暗，下面就来处理一下此问题。

03 选中“颜色填充 1”的图层蒙版，设置前景色为黑色，选择“画笔工具”并设置适当的画笔大小及不透明度，然后在人物皮肤的位置进行涂抹，涂抹后的效果如图 11.4 所示。

04 按住 Alt 键并单击“颜色填充 1”的图层蒙版缩览图，可以查看其中的状态，如图 11.5 所示。

笔 记

图 11.4
添加图层蒙版后的效果

图 11.5
蒙版中的状态

下面使用“可选颜色”命令来对照片进行润饰。

05 单击“创建新的填充或调整图层”按钮，在弹出的菜单中选择“可选颜色”命令，创建得到“选取颜色 1”调整图层，然后在“属性”面板中选择“红色”和“黄色”选项并设置参数，如图 11.6 所示，从而进一步强化照片中的暖调色彩，如图 11.7 所示。

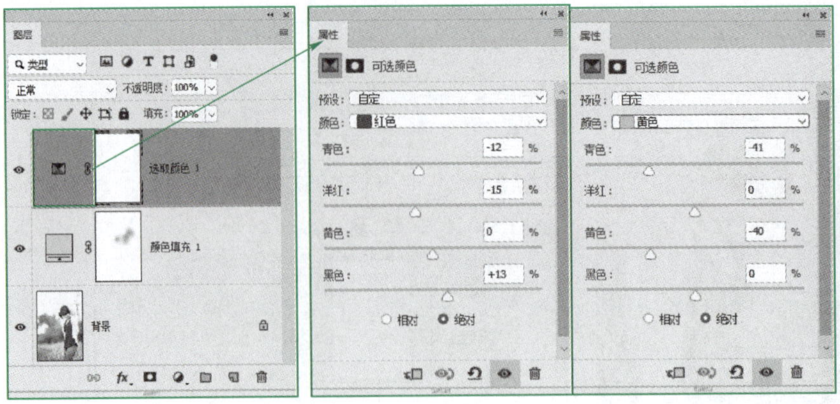

(a) (b) (c)

图 11.6
设置“可选颜色”面板

图 11.7
应用“曲线”命令后的效果

下面使用“曲线”命令来对照片进行润饰。

06 单击“创建新的填充或调整图层”按钮，在弹出的菜单中选择“曲线”命令，创建得到“曲线 1”调整图层，然后在“属性”面板中选择“红”“绿”和“蓝”通道并设置参数，如图 11.8 所示，从而进一步强化照片的色彩，如图 11.9 所示。

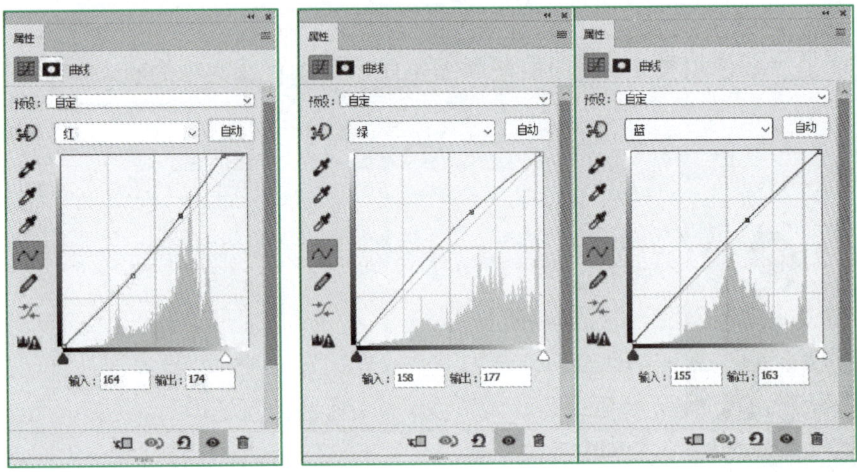

(a) (b) (c)

图 11.8
设置“曲线”面板

图 11.9
应用“曲线”命令后的效果

笔 记

至此，已经基本完成对照片的处理，从整体上看，画面显得略有些灰暗，因而显得不够通透，下面就针对此问题进行处理。

07 单击“创建新的填充或调整图层”按钮，在弹出的菜单中选择“亮度 / 对比度”命令，创建得到“亮度 / 对比度 1”调整图层，然后在“属性”面板中设置适当的参数即可，如图 11.10 所示，应用的图像效果如图 11.11 所示。

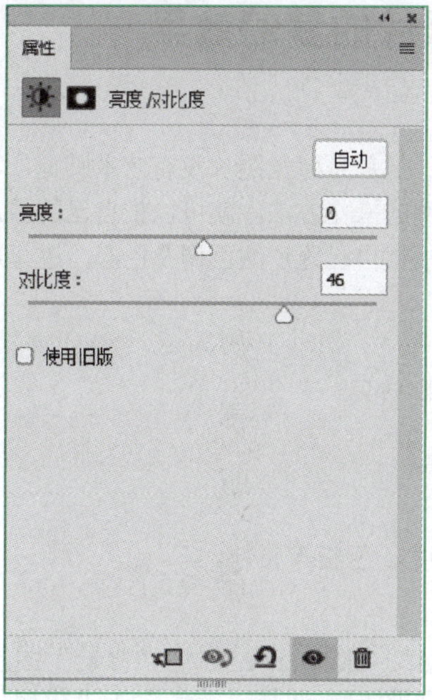

图 11.10
设置“亮度 / 对比度”面板

图 11.11
应用“亮度 / 对比度”命令后的效果

图 11.12 所示是在照片中添加装饰文字后的效果及最终的“图层”面板。

图 11.12
11.1- 素材修饰后最终效果及“图层”面板

笔 记

11.2 照片修饰：制作数码照片的梦幻效果

例前导读：

人们在日常生活中经常会拍摄大量的照片，但总是感觉照片没有艺术感觉，本实例讲解如何制作数码照片的梦幻效果。通过学习本实例的操作方法，就可以把自己的照片打造出梦幻的感觉了。当然，在处理的过程中，要注意根据自己照片的色调及色彩，进行适当的亮度及色彩的校正，才能够得到最佳的艺术效果。

核心技能：

- 应用“动感模糊”命令制作图像的模糊效果。
- 通过设置图层属性以混合图像。
- 利用图层蒙版功能隐藏不需要的图像。
- 应用调整图层的功能，调整图像的亮度、色彩等属性。

操作步骤：

01 打开本书配套资源中的文件“第 11 章 \11.2- 素材 .jpg”。将“背景”图层拖至“创建新图层”按钮上，得到“背景 拷贝”图层，选择“滤镜”｜“模糊”｜“动感模糊”命令，在打开的对话框中设置参数，如图 11.13 所示，得到的效果如图 11.14 所示。

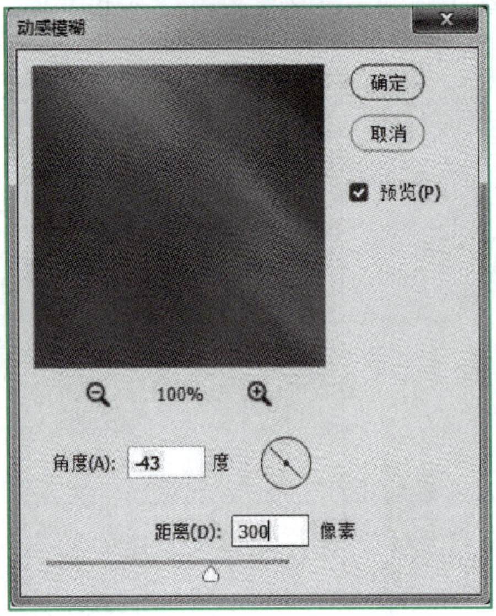

图 11.13
“动感模糊”对话框 1

图 11.14
模糊后的效果 1

资源文件：
11.2. psd
11.2- 素材 . jpg

02 将“背景 拷贝”图层拖至“创建新图层”按钮上得到“背景 拷贝 2”图层，再次选择“滤镜”｜“模糊”｜“动感模糊”命令，在打开的对话框中设置参数，如图 11.15 所示，以强化模糊效果，如图 11.16 所示。

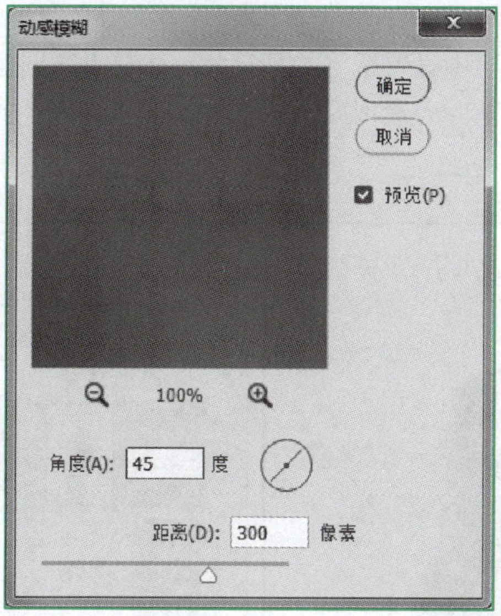

图 11.15
“动感模糊”对话框 2

图 11.16
模糊后的效果 2

笔 记

03 设置“背景拷贝 2”的混合模式为“叠加”，以混合图像，如图 11.17 所示。按住 Shift 键，分别选择“背景 拷贝”和“背景 拷贝 2”图层，然后按 Ctrl+Alt+E 键执行“盖印”操作，从而将选中图层中的图像合并至一个新图层中，并将其重命名为“图层 1”。

04 分别单击“背景 拷贝”和“背景 拷贝 2”图层前面的 图标，以隐藏图层，此时“图层”面板如图 11.18 所示。设置“图层 1”的混合模式为“滤色”，以混合图像，如图 11.19 所示。

图 11.17
设置混合模式后的效果 1

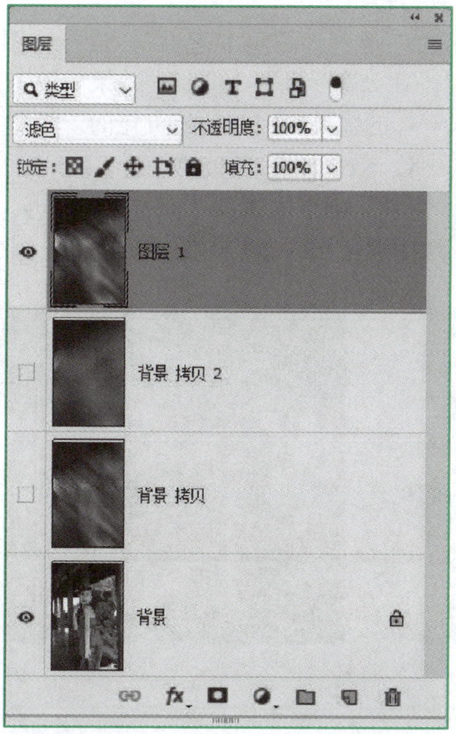

图 11.18
隐藏图层后的“图层”面板

图 11.19
设置混合模式后的效果 2

05 单击“添加图层蒙版”按钮，为“图层 1”添加图层蒙版，设置前景色为黑色，选择“画笔工具”，并在其工具选项栏中设置适当的画笔大小，在人物图像中进行涂抹，从而将人物显示出来，如图 11.20 所示，此时蒙版中的状态及“图层”面板如图 11.21 所示。

图 11.20
添加图层蒙版后的效果 1

图 11.21
蒙版中的状态及“图层”面板

笔 记

06 按 Ctrl+J 键复制“图层 1”得到“图层 1 拷贝”，选择“图层 1 拷贝”图层缩览图，选择“滤镜”|“渲染”|“云彩”命令，得到的效果如图 11.22 所示。在应用“云彩”命令时，不必刻意追求一样的效果，因为是随机化的。设置“图层 1 拷贝”的混合模式为“叠加”，以混合图像，效果如图 11.23 所示。

07 新建“图层 2”，设置前景色为黑色，选择“画笔工具”，并在其工具选项栏中设置适当的画笔大小及不透明度，在画布的四周进行涂抹，得到的效果如图 11.24 所示。

图 11.22
应用“云彩”命令后的效果

图 11.23
设置混合模式后的效果 1

图 11.24
画布四周涂抹后的效果

08 按 Ctrl+Alt+Shift+E 键执行“盖印”操作，从而将当前所有可见的图像合并至一个新

笔 记

图层中，得到“图层 3”，设置“图层 3”的混合模式为“滤色”，以混合图像，得到的效果如图 11.25 所示。

09 单击“添加图层蒙版”按钮，为“图层 3”添加图层蒙版，选择“画笔工具”，并在其工具选项栏中设置适当的画笔大小，在图像中进行涂抹，以隐藏人物以外的区域，得到的效果如图 11.26 所示，此时蒙版中的状态如图 11.27 所示。

图 11.25
设置混合模式后的效果 2

图 11.26
添加图层蒙版后的效果 2

图 11.27
蒙版中的状态

10 按 Ctrl+Alt+Shift+E 键执行“盖印”操作，从而将当前所有可见的图像合并至一个新图层中，得到“图层 4”。选择“滤镜”｜“锐化”｜“锐化”命令，如图 11.28 所示为“锐化”前后的效果对比。

11 按 Ctrl+J 键复制“图层 4”得到“图层 4 拷贝”，设置的混合模式为“柔光”，以混合图像，效果如图 11.29 所示，此时“图层”面板如图 11.30 所示。

（a） （b）

图 11.28
锐化前后的对比效果

图 11.29
设置混合模式后的效果 3

12 单击“创建新的填充或调整图层”按钮，在弹出的菜单中选择“曲线”命令，得到“曲线 1”，在弹出的面板中设置参数，如图 11.31 所示，使画面增加更多的暖色，如图 11.32 所示。

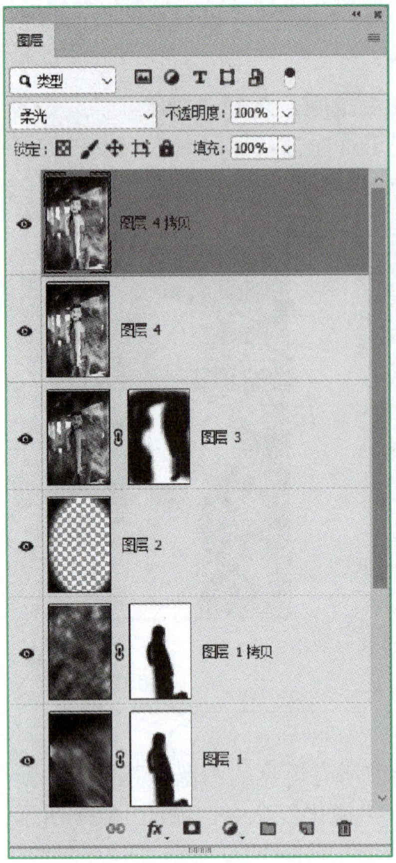

图 11.30
设置混合模式时“图层”面板

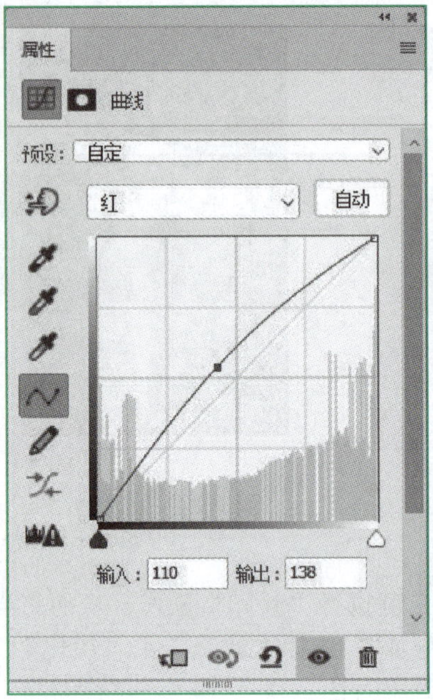

图 11.31
“曲线”面板

图 11.32
应用“曲线”命令后的效果

笔 记

13 单击“创建新的填充或调整图层”按钮，在弹出的菜单中选择“色相/饱和度”命令，得到“色相/饱和度 1”，在弹出的面板中设置参数，如图 11.33 所示，以略降低一些画面的饱和度，如图 11.34 所示。

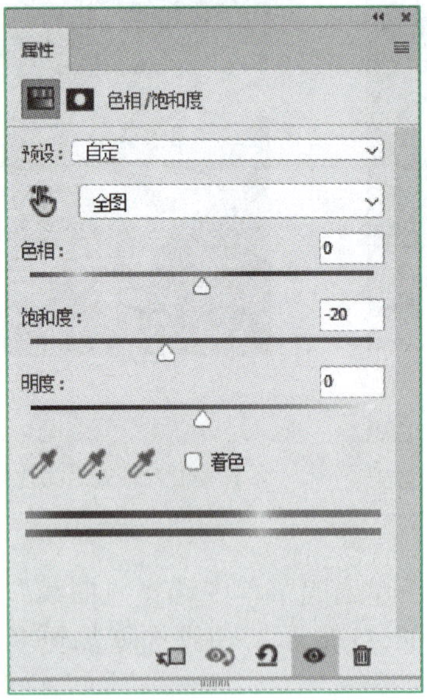

图 11.33
“色相/饱和度”面板

图 11.34
应用“色相/饱和度”命令后的效果

14 单击“创建新的填充或调整图层”按钮 ，在弹出的菜单中选择“曲线”命令，得到“曲线 2”，在弹出的面板中，分别选择“红”和“RGB”通道并设置其参数，如图 11.35 和图 11.36 所示，以进行最后的色彩调整，最终效果如图 11.37 所示，此时“图层”面板如图 11.38 所示。

笔 记

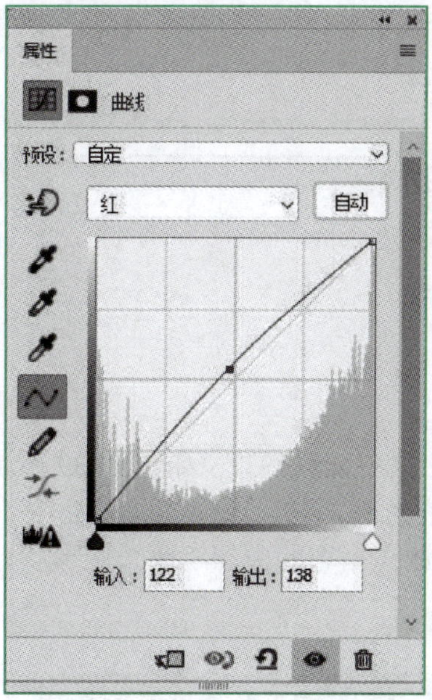

图 11.35
“红”选项

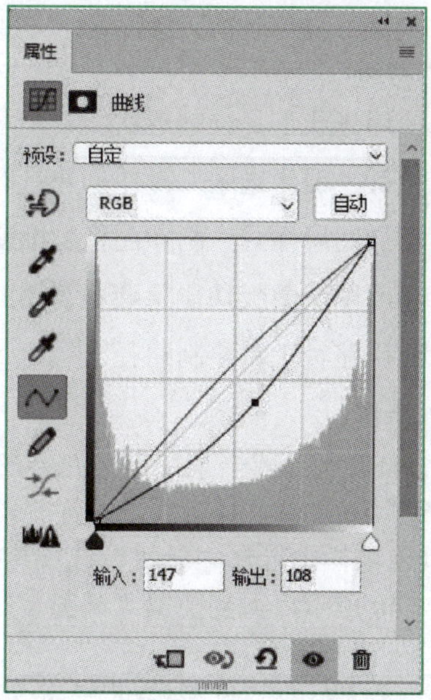

图 11.36
“RGB”选项

图 11.37
11.3- 素材加工后最终效果

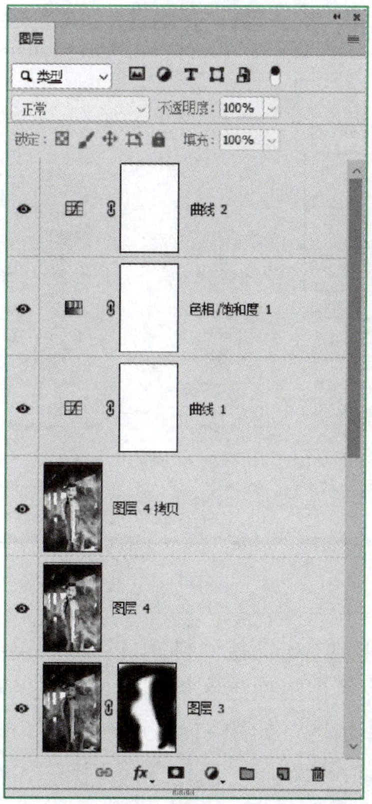

图 11.38
加工完 11.3- 素材时的“图层”面板

11.3 金属质感标志设计

例前导读：

本案例是设计一款媒体的标志。通过圆形表现地球，比喻该媒体的流传之广泛；主色采用红色，体现了该媒体的火爆程度；文字的设计为标志的整体效果增添了几分严肃性。

核心技能：

- 使用形状工具绘制形状。
- 执行“羽化选区”操作创建具有柔和边缘的选区。
- 添加图层样式，制作图像的渐变、投影等效果。
- 利用图层蒙版功能隐藏不需要的图像。
- 应用路径工具绘制路径。

笔 记

操作步骤：

01 按 Ctrl+N 键新建一个空白文件，在弹出的对话框中设置参数，如图 11.39 所示，单击“确定”按钮退出对话框。设置前景色的颜色值为 fe7040，选择“椭圆工具”，在工具选项栏中选择“形状”选项，按住 Shift 键在画布的中间绘制正圆形状，效果如图 11.40 所示，得到图层“椭圆 1”。

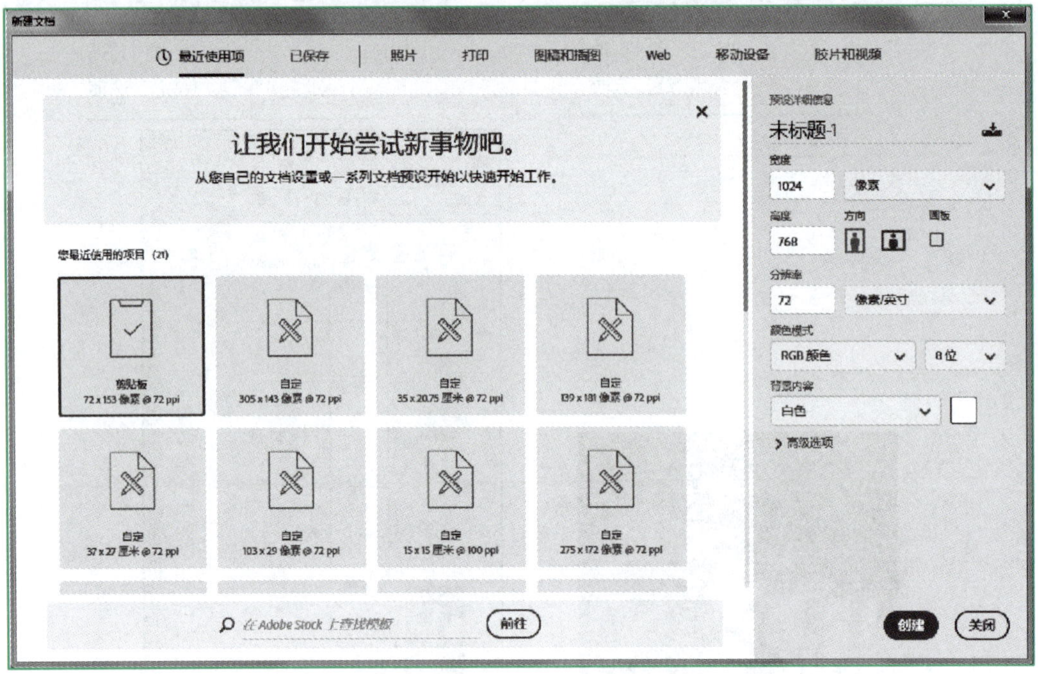

图 11.39
“新建文档”对话框中设置相关参数

02 按住 Ctrl 键单击图层“椭圆 1”的图层缩览图以载入其选区，选择“选择”|“变换选区”命令调出变换选区控制框，按住 Alt+Shift+T 键向下拖动控制框右上角的控制手柄以缩小选区，如图 11.41 所示，按 Enter 键确认变换操作。

03 按 Shift+F6 键执行“羽化选区”操作，在弹出的对话框中设置“羽化半径”为 7 像素，单击“确定”按钮，新建图层，得到“图层 1”。设置前景色的颜色值为 ff4206，按 Alt+Delete 键用前景色填充选区，按 Ctrl+D 键取消选区，得到如图 11.42 所示的效果。

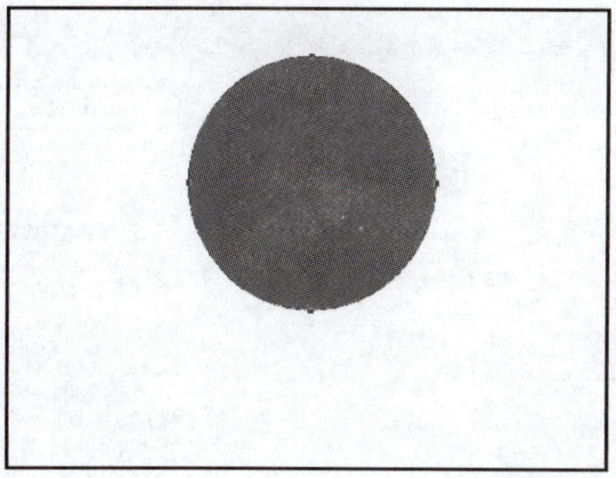

图 11.40
绘制正圆形状

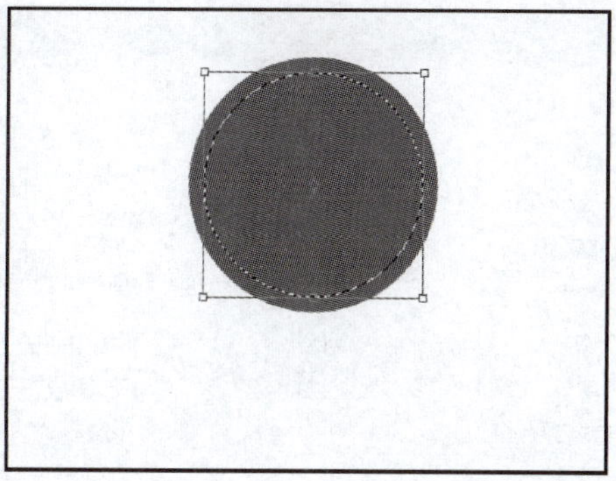

图 11.41
变换选区

笔 记

04 任意设置前景色的颜色值，选择“钢笔工具”，在工具选项栏中选择“形状”选项，在正圆形状上绘制形状，效果如图 11.43 所示，得到图层“形状 1”。

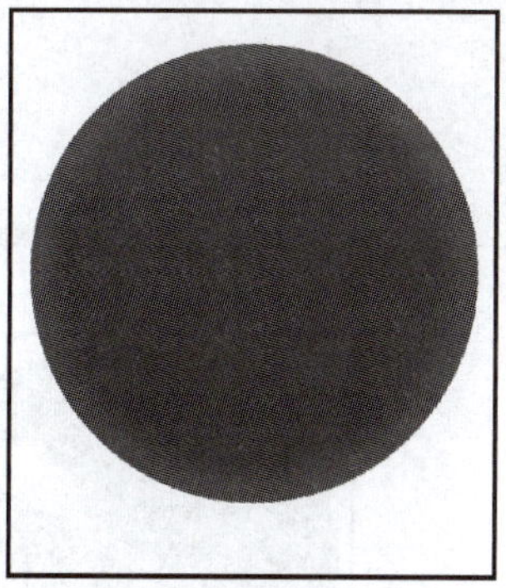

图 11.42
填充前景色后的效果

图 11.43
绘制形状 1

05 在“图层”面板底部单击“添加图层样式”按钮，在弹出的菜单中选择“渐变叠加”命令，在打开的对话框中设置参数，如图 11.44 所示。在该对话框中选择“投影”选项，设置其参数，如图 11.45 所示，单击“确定”按钮，得到如图 11.46 所示的金属效果。

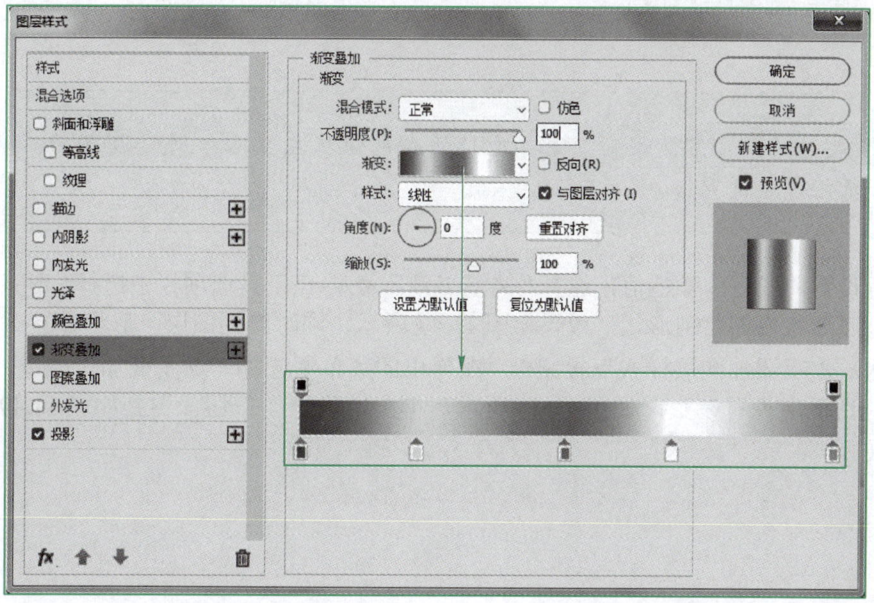

图 11.44
“渐变叠加”图层样式参数设置 1

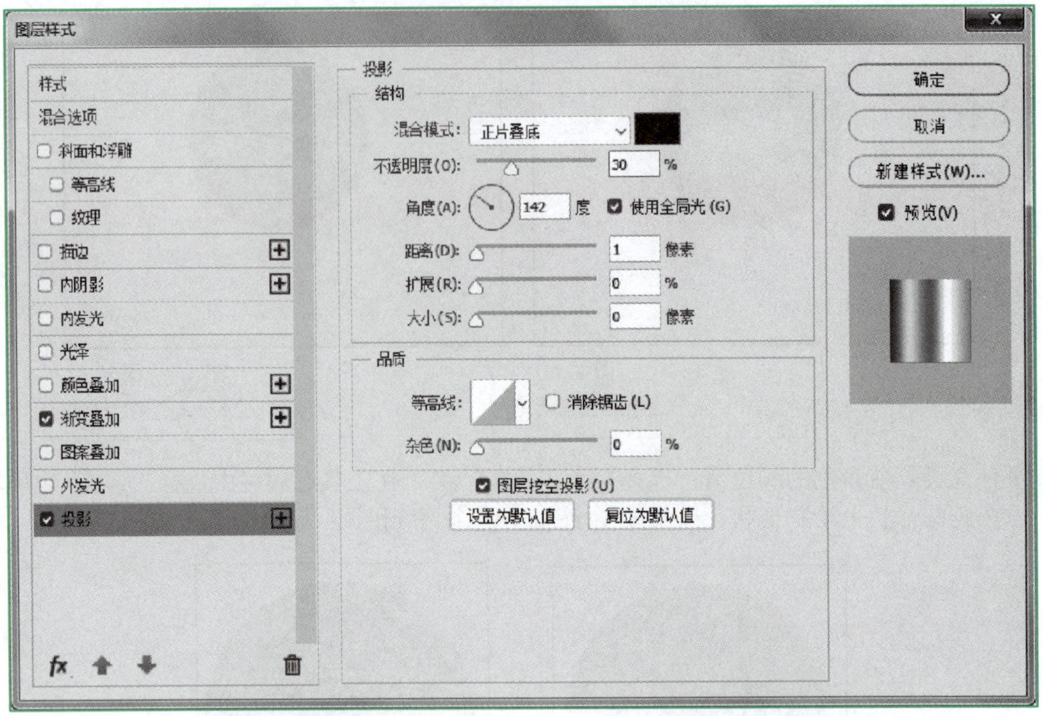

图 11.45
“投影”图层样式参数设置

图 11.46
应用图层样式后的效果 1

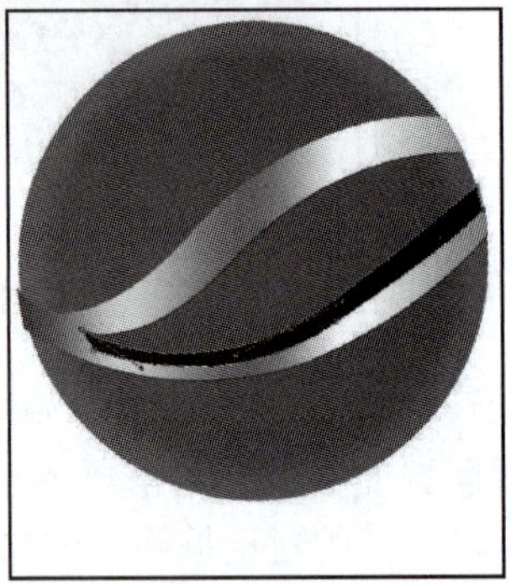

图 11.47
绘制形状 2

提 示

在“渐变叠加”图层样式参数设置中，设置渐变各色标的颜色值从左至右分别为 707070、ededed、a6a6a6、ffffff 和 c5c5c5。下面继续绘制形状。

06 任意设置前景色的颜色值，选择“钢笔工具”，在工具选项栏中选择“形状”选项，在金属形状内侧绘制形状，效果如图 11.47 所示，同时得到图层“形状 2”。

07 再次单击“添加图层样式”按钮 fx，在弹出的菜单中选择“渐变叠加”命令，在打开的对话框中设置参数，如图 11.48 所示，单击“确定”按钮，得到如图 11.49 所示的效果。

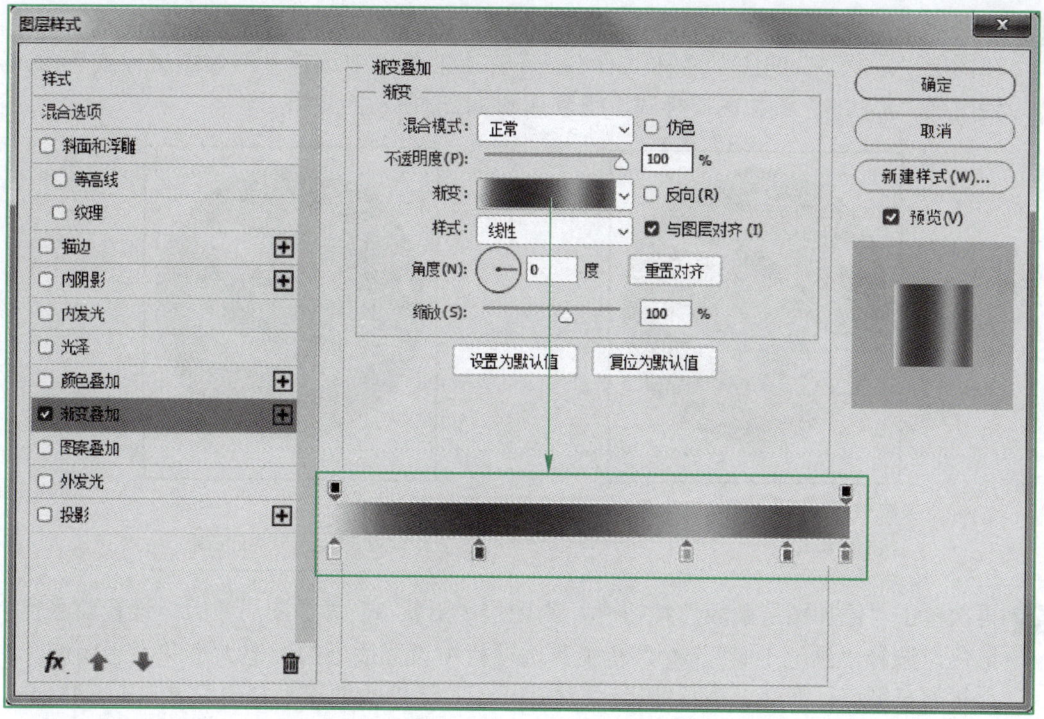

图 11.48

“渐变叠加”图层样式参数设置 2

提 示

在“渐变叠加”对话框中，设置渐变各色标的颜色值从左至右分别为 ededed、7e7d7d、d3d3d3、9c9c9c 和 bebebe。

08 在“图层”面板底部单击“添加图层蒙版”按钮，为图层“形状 2”添加图层蒙版。设置前景色为黑色，选择“画笔工具”，在工具选项栏中设置适当的画笔大小和不透明度，对形状的左侧进行涂抹以将其虚化，得到如图 11.50 所示的效果及图层蒙版中的状态。

笔 记

图 11.49

应用图层样式后的效果 2

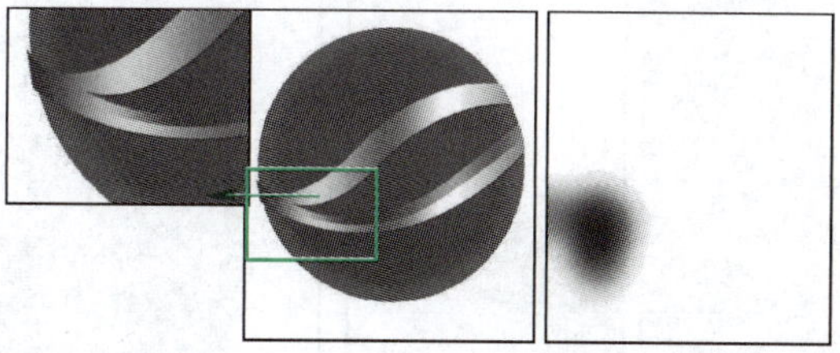

(a) (b) (c)

图 11.50

添加图层蒙版并进行涂抹后的效果及图层蒙版中的状态

09 任意设置前景色的颜色值，选择“钢笔工具”，在工具选项栏中选择“形状”选项，在金属形状外侧绘制形状，效果如图 11.51 所示，同时得到图层“形状 3”。

笔 记

10 在图层“形状 2”的图层名称上右击，在弹出的菜单中选择“拷贝图层样式”命令，在图层“形状 3”的图层名称上右击，在弹出的菜单中选择“粘贴图层样式”命令，为图层“形状 3”添加图层样式，得到如图 11.52 所示的效果。

图 11.51
绘制形状 3

图 11.52
复制粘贴图层样式后的效果

11 再次单击“添加图层蒙版”按钮，为图层“形状 3”添加图层蒙版。设置前景色为黑色，选择“画笔工具”，在工具选项栏中设置适当的画笔大小和不透明度，对形状的左侧进行涂抹以将其虚化，得到如图 11.53 所示的效果及图层蒙版中的状态。

12 设置前景色的颜色值为 3c3c3c，选择“钢笔工具”，在工具选项栏中选择“形状”选项，在圆形的左侧绘制如图 11.54 所示的形状，使其看起来像是金属条的转折面，同时得到图层“形状 4”，此时的“图层”面板如图 11.55 所示。

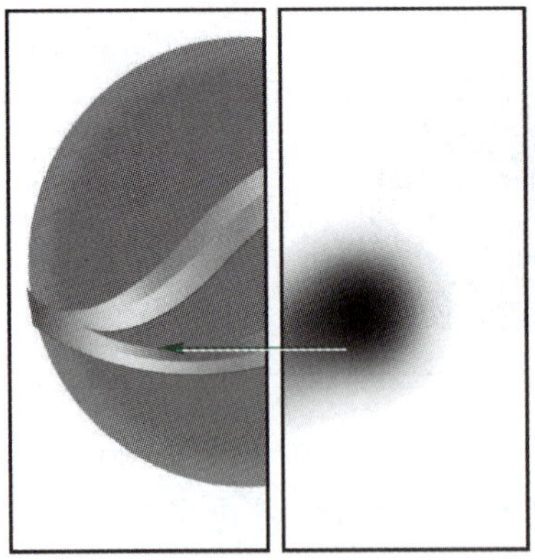

（a） （b）

图 11.53
添加图层蒙版并进行涂抹后的效果及图层蒙版中的状态

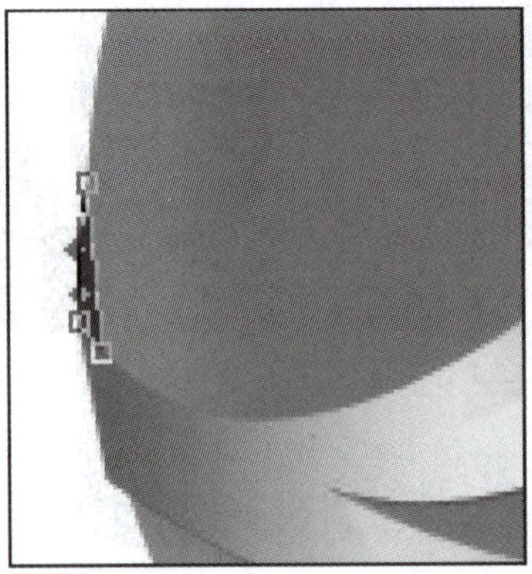

图 11.54
绘制形状 4

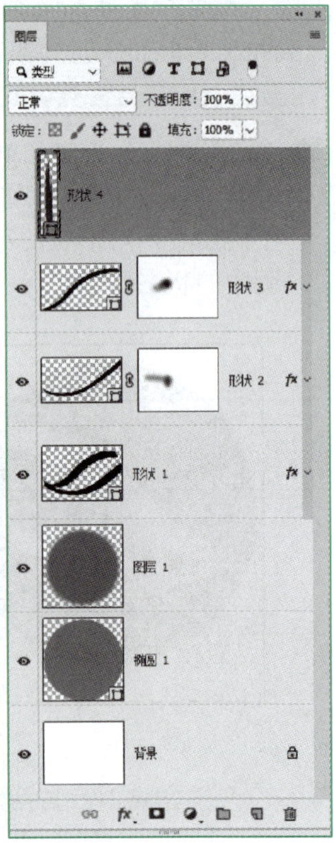

图 11.55
图层“形状 4”时的“图层”面板

笔 记

13 新建图层，得到“图层 2”，将其拖至“图层 1”的上方。选择“椭圆选框工具”◯，在圆形的中间位置绘制椭圆选区，效果如图 11.56 所示，按 Shift+F6 键执行“羽化选区”操作，在打开的对话框中设置“羽化半径”为 18 像素，单击“确定”按钮。

14 保持选区，设置前景色为白色，按 Alt+Delete 键用前景色填充选区，按 Ctrl+D 键取消选区，得到如图 11.57 所示的效果。

15 任意设置前景色的颜色值，选择“钢笔工具”，在工具选项栏中选择“形状”选项，在金属条的中间位置绘制形状，效果如图 11.58 所示，同时得到图层“形状 5”。

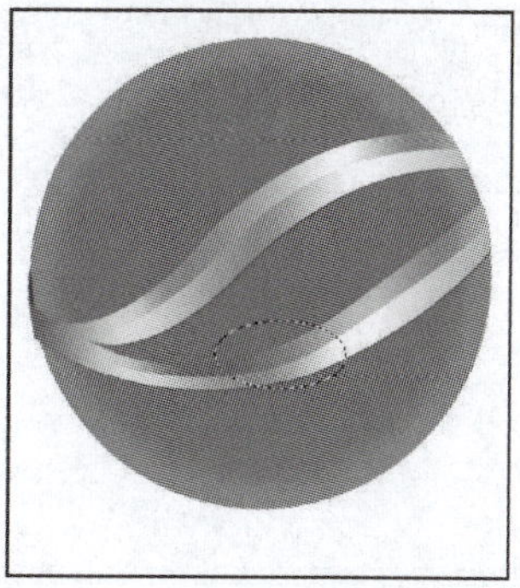

图 11.56
绘制椭圆选区

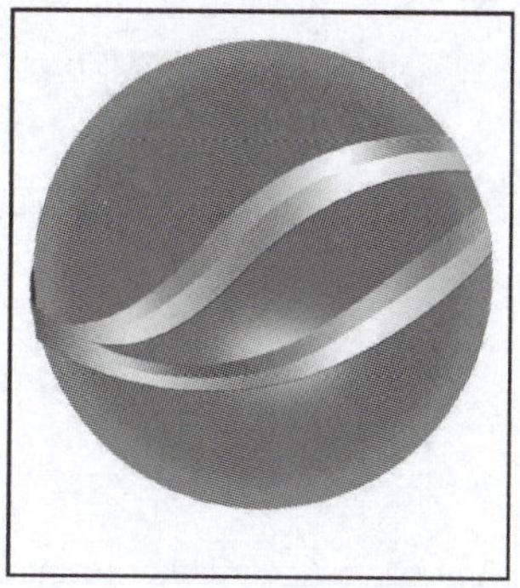

图 11.57
填充前景色后的效果

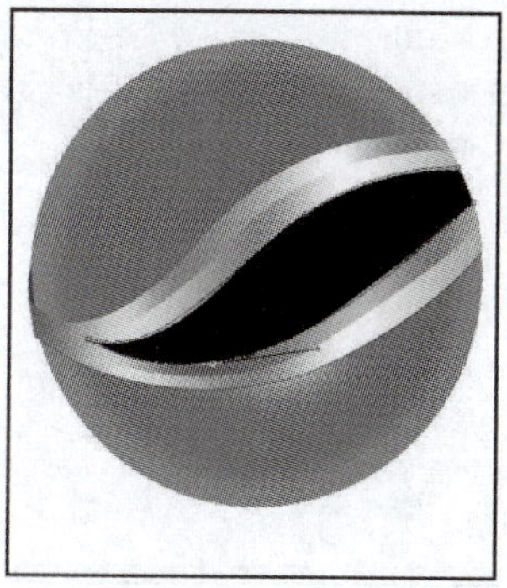

图 11.58
绘制形状 5

16 在“图层”面板底部单击“添加图层样式”按钮 fx，在弹出的菜单中选择“渐变叠加”命令，在打开的对话框中设置参数，如图 11.59 所示。在该对话框中选择“内阴影”选项卡，设置其参数，如图 11.60 所示，单击“确定”按钮，得到如图 11.61 所示的效果。

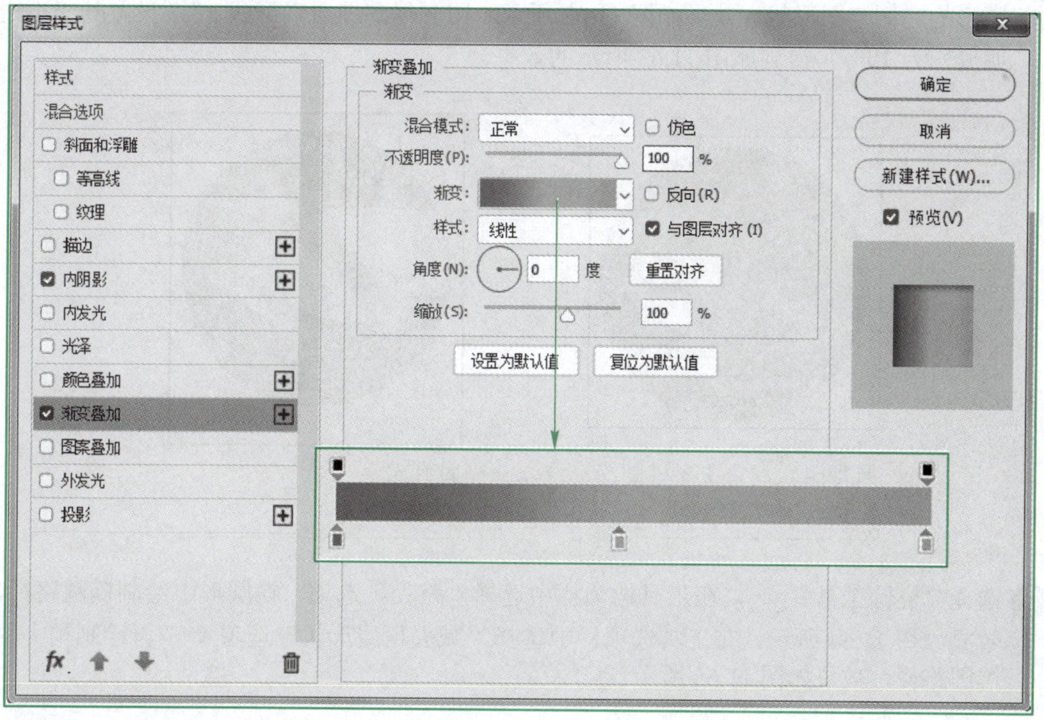

图 11.59
“渐变叠加”图层样式参数设置

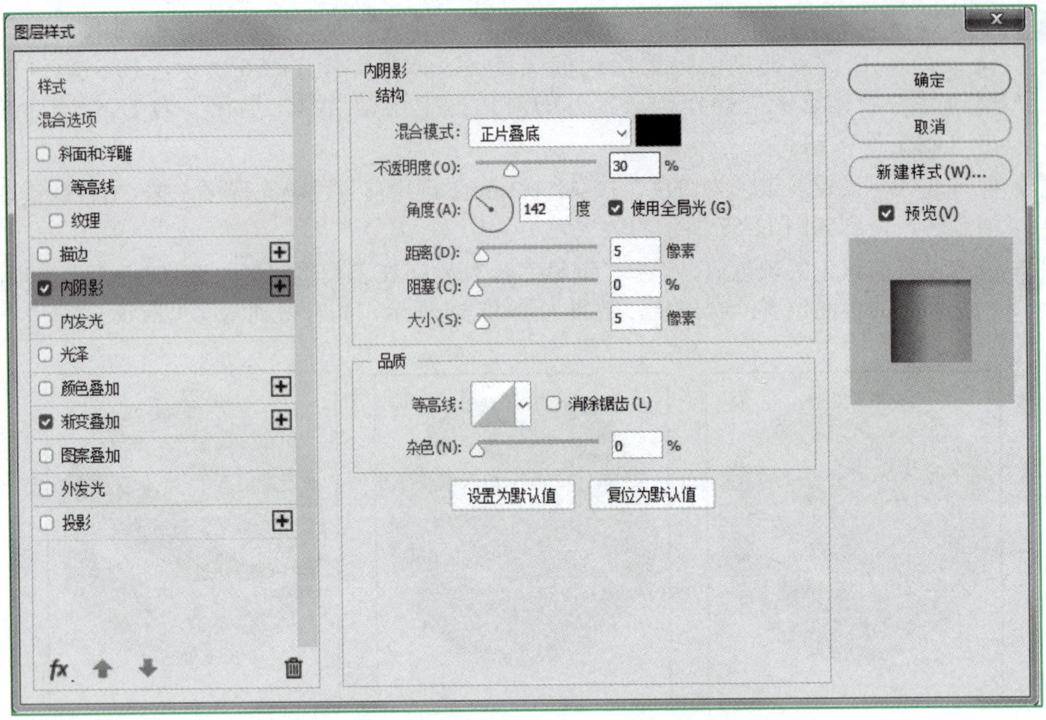

图 11.60
“内阴影”图层样式参数设置

提 示

在“渐变叠加”图层样式参数设置中，设置渐变各色标的颜色值从左至右分别为 ff4206、ffc30c 和 feb706。下面绘制形状及添加亮面效果。

笔 记

17 设置前景色为白色，选择“钢笔工具”，在工具选项栏中选择“形状”选项，在圆形的左侧绘制形状，效果如图 11.62 所示，同时得到图层“形状 6”，设置其“不透明度”为 10%，得到如图 11.63 所示的效果。

图 11.61
应用图层样式后的效果

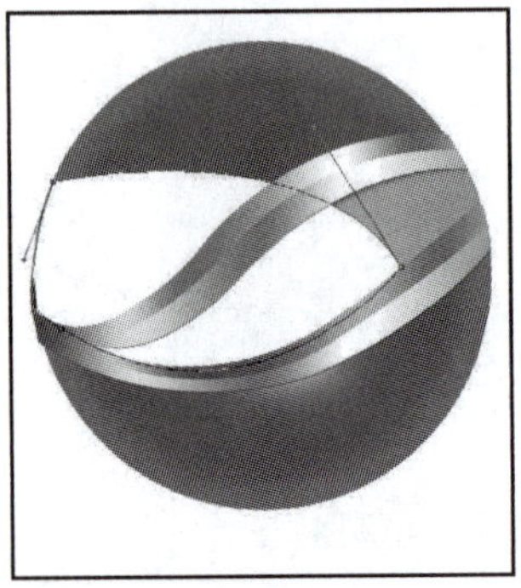

图 11.62
绘制形状 6

18 选择“椭圆工具”，在工具选项栏中选择“路径”选项，在圆形中绘制椭圆路径，效果如图 11.64 所示。在工具选项栏中选择“减去顶层形状”选项，再绘制稍小的椭圆路径，效果如图 11.65 所示。

图 11.63
设置图层属性后的效果

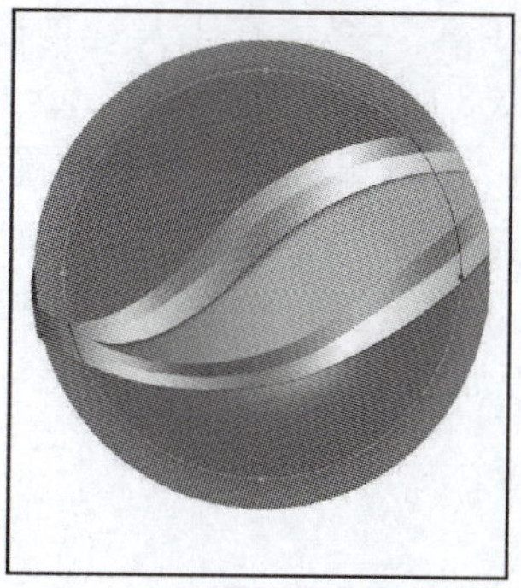

图 11.64
绘制椭圆路径

19 按 Ctrl+Enter 键将路径转换为选区，按 Shift+F6 键执行“羽化选区”操作，在打开的对话框中设置“羽化半径”为 7 像素，单击“确定”按钮。新建图层，得到“图层 3”。设置前景色的颜色值为 ffee03，按 Alt+Delete 键用前景色填充选区，按 Ctrl+D 键取消选区，得到如图 11.66 所示的效果。

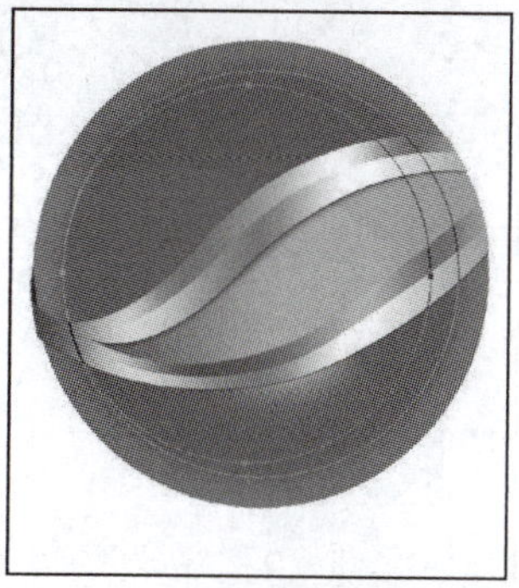

图 11.65
绘制稍小的路径

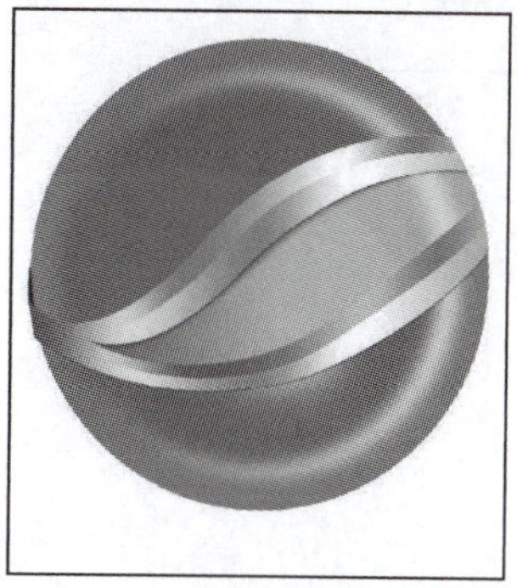

图 11.66
“图层 3”填充前景色后的效果

20 在“图层”面板底部单击“添加图层蒙版”按钮，为“图层 3”添加图层蒙版。设置前景色为黑色，选择“画笔工具”，在工具选项栏中设置适当的画笔大小和不透明度，对图像的边缘进行涂抹以将其虚化，得到如图 11.67 所示的效果及图层蒙版中的状态。

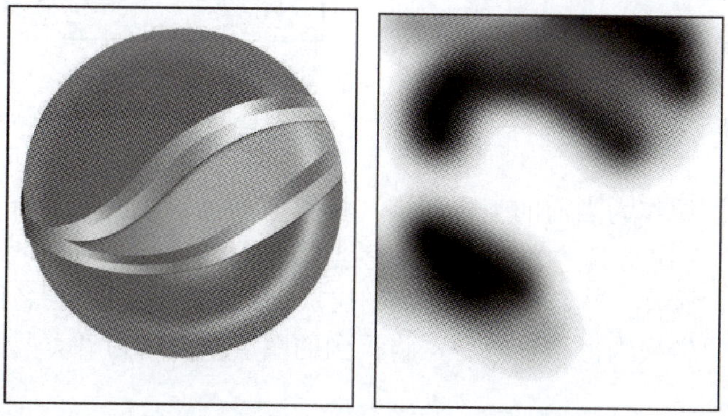

（a）　（b）

图 11.67
添加图层蒙版并进行涂抹后的效果及图层蒙版中的状态

笔 记

笔 记

21 选择“钢笔工具”，在工具选项栏中选择“路径”选项，在圆形的上方绘制路径，效果如图 11.68 所示。按 Ctrl+Enter 键将路径转换为选区，按 Shift+F6 键执行“羽化选区”操作，在打开的对话框中设置“羽化半径”为 2 像素，单击“确定”按钮。

22 保持选区，新建图层，得到“图层 4”。设置前景色的颜色值为 ffc407，按 Alt+Delete 键用前景色填充选区，按 Ctrl+D 键取消选区，得到如图 11.69 所示的效果，此时的“图层”面板如图 11.70 所示。

图 11.68
圆形上方绘制路径

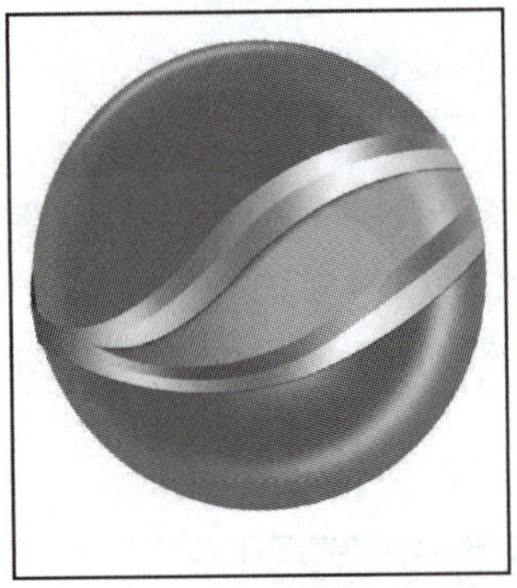

图 11.69
“图层 4”填充前景色后的效果

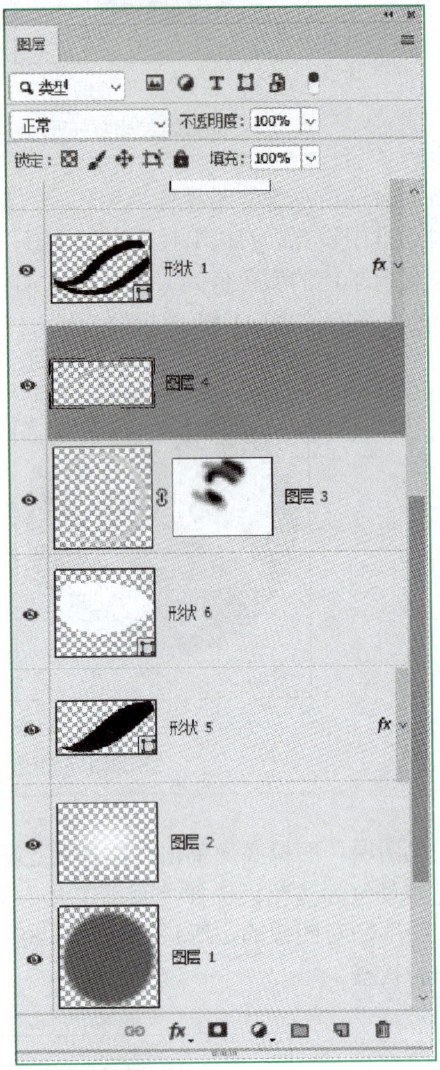

图 11.70
完成“图层 4”加工时的“图层”面板

23 选择最上方的图层作为当前的工作图层，设置前景色的颜色值为 ff0000，选择“横排文字工具”T，在工具选项栏中设置适当的字体与字号，在圆形的下方输入文字，效果如图 11.71 所示，得到相应的文字图层。在文字图层的图层名称上右击，在弹出的菜单中选择“转换为形状”命令，将得到的图层重命名为“类型形状”。

提示

对文字执行“转换为形状”命令，是为了下面对文字的形态进行编辑。

24 使用“直接选择工具” 选择字母“A”中的一横并将其删除，然后调整路径，按Esc键退出对图层“类型形状”的编辑状态。设置前景色为黑色，选择“钢笔工具” ，在工具选项栏中选择“形状”选项，在字母“A”的下方绘制三角形形状，效果如图11.72所示，同时得到图层“形状7”。

图 11.71
输入横排文字

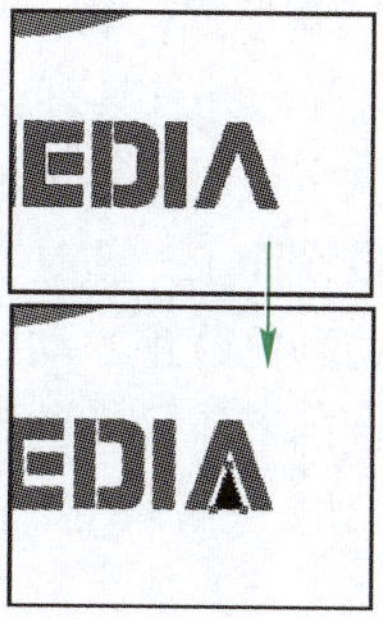

图 11.72
编辑文字形态及绘制形状后的效果

25 设置前景色的颜色值为bebebe，选择“横排文字工具” T，在主题文字的下方输入相关的文字，得到如图11.73所示的最终效果，此时的“图层”面板如图11.74所示。

图 11.73
金属质感标志最终效果

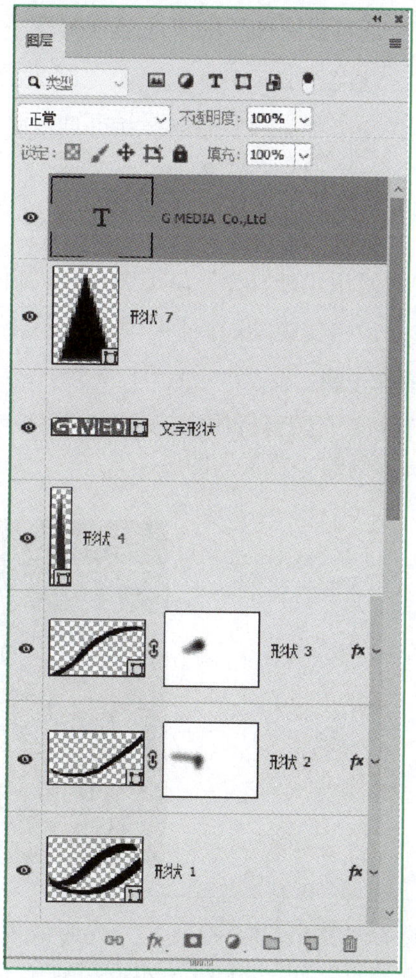

图 11.74
完成金属质感标志设计时的“图层”面板

笔 记

资源文件：
11.3.psd

笔 记

11.4 “遥客”汽车主题广告设计

例前导读:

“遥客”汽车是一款定位于年轻人的汽车，有美观的外形与时尚的内饰。该汽车广告客户希望针对夏季设计一款形象广告，要感性诉求为主，体现该汽车具有的休闲、娱乐特质，要求设计风格清新、时尚，并且具有夏季休闲的感觉。

本案例展示了一款定位于年轻人的休闲汽车的广告创意制作过程。由于汽车广告发布时值夏季，因此创意人员设计了一款具有热带风情的广告，广告最大的亮点是大量运用了矢量图形，这些围绕汽车的颜色鲜艳、动感十足、造型简洁的浪花、椰树、沙滩矢量图形不仅在颜色与造型方面极符合当下年轻人的审美倾向，而且具体内涵也贴近他们对假日的期望，无形之中使他们对广告主角——汽车产生了好感。

核心技能:

- 利用“光照效果”命令，制作图像的光照效果。
- 利用添加图层蒙版功能隐藏不需要的图像。
- 应用“色彩平衡”命令调整图像的色彩。
- 利用创建剪贴蒙版功能限制图像的显示范围。
- 通过设置图层的属性融合图像。
- 利用“加深工具” 及“减淡工具” ，加深及提亮图像。
- 利用“盖印”命令合并可见图层中的图像。
- 应用形状工具绘制形状。
- 应用“钢笔工具” 绘制路径。
- 应用“外发光”添加图层样式制作图像的发光效果。
- 应用变换功能调整图像的大小、角度及位置。

操作步骤:

01 打开本书配套资源中的文件“第 11 章 \11.4– 素材 1.psd”，如图 11.75 所示，将其作为本例的“背景”图层。

资源文件：
11.4– 素材 1. psd

图 11.75
11.4– 素材 1 图像

02 选择“滤镜” | “渲染” | “光照效果”命令，在面板中设置参数并在画布中移动光圈的位置，如图 11.76 所示，然后在工具选项栏中单击“确定”按钮退出。重复本步的操作，再次选择“光照效果”命令，设置如图 11.77 所示。

提 示

在“光照效果”面板中，“着色”颜色块的颜色值为 #F6F796。

图 11.76
“光照效果”面板及光圈位置 1

图 11.77
“光照效果”面板及光圈位置 2

提 示

下面结合素材图像，通过设置图层属性以及添加蒙版等功能，制作左侧光线效果。

03 打开本书配套资源中的文件“第 11 章 \11.4– 素材 2.psd”，使用“移动工具”将其拖至刚制作文件中，得到“图层 1”。按 Ctrl+T 键调出自由变换控制框，按住 Shift 键向内拖动控制句柄以缩小图像、角度（− 11°）及移动位置，按 Enter 键确认操作，

资源文件：
11.4– 素材 2. psd

得到的效果如图 11.78 所示。

图 11.78
调整图像

04 按住 Alt 键单击“添加图层蒙版”按钮为“图层 1”添加蒙版，选择“钢笔工具”，在工具选项栏上选择“路径”选项，在汽车的顶部绘制如图 11.79 所示的路径。按 Ctrl+Enter 键将路径转换为选区，按 Ctrl+Shift+I 键执行“反向”操作，以反向选择当前的选区。设置前景色为白色，按 Alt+Delete 键以填充前景色，接着按 Ctrl+D 键取消选区，此时得到的效果如图 11.80 所示。

图 11.79
汽车顶部绘制路径

图 11.80
为“图层 1”添加图层蒙版后的效果

05 设置前景色为黑色，选择“画笔工具”，并在其工具选项栏中设置适当的画笔大小及不透明度，在蒙版中涂抹，以将光线以外的部分图像隐藏，直至得到如图 11.81 所示的效果，此时蒙版中的状态如图 11.82 所示。

提 示

用画笔在涂抹蒙版时，如果需要规则的区域，可以配合 Shift 键进行涂抹，这样可以涂抹出直线，方法是在开始位置处单击鼠标，然后将鼠标移至另一处，按住 Shift 键单击即可。

图 11.81
继续编辑蒙版后的效果

图 11.82
图层蒙版中的状态

笔 记

06 调整图像的色彩。单击“创建新的填充或调整图层”按钮，在弹出的菜单中选择“色彩平衡”命令，得到“色彩平衡 1”，在弹出的如图 11.83 和图 11.84 所示面板中设置，同时得到如图 11.85 所示的效果。

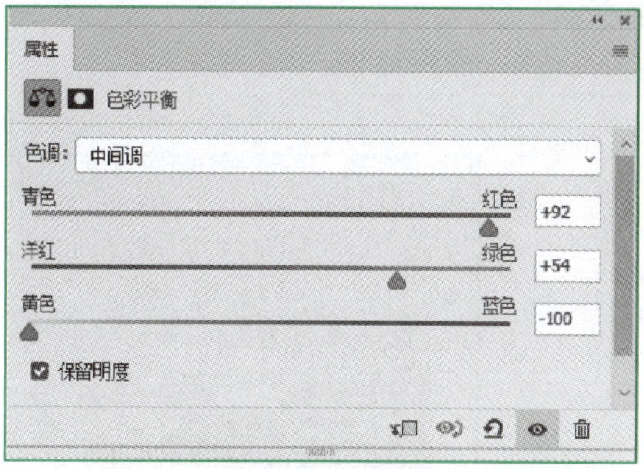

图 11.83
“色彩平衡”面板“中间调”选项

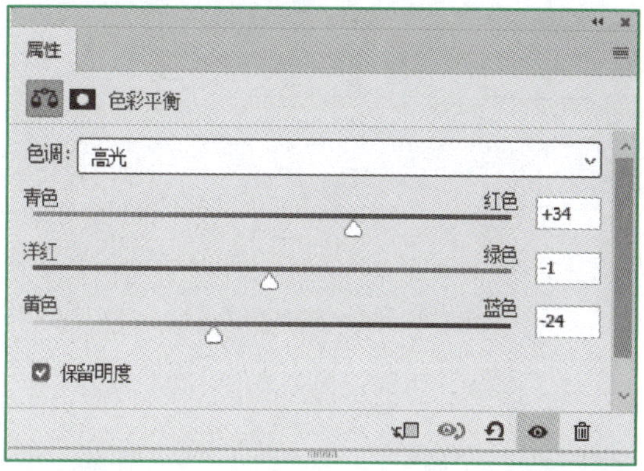

图 11.84
“色彩平衡”面板“高光”选项

07 按住 Alt 键将“图层 1”拖至所有图层上方，得到“图层 1 拷贝”，结合自由变换控制框调整图像角度（+13°），并移至文件左上方位置，如图 11.86 所示。

图 11.85
应用“色彩平衡”后的效果

图 11.86
复制及调整图像角度（+13°）

笔 记

08 激活“图层 1 拷贝”图层蒙版缩览图，设置前景色为黑色，选择“画笔工具”，并在其工具选项栏中设置适当的画笔大小及不透明度，在蒙版中涂抹，以将车顶上方的部分图像隐藏，得到的效果如图 11.87 所示，此时蒙版中的状态如图 11.88 所示。设置当前图层的混合模式为“点光”，得到的效果如图 11.89 所示，此时“图层”面板如图 11.90 所示。

图 11.87
“图层 1 拷贝”中继续编辑蒙版后的效果

图 11.88
“图层 1 拷贝”中图层蒙版中的状态

（a）（b）

图 11.89
设置“点光”混合模式后的效果

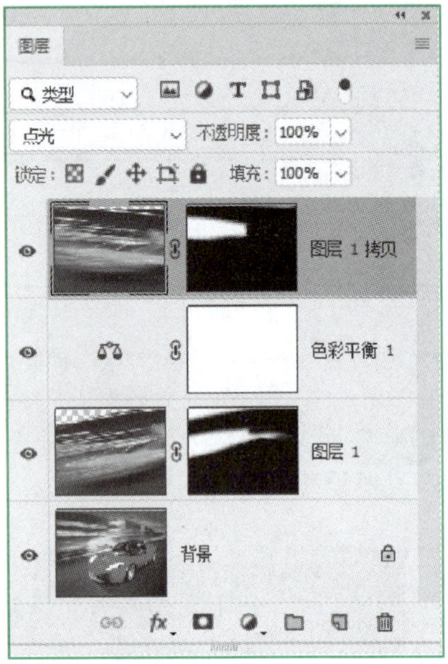

图 11.90
完成“图层 1 拷贝”修饰时的“图层”面板

09 选中“图层 1”～“图层 1 拷贝”，按 Ctrl+G 键执行“图层编组”操作，得到“组 1”，并将其重命名为“左侧光线”。

提 示

下面制作汽车图像的光线效果。

10 按住 Alt 键将“图层 1 拷贝”拖至所有图层上方，得到“图层 1 拷贝 2”，选择其图层蒙版缩览图并右击，在弹出的菜单中选择“应用图层蒙版”命令，结合自由变换控制框调整图像的大小、角度（－72°），并移至汽车的前方，如图 11.91 所示。

图 11.91
复制及调整图像大小、角度（-72°）

11 单击“添加图层蒙版”按钮为“图层 1 拷贝 2”添加蒙版，设置前景色为黑色，选择“画笔工具”，在其工具选项栏中设置适当的画笔大小及不透明度，在图层蒙版中进行涂抹，将除前盖侧面以外的图像隐藏起来，直至得到如图 11.92 所示的效果。更改当前图层的混合模式为“颜色减淡”，得到的效果如图 11.93 所示。

12 制作汽车前盖上面的光线效果。按照第 10 步～第 11 步的操作方法，结合复制图层，应用图层蒙版，添加图层蒙版，设置图层混合模式等功能，制作汽车前盖上面的光线效果，得到如图 11.94 所示效果。同时得到“图层 1 拷贝 3”。

提示

本步骤设置了“图层 1 拷贝 3”的混合模式为“变亮”。

图 11.92
“图层 1 拷贝 2”添加图层蒙版后的效果

图 11.93
设置“颜色减淡”混合模式后的效果

图 11.94
制作前壳上面的光线效果

13 调整图像的色彩。单击“创建新的填充或调整图层”按钮，在弹出的菜单中选择“色彩平衡”命令，得到“色彩平衡 2”，按 Ctrl+Alt+G 键执行“创建剪贴蒙版”操作，设置弹出的面板如图 11.95 所示，得到如图 11.96 所示的效果，此时“图层”面板如图 11.97 所示。

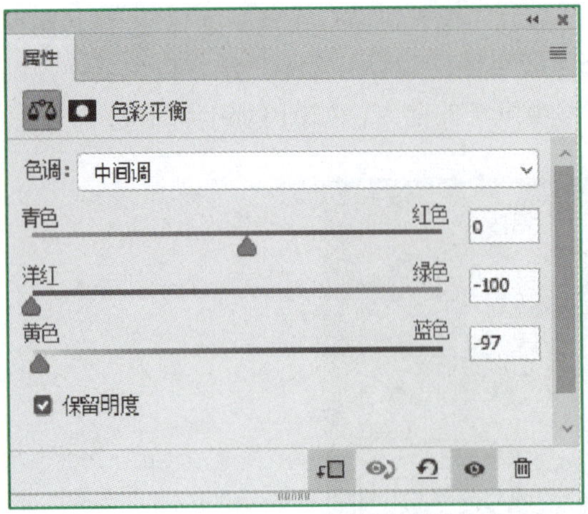

图 11.95

“色彩平衡”面板“中间调”选项

图 11.96

应用“色彩平衡 2”后的效果

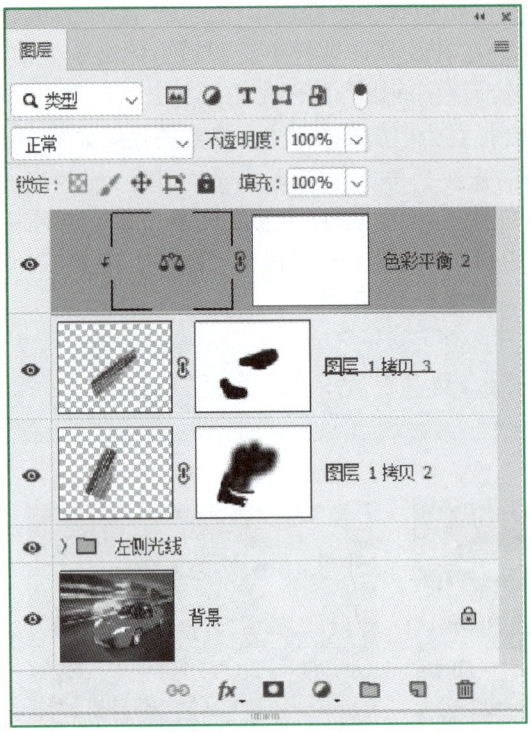

图 11.97

应用“色彩平衡 2”后的“图层”面板

14 结合复制图层、应用图层蒙版、添加图层蒙版等功能，制作挡风玻璃上面的光线效果，如图 11.98 所示。同时得到“图层 1 拷贝 4”，此时“图层”面板如图 11.99 所示。

提 示

至此，汽车图像的光线效果已制作完成。下面制作图像的暗调及高光效果。

笔 记

图 11.98

制作挡风玻璃上面的光线效果

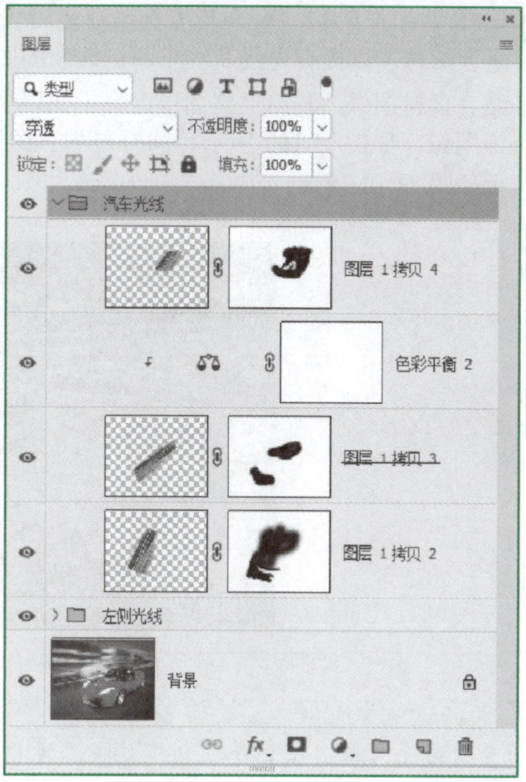

图 11.99

“图层 1 拷贝 4”时的“图层”面板

15 按 Ctrl+Alt+Shift+E 键执行“盖印”操作，从而将当前所有可见的图像合并至一个新图层中，得到“图层 2”。

16 选择“加深工具”，其工具选项栏设置为。在图像中进行涂抹，以加深四周的图像，直至得到类似如图 11.100 所示的效果。图 11.101 所示为涂抹前状态。

图 11.100

使用“加深工具”涂抹后效果

图 11.101

未使用“加深工具”涂抹前状态

提示

在应用“加深工具”涂抹的过程中，要不断地改变画笔的大小及不透明度，以得到所需的图像。下面应用“减淡工具”涂抹时也是如此。

17 选择“减淡工具”，其工具选项栏设置为。在图像中进行涂抹，以提亮光线及汽车两侧地面的图像，如图 11.102 所示。

18 结合素材图像，利用设置图层混合模式以及添加图层蒙版等功能，制作文件上方的装饰图像，如图 11.103 所示。同时得到“图层 3”和“图层 3 拷贝”，此时“图层”面板如图 11.104 所示。

资源文件：
11.4– 素材 3. psd

图 11.102
使用“减淡工具”涂抹后效果

提示

本步骤所应用到的素材图像为本书配套资源中的文件“第 11 章\11.4– 素材 3.psd”，设置了“图层 3”的混合模式为“颜色”，“图层 3 拷贝”的混合模式为“线性减淡（添加）”。

19 设置前景色的颜色值为白色，选择“钢笔工具”，在工具选项栏上选择“形状”选项，在文件上方绘制如图 11.105 所示的形状，得到“形状 1”。

图 11.103
制作文件上方的装饰图像

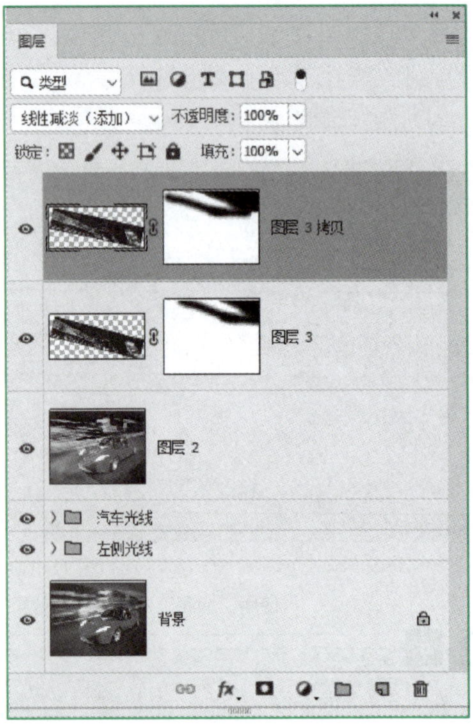

图 11.104
完成“图层 3”和“图层 3 拷贝”时的“图层”面板

图 11.105
文件上方绘制形状 1

20 制作图像的发光效果。单击“添加图层样式”按钮 fx，在弹出的菜单中选择“外发光”命令，在打开的对话框中设置，如图 11.106 所示，得到如图 11.107 所示的效果。

提示

在“外发光”对话框中，颜色块的颜色值为 #FFD200。

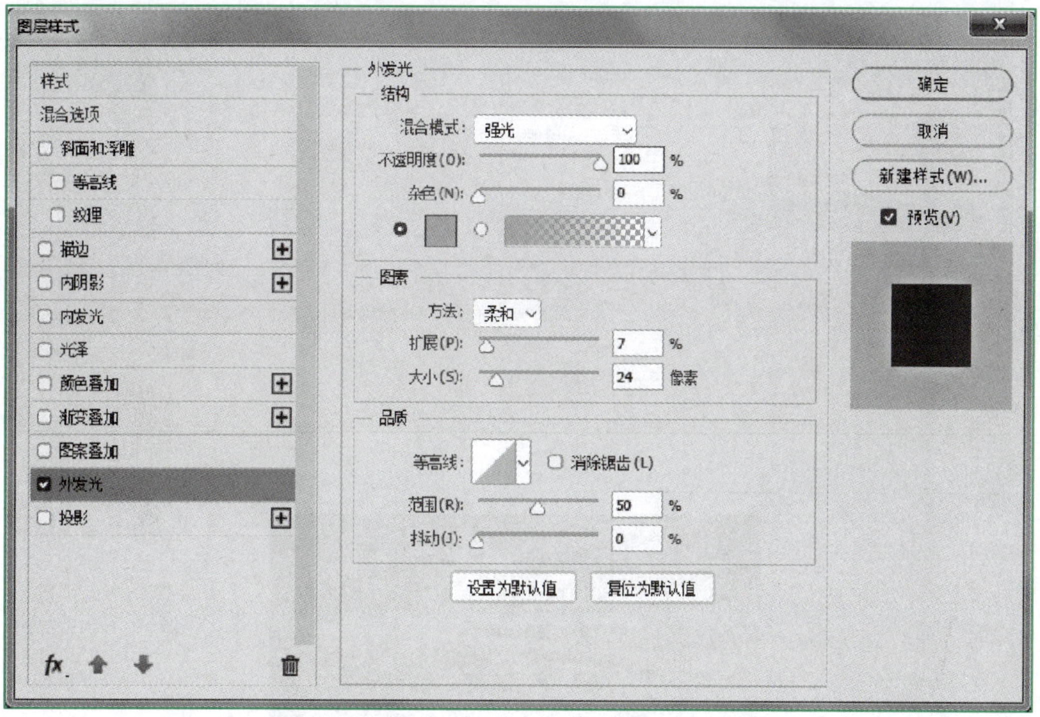

图 11.106
“图层样式”对话框“外发光”选项 1

图 11.107
添加“外发光”图层样式后的效果

21 复制“形状 1”得到“形状 1 拷贝”，结合自由变换控制框调整图像的角度（-5°），并向下方移动位置，双击“外发光”图层效果名称，在打开的对话框中设置，如图 11.108 所示，得到如图 11.109 所示的效果。

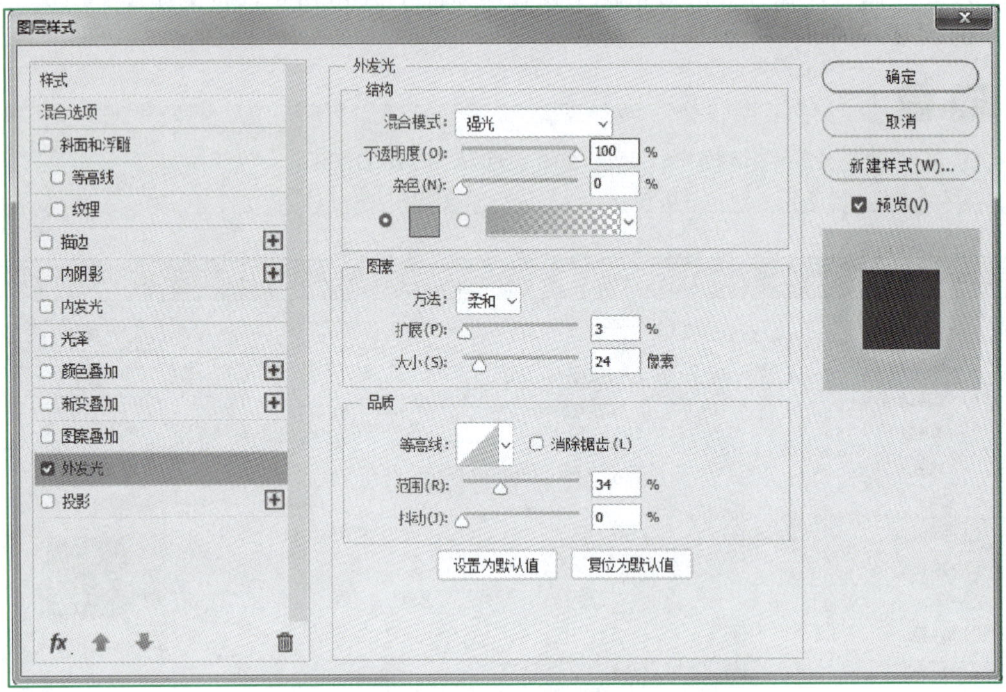

图 11.108
“图层样式”对话框“外发光”选项 2

图 11.109
更改图层样式后的效果

提 示

在“外发光”对话框中，颜色块的颜色值为# C8D500。

22 结合形状工具，利用复制图层、添加图层样式以及添加图层蒙版等功能，完成左上方的光条效果，如图 11.110 所示，此时“图层”面板如图 11.111 所示。图 11.112 所示为单独显示光线图像的状态。

笔 记

图 11.110
制作其他光线效果

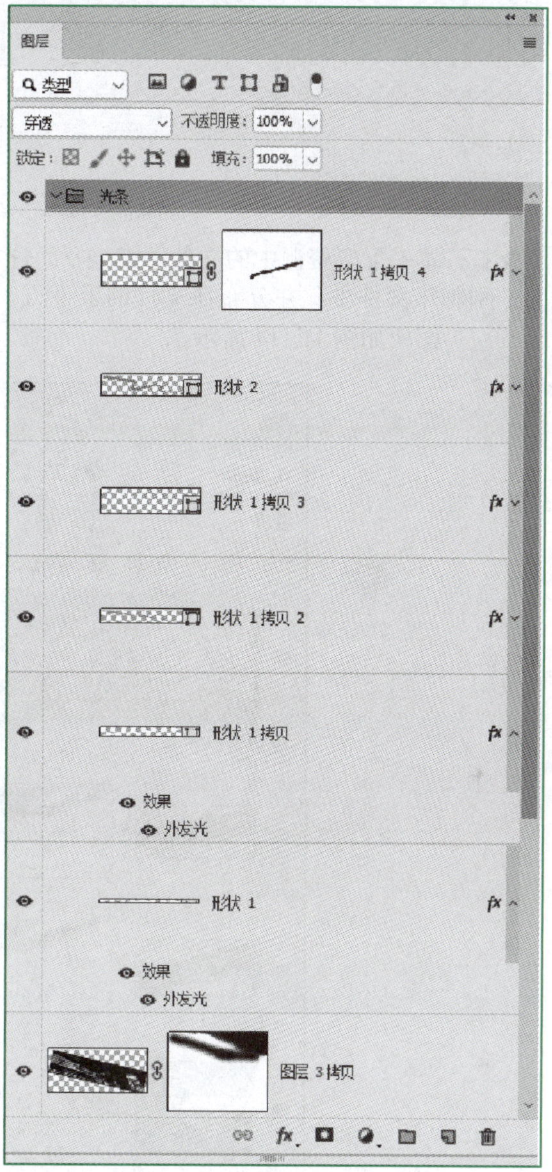

图 11.111
完成光条效果后的“图层”面板

提 示

在本步骤操作过程中，读者可依自己的审美进行颜色搭配。更改图像颜色的方法为：双击图层缩览图，在弹出的对话框中更改颜色值即可。关于“外发光”图层样式的参数设置，请参考最终效果源文件，注意图层顺序。下面制作文字及装饰图像效果。

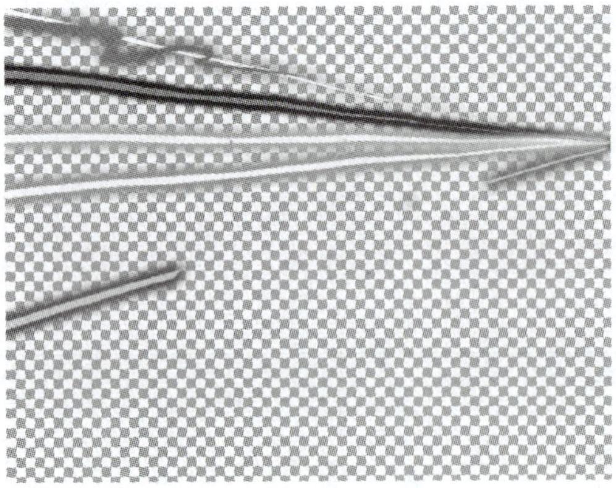

图 11.112
单独显示光线图像的状态

图 11.113
“遥客”汽车主题广告的最终效果

23 打开本书配套资源中的文件“第 11 章 \11.4– 素材 4.psd”，使用“移动工具” 拖至刚制作文件中，并分布在文件的上下方，得到最终效果如图 11.113 所示，此时“图层”面板如图 11.114 所示。

资源文件：
11.4– 素材 4. psd

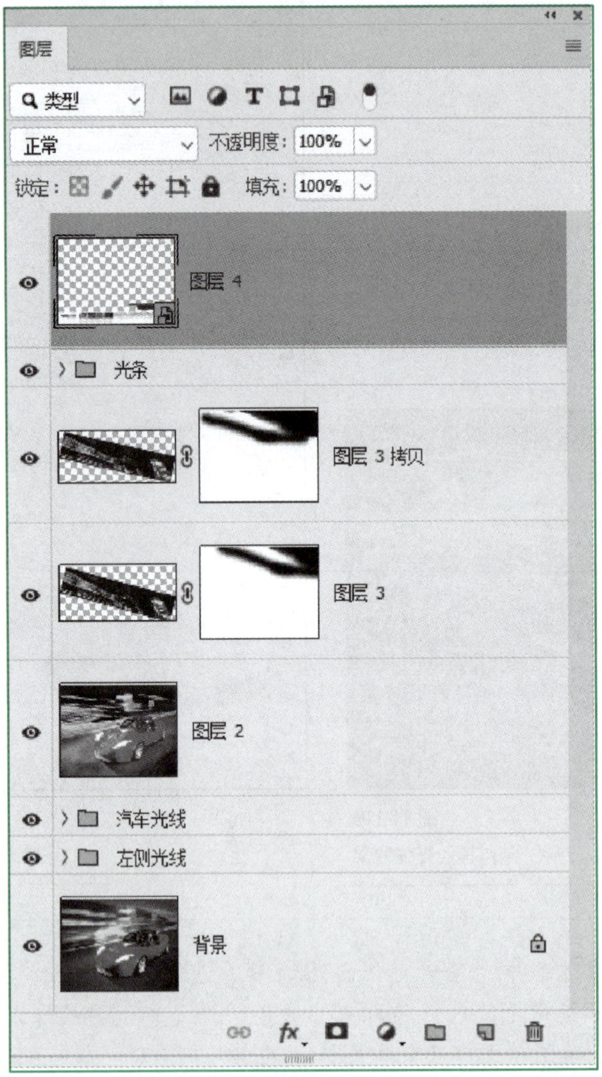

图 11.114
完成主题广告时的“图层”面板

11.5 倍柔雅化妆品广告设计

例前导读：

本案例是为倍柔雅补水系列化妆品设计的广告。为突出其补水的概念，设计师以水为主体进行了整体的设计，人手中的产品与背景中的太极形水图像相重合，使得产品的视觉焦点更为突出。在制作过程中，将通过对多幅水图像进行合成处理，尤其要注意的是，应保持画面整体的干净、清新、清爽的感觉，使观者能够产生良好的心理反应，进而达到在推广产品的同时，提高企业形象的作用。

核心技能：

- 使用变换功能调整图像的大小及角度。
- 使用图层混合模式融合图像。
- 使用图层蒙版功能隐藏多余图像。
- 使用调整图层优化图像色彩。

操作步骤：

01 打开本书配套资源中的文件“第 11 章\11.5- 素材 1.psd”，如图 11.115 所示，将其作为本例的背景图像。

资源文件：
11.5- 素材 1.psd

图 11.115
11.5- 素材 1 图像

提 示

下面制作从水中溅起的水珠图像。

02 打开本书配套资源中的文件“第 11 章\11.5- 素材 2.psd”，使用“移动工具”将其拖至上一步打开的文件中，得到“图层 1”。按 Ctrl+T 键调出自由变换控制框，按 Shift 键向内拖动控制句柄以缩小图像及移动位置，按 Enter 键确认操作，得到的效果如图 11.116 所示。

资源文件：
11.5- 素材 2.psd

图 11.116
调整“11.5- 素材 2”图像

03 设置“图层 1”的混合模式为“线性加深”，以混合图像，得到的效果如图 11.117 所示。

04 打开本书配套资源中的文件“第 11 章\11.5- 素材 3.psd”，使用“移动工具”将其拖至上一步打开的文件中，得到“图层 2”。利用自由变换控制框调整图像的大小及位置，如图 11.118 所示。

资源文件：
11.5- 素材 3. psd

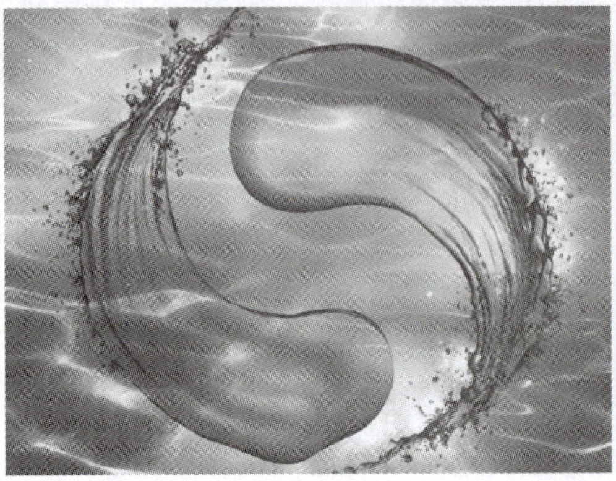

图 11.117
设置“线性加深”混合模式后的效果

图 11.118
调整“11.5- 素材 3”图像

笔 记

05 设置“图层 2”的混合模式为“滤色”，不透明度为 90%，以混合图像，得到的效果如图 11.119 所示。

06 单击“添加图层蒙版”按钮为“图层 2”添加蒙版，设置前景色为黑色，选择“画笔工具”，在其工具选项栏中设置适当的画笔大小及不透明度，在图层蒙版中进行涂抹，以将下方大块水珠区域以外的水纹隐藏起来，直至得到如图 11.120 所示的效果，此时蒙版中的状态如图 11.121 所示。

图 11.119
设置“图层 2”图层属性后的效果

图 11.120
“图层 2”添加图层蒙版后的效果

07 按照第 4~6 步的操作方法，利用本书配套资源中的文件“第 11 章\11.5- 素材 4.psd”和“第 11 章\11.5- 素材 5.psd”，结合变换、图层属性以及图层蒙版等功能，制作水珠图像上、下方的光线效果，如图 11.122 所示。同时得到“图层 3”和“图层 4”，此时“图层”面板如图 11.123 所示。

图 11.121
隐藏区域外水纹时蒙版中的状态

图 11.122
制作水珠图像上、下方光线效果

资源文件：
11.5- 素材 4.psd
11.5- 素材 5.psd

提示

本步中设置了“图层 3”的混合模式为“强光”；“图层 4”的混合模式为“颜色减淡”。下面制作画面中的高光、阴影以及水纹效果。

08 复制“图层 4”得到“图层 4 拷贝”，以加深水珠下方的光线效果，如图 11.124 所示。新建“图层 5”，设置前景色为 00a7e7，选择“画笔工具”，并在其工具选项栏中设置画笔为“柔角 150 像素”，不透明度为 30%，在左侧的水珠图像上进行涂抹，得到的效果如图 11.125 所示。

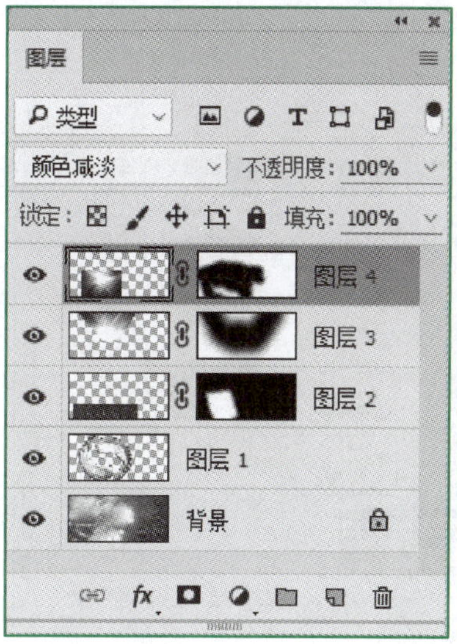

图 11.123
添加“图层 3”和“图层 4”后的“图层”面板

图 11.124
复制图层得到“图层 4 拷贝”后的效果

图 11.125
左侧水珠涂抹后的效果

09 根据前面所讲解的操作方法，结合“画笔工具”、图层属性以及图层蒙版等功能，制作画面中的阴影、高光以及水纹效果，如图 11.126 所示。图 11.127 所示为单独显示上一步至本步的图像状态，此时“图层”面板如图 11.128 所示。

图 11.126
制作阴影、高光以及水纹图像

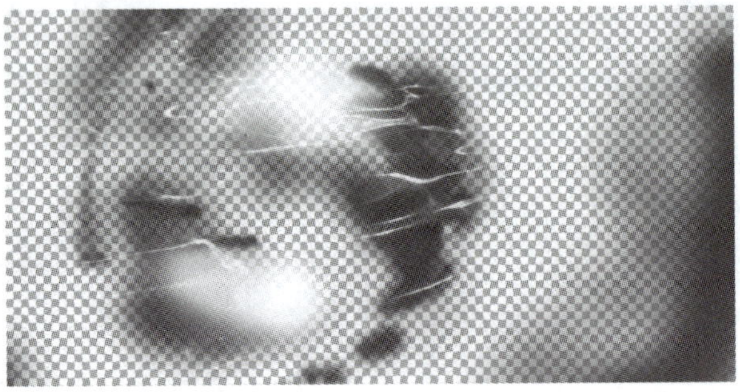

图 11.127
单独显示图像状态

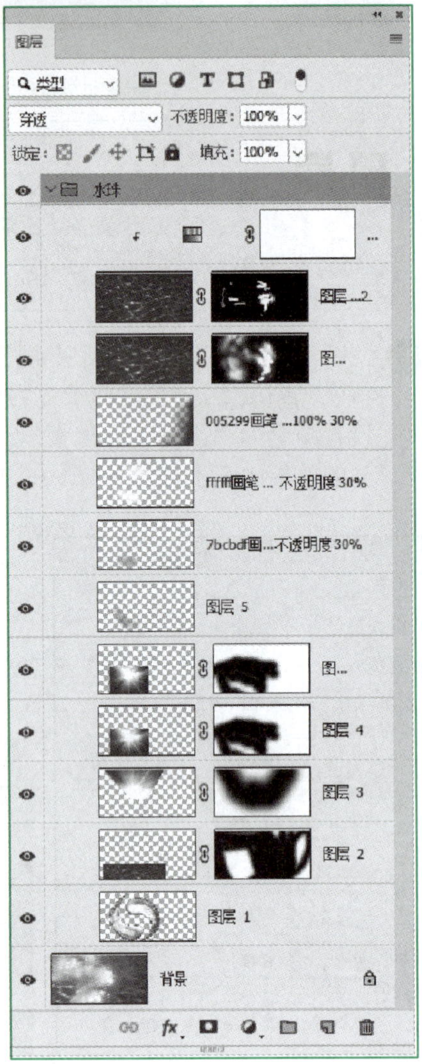

图 11.128
完成画面中阴影、高光及水纹效果后的“图层”面板

提 示

1. 本步骤中关于图像颜色值以及图层属性的设置请参考最终效果源文件。下面若有类似的操作，不再做相关的提示。另外，在制作的过程中，还需要注意各个图层间的顺序。

2. 本步骤中为了方便图层的管理，在此将制作水珠的图层选中，按 Ctrl+G 键执行“图层编组”操作得到“组 1”，并将其重命名为“水珠”。在下面的操作中，也对各部分进行了编组的操作，在步骤中不再叙述。下面调整水纹图像的色相。

10 选择“图层 2 拷贝 2”作为当前的工作层，单击“创建新的填充或调整图层”按钮，在弹出的菜单中选择“色相 / 饱和度”命令，得到图层“色相 / 饱和度 1”，按【Ctrl+Alt+G】键执行“创建剪贴蒙版”操作，在打开的如图 11.129 所示面板中设置，得到如图 11.130 所示的效果。

笔 记

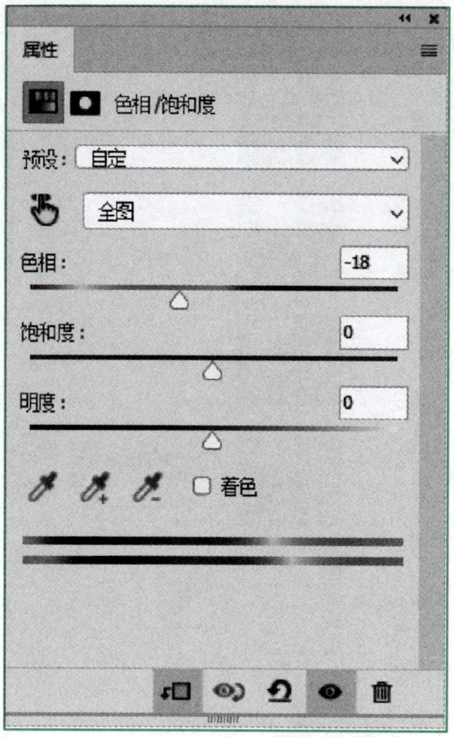

图 11.129
“色相 / 饱和度”“属性”面板

图 11.130
进行色相 / 饱和度调色后的效果

提 示

至此，水珠图像已制作完成。下面制作光效果。

11 选择“背景”图层作为当前的工作层，利用本书配套资源中的文件“第 11 章 \11.5-素材 6.psd”和“第 11 章 \11.5-素材 7.psd”，结合变换、图层属性以及图层蒙版等功能，制作水珠与背景之间的光感，以增强一种层次感，如图 11.131 所示，此时“图层”面板如图 11.132 所示。

提 示

另外说明一点，本步还设置了组“光”的不透明度为 80%。下面制作产品、人物以及文字图像，完成制作。

12 选择组“水珠”作为当前的操作对象，打开本书配套资源中的文件“第 11 章 \11.5-素材 8.psd”，按 Shift 键使用“移动工具”将其拖至上一步制作的文件中，得到的最终效果如图 11.133（a）所示，此时“图层”面板如图 11.133（b）所示。

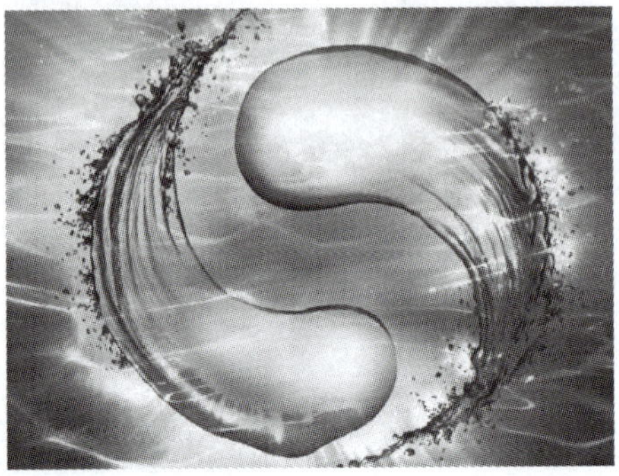

图 11.131
制作光感效果

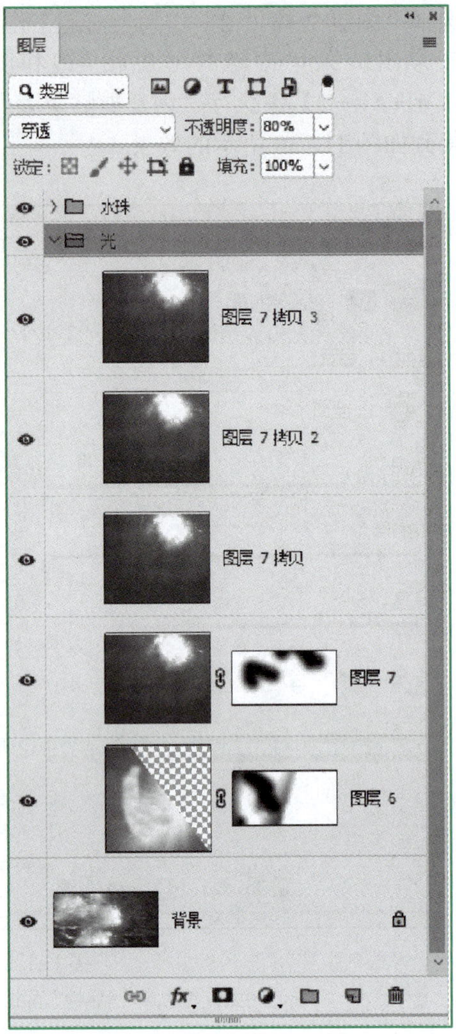

图 11.132
制作水珠与背景之间光感时的“图层”面板

资源文件：
11.5– 素材 6. psd
11.5– 素材 7. psd
11.5– 素材 8. psd
11.5. psd

(a) (b)

图 11.133
倍柔雅化妆品广告设计的最终效果及此时的“图层”面板

提 示

本步骤中是以组的形式给的素材，由于其操作非常简单，在叙述上略显烦琐，读者可以参考最终效果源文件进行参数设置，展开组即可观看到操作的过程。

拓展知识 11-1
“点智”手机广告
设计

拓展知识 11-2
IT 图书封面设计

附录
选择题参考答案

第1章　Photoshop基础知识

1. D　2. C　3. C　4. BD　5. ABD　6. D　7. ABC

第2章　操作选区

1. A　2. B　3. C　4. A　5. ABCD　6. BC　7. C　8. ABD　9. ABCD　10. ACD

第3章　图层

1. ABCD　2. ABCD　3. AC　4. CD　5. AD　6. CD　7. ABC　8. ABC　9. ABCD

第4章　调整图像色彩

1. AD　2. D　3. ACD　4. ABCD　5. ABC　6. ABD　7. C　8. BC　9. B　10. AC

第5章　绘制或修饰图像

1. A　2. ABCD　3. C　4. ABCD　5. ABCD　6. A　7. AD　8. AC

第6章　绘制路径和形状

1. AB　2. ABCD　3. ABC　4. ABCD　5. BCD　6. D　7. AC

第7章　通道

1. D　2. ABD　3. ABCD　4. D

第8章　输入或格式化文字

1. D　2. CD　3. ACD　4. BD　5. AD

第9章　滤镜

1. BC　2. D　3. AC　4. ABC　5. A　6. C

第10章　使用动作及自动化命令

1. AD　2. D　3. C　4. AD　5. A